中等职业教育课程改革国家规划新教材
全国中等职业教育教材审定委员会审定

电工电子技术与技能

主　编　坚葆林
副主编　杨　义　胡　峥
参　编　王　磊　金文超　李国瑞
主　审　邢江勇　曾照香

机械工业出版社

本书是中等职业教育课程改革国家规划新教材，是根据教育部于2009年发布的《中等职业学校电工电子技术基础与技能教学大纲》编写的。本书将理论课、实验课和实训课融为一体，将电工电子技术课程分4部计15章进行讲述：第一部分为电路基础（认识电工实训室与安全用电，直流电路，电容与电感，磁场及电磁感应，单相正弦交流电路，三相正弦交流电路）；第二部分为电工技术（用电技术，常用电器，三相异步电动机的基本控制电路）；第三部分为模拟电子技术（认识电子实训室与基本技能训练，常用半导体器件，整流、滤波及稳压电路，放大电路与集成运算放大器）；第四部分为数字电子技术（数字电子技术基础，组合逻辑电路与时序逻辑电路）。

本书以“宽、浅、用、新”为编写原则，内容贴近生产、生活实际，表现形式以图表为主，力求生动活泼，适合中职学生的特点。

为便于教学，本书配套有电子教案、助教课件、教学视频、习题答案详解等教学资源，选用本书作为教材的教师可来电（010-88379195）索取，或登录 www.cmpedu.com 网站，注册、免费下载。

本书可作为普通中等职业学校非电类专业教材，也可供生产、管理及其它技术人员参考。

图书在版编目（CIP）数据

电工电子技术与技能/坚葆林主编. —北京：机械工业出版社，2010.5（2024.8 重印）

中等职业教育课程改革国家规划新教材

ISBN 978-7-111-29915-8

Ⅰ.①电… Ⅱ.①坚… Ⅲ.①电工技术-专业学校-教材②电子技术-专业学校-教材 Ⅳ.①TM②TN

中国版本图书馆 CIP 数据核字（2010）第 036005 号

机械工业出版社（北京市百万庄大街 22 号 邮政编码 100037）
策划编辑：高 倩 责任编辑：高 倩 范政文 封面设计：姚 毅
责任校对：刘志文 责任印制：常天培
北京机工印刷厂有限公司印刷
2024 年 8 月第 1 版第 22 次印刷
184mm×260mm · 13.25 印张 · 324 千字
标准书号：ISBN 978-7-111-29915-8
定价：39.80 元

电话服务	网络服务
客服电话：010-88361066	机 工 官 网：www.cmpbook.com
010-88379833	机 工 官 博：weibo.com/cmp1952
010-68326294	金 书 网：www.golden-book.com
封底无防伪标均为盗版	机工教育服务网：www.cmpedu.com

中等职业教育课程改革国家规划新教材
出版说明

为贯彻《国务院关于大力发展职业教育的决定》（国发［2005］35号）精神，落实《教育部关于进一步深化中等职业教育教学改革的若干意见》（教职成［2008］8号）关于“加强中等职业教育教材建设，保证教学资源基本质量”的要求，确保新一轮中等职业教育教学改革顺利进行，全面提高教育教学质量，保证高质量教材进课堂，教育部对中等职业学校德育课、文化基础课等必修课程和部分大类专业基础课教材进行了统一规划并组织编写，从2009年秋季学期起，国家规划新教材将陆续提供给全国中等职业学校选用。

国家规划新教材是根据教育部最新发布的德育课程、文化基础课程和部分大类专业基础课程的教学大纲编写，并经全国中等职业教育教材审定委员会审定通过的。新教材紧紧围绕中等职业教育的培养目标，遵循职业教育教学规律，从满足经济社会发展对高素质劳动者和技能型人才的需要出发，在课程结构、教学内容、教学方法等方面进行了新的探索与改革创新，对于提高新时期中等职业学校学生的思想道德水平、科学文化素养和职业能力，促进中等职业教育深化教学改革，提高教育教学质量将起到积极的推动作用。

希望各地、各中等职业学校积极推广和选用国家规划新教材，并在使用过程中，注意总结经验，及时提出修改意见和建议，使之不断完善和提高。

教育部职业教育与成人教育司

2009年5月

中等职业教育课程改革国家规划新教材
编审委员会

前　言

为贯彻《国务院关于大力发展职业教育的决定》精神，落实《教育部关于进一步深化中等职业教育教学改革的若干意见》关于“加强中等职业教育教材建设，保证教学资源基本质量”的要求，确保新一轮中等职业教育教学改革顺利进行，全面提高教育教学质量，保证高质量教材进课堂，教育部对中等职业学校德育课、文化基础课等必修课程和部分大类专业基础课教材进行了统一规划并组织编写。本书是中等职业教育课程改革国家规划新教材之一，是根据教育部于2009年发布的《中等职业学校电工电子技术与技能教学大纲》，同时参考维修电工等职业资格标准编写。

本书主要介绍电工电子技术基础的基本理论，以及与生活密切相关的技能训练。本书重点强调培养学生的岗位就业能力、创新能力，在编写过程中力求体现理论与实践一体化的边讲、边学、边练的特色。本书在内容处理上主要有以下几点说明：

(1) 立足专业、紧贴大纲、点到为止：针对新大纲教学要求，精细挑选课程内容，并在降低难度上下功夫。鉴于大纲中大部分知识点的要求都是了解，我们在编写教材时，尽量以实物图、示意图说话，力求做到让学生知道是什么，用在哪里，优点是什么，缺点是什么，什么样的操作不能干。对于少数掌握性知识点，精炼地安排习题讲解或使用方法介绍。

(2) 密切联系生产和生活实际：鉴于非电类专业较为宽泛，本书中的引例、对比实例和练习多选用生产和生活中具有典型性、普遍性以及前沿性的电子电气产品，同时在书中穿插“提示”、“小知识”，将一些与教学内容联系紧密的生活常识、科学知识、节能环保知识介绍给学生，既能加强学生对基础知识和技能的理解，又能加强学生对新技术、新材料、新产品和新工艺的了解。

(3) 理论阐述与实践操作相结合，体现了职业教育特色：本书在阐述理论知识的同时，将一些简单易行、实用性强的实践操作技能作为“练一练”、“实践活动”穿插于书中，激发学生的学习兴趣，增强学生的社会实践能力。而一些实用性强又有一定难度的实践操作技能作为“技能训练”安排在了部分章节的后面。每一个“技能训练”就是一个简单化了的实训项目，并在相应的“技能训练指导”中插入必要的仪器仪表、电工工具、实验设备等的使用方法、操作规范等内容，使学生在不需要查询其它资料的情况下就可顺利完成“技能训练项目”。

(4) 多元化评价体系，促进学生个性发展：为促进学生关键能力、基本素质、创新精神、创造能力、个性培养和发展等全方位的发展；养成规范操作、安全操作的良好习惯，以及树立在现代社会中的节约能源、节省原材料与爱护工具设备、保护环境等意识与观念，具有职业道德和社会责任感，培养学生综合素质和职业能力。我们将上述内容巧妙穿插在基础知识讲述及技能操作练习中，同时安排“自评互评”环节，对其进行综合评价。

(5) 完善立体化配套，方便多媒体教学：本书的配套教学资源中，包括教学视频录像、电子课件、电子教案、模拟试题库等内容。

(6) 思考与练习题内容丰富，形式多样：本教材配套习题不再是基础知识的简单堆砌，而是精心巧妙地将基础理论和实践应用的考察内容组装，并安排小组讨论题目、网络资料搜索题目、社会实践题目，有利于形成学生主动学习、互相交流探讨的课程实施环境。

本书的教学学时数为68学时，学时方案建议如下，供参考。

章　序	内　容	课时分配	
		必　修	选　修
第1章	认识电工实训室与安全用电	4	
第2章	直流电路	6	
第3章	电容与电感	2	
第4章	磁场及电磁感应		2
第5章	单相正弦交流电路	6	
第6章	三相正弦交流电路	2	2
第7章	用电技术	2	
第8章	常用电器	6	2
第9章	三相异步电动机的基本控制电路	4	
第10章	认识电子实训室与基本技能训练	2	
第11章	常用半导体器件	4	
第12章	整流、滤波及稳压电路	4	2
第13章	放大电路与集成运算放大器	4	2
第14章	数字电子技术基础	4	
第15章	组合逻辑电路与时序逻辑电路	6	2
课　时　总　计		56	12

注：书中打“*”为选学章节。

本书由甘肃机电职业技术学院（甘肃省机械工业学校）坚葆林任主编。编写任务分配如下：坚葆林编写第1、2、3、4章并负责全书的统稿工作；甘肃平凉信息工程学校杨义编写第8、12、13、14、15章；武汉市仪表电子学校胡峥编写第10章，廊坊职业技术学院王磊编写第5，6，7章，施耐德电气（中国）投资有限公司上海分公司金文超编写第9章，河北科技工程学校李国瑞编写第11章。本书经全国中等职业教育教材审定委员会审定，由邢江勇和曾照香老师审定。教育部评审专家、主审专家在评审及审稿过程中对本书内容及体系提出了很多宝贵的建议，在此对他们表示衷心的感谢！

由于编者学识和水平有限，书中难免存在错误和不妥之处，恳切希望广大读者批评指正。

编　者

目　录

第1章 认识电工实训室与安全用电

知识目标

1. 了解电工实训室及常用电工仪表、仪器和电工工具的类型及作用
2. 了解人体触电的类型及常见原因
3. 掌握安全用电常识，了解触电现场的救护措施
4. 了解电气火灾的防范及扑救常识

技能目标

1. 会使用试电笔
2. 会使用干粉灭火器
3. 会使用口对口人工呼吸法对触电者进行施救
4. 会使用胸外心脏压挤法对触电者进行施救

1.1 认识电工实训室

话题引入

电工实训是工科专业的重要实践教学环节。在电工实训中，学生要学习电工安全作业的基本要求；常用电工工具及常用仪器仪表的使用方法；常用电机和电气设备的安装与使用；照明和一般动力电路的布线等。

1.1.1 电工实训室简介

如图1-1所示，电工实训室正面通常装有黑板；两侧摆放电工实训台。墙上张贴《实训室操作规程》、《实训室安全用电规定》以及各种挂图（板），实训室内应配置1~2台电气灭火器。

电工实训台如图1-2所示，主要由实训架、网孔板（按一定规律排列的网孔组成的常用低压电器安装板）及实训元器件组成。学生可根据实训项目进行元器件的合理布局，

图 1-1　电工实训室布置

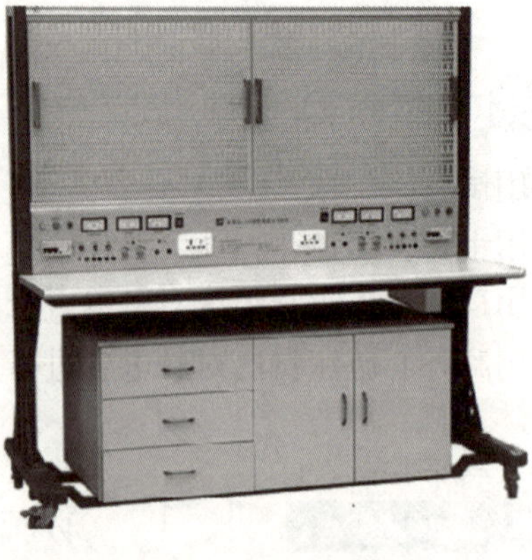

图 1-2　电工实训台

从而独立完成安装、接线、运行的全过程，接近于工业现场。能完成电工基础电路、电机控制线路、照明配电等实训操作。若配备各种电工实训考核挂板，可将实训、考核、认证融于一体。

【实训台电源配置】

◆电源输入：三相五线 AC 380V ±10%　50Hz。

◆固定交流输出：三相五线 380V 接插式两组；220V 接插式一组；插座式三组。

◆可调交流输出：0～250V 连续可调交流电源一组。

◆直流稳压输出：±12V/0.5A 各两组；5V/0.5A 两组。

◆可调直流输出：0～24V/2A 一组。

实训台具有短路、过载、漏电保护，漏电保护动作电流≤30mA。

【实训室操作规程】　每个学校可根据实际情况具体制订，但有几点必须强调：学生进入实训室后，未经指导老师同意，不得擅自动用设备与工具；发现异常现象，应立即断开电源，然后报告指导教师，认真分析并查清原因，落实防范措施。

【实训室安全用电规定】　尽管实训操作台有各种保护措施，但安全用电的意识一刻也不能放松。例如：室内任何电气设备未经验电，一般视为有电，不准用手触及；任何接、拆线都必须切断电源后方可进行，并挂上相应警示牌；若送电需经指导教师检查同意；实训结束，离开实训室前，一定要检查总电源开关是否断开等。

1.1.2　常用电工工具

电工日常操作离不开电工工具，电气操作人员必须掌握常用电工工具的结构、性能和正确的使用方法。

1. 螺钉旋具

螺钉旋具也称螺丝刀、起子或改锥，是用来紧固或拆卸螺钉的工具。按照其功能和头部形状的不同，可分为一字形和十字形两种，如图 1-3 所示。一字形螺丝刀主要用来旋动一字槽形的螺钉，十字形螺丝刀主要用来旋动十字槽形的螺钉，按照手柄以外的刀体长度有 100mm、150mm、300mm 等几种规格。

a) 一字形螺钉旋具　　b) 十字形螺钉旋具

图 1-3　螺钉旋具

提示

使用时应注意根据螺钉的大小选择不同规格的螺钉旋具，否则容易损坏旋具或螺钉。

2. 试电笔

试电笔又叫验电器，是检验线路和设备是否带电的工具，通常制成钢笔式和旋具式，其结构和使用方法如图 1-4 所示。

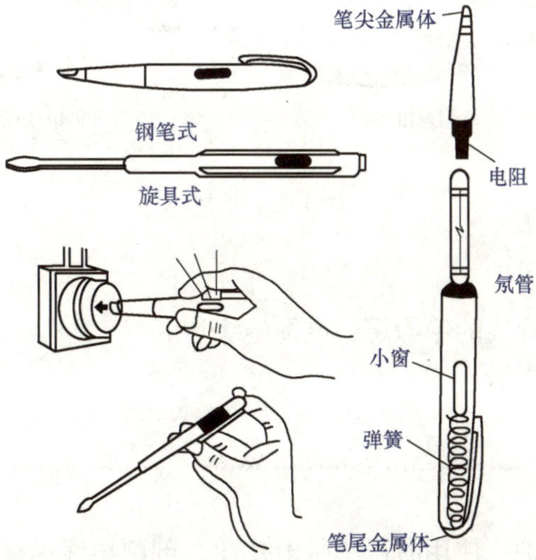

图 1-4　试电笔的结构和使用

提示

1）低压试电笔电压测量范围为60～500V（严禁测高压电），所以被测带电体电压必须超过60V，氖管才会发光。

2）使用时，手指必须与笔尾的金属体相接触，使电流由被测带电体经试电笔和人体与大地构成回路。

3）试电笔每次使用前，应先在确定有电的带电体上测试检查，以免在检验中造成误判。

练一练

在插线板开关断开和闭合的情况下，试着用测电笔检查一下插线板插座是否有电。

3. 钢丝钳

钢丝钳是用于剪切或夹持导线、金属丝或工件的钳类工具，如图1-5a所示。钢丝钳的规格有150mm、175mm、200mm三种，均带有橡胶绝缘套管，适用于500V以下的带电作业。

4. 尖嘴钳

尖嘴钳也是电工常用的工具之一，如图1-5b所示，它的头部尖细小，特别适宜于狭小空间的操作，功能与钢丝钳相近。

a) 钢丝钳　　b) 尖嘴钳

图1-5　钳子

5. 电工刀

电工刀主要用来剖削导线的绝缘层、电缆绝缘层和木槽板等，外形如图1-6所示。

图1-6　电工刀

提示

电工刀没有绝缘保护，使用时严禁带电作业。剖削导线绝缘层时，刀面应与导线呈45°角，以免损伤线芯。

6. 剥线钳

剥线钳用于剥削截面积在 $6mm^2$ 以下的塑料电线或橡胶电线线头的绝缘层，外形如图1-7所示。它由钳口和手柄两部分组成，钳口有0.5～3mm 的多个不同孔径的切口，用于剥削不同规格线芯的绝缘套。

图 1-7　剥线钳

提示

剥线钳使用时要注意线头应放在大于线芯的切口上剥削，以免损伤线芯。

1.1.3　常用电工仪表

【电压表】　用于测量电路两端电压，按照被测电压的不同分为直流电压表和交流电压表两种，表头外形如图 1-8a 所示。

【电流表】　用于测量电路中的电流，按照被测电流的不同分为直流电流表和交流电流表两种，表头外形如图 1-8b 所示。

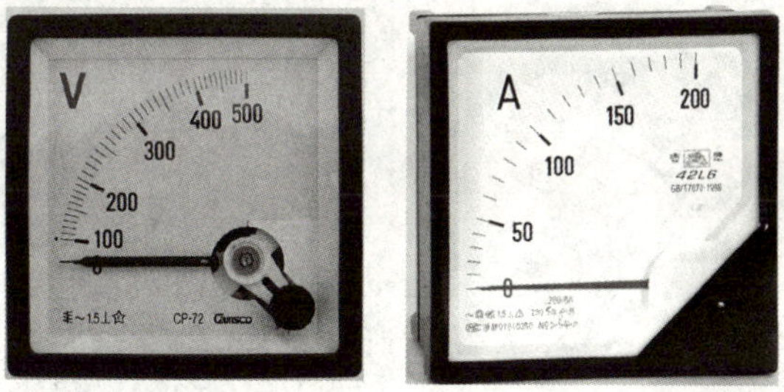

a) 电压表　　b) 电流表

图 1-8　电压表和电流表

【钳形电流表】　钳形电流表是一种不需要断开电路就可直接测量较大工频交流电流的便携式仪表，外形如图 1-9 所示。尽管测量精度不高，但由于使用方便，所以应用很广泛。

【万用表】　万用表是一种多功能、多量程的便携式电工仪表，一般的万用表可以测量直流电流、直流电压、交流电压和电阻。有些万用表还可测量电容、二极管、三极管等元器件的参数。常见的万用表有指针式万用表和数字式万用表两大类，如图 1-10 所示。

【绝缘电阻表】　绝缘电阻表又称兆欧表或摇表，如图 1-11 所示，是专门用于测量绝缘电阻的仪表，它的计量单位是兆欧（MΩ），主要用来检测供电线路、电机绕组、电缆、电气设备等的绝缘电阻，以便检验其绝缘性能的好坏。绝缘电阻表分为模拟式（见图 1-11a）和电子式（见图 1-11b）。

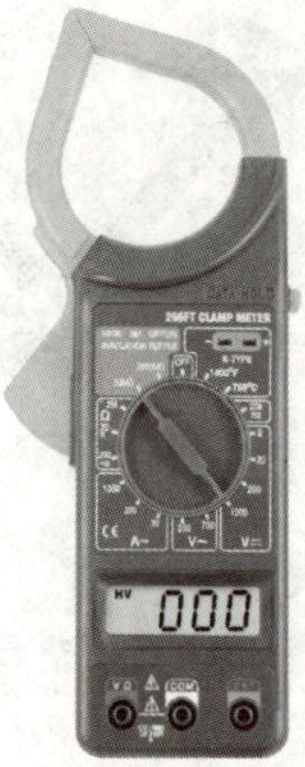

图 1-9　钳形电流表

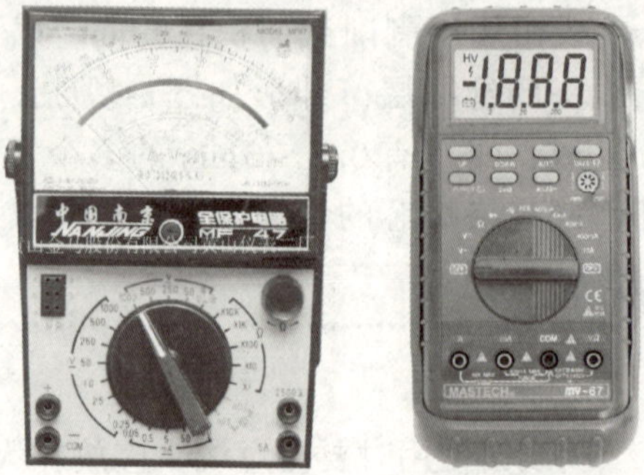

a) 指计万用表　　a) 数字万用表

图 1-10　万用表

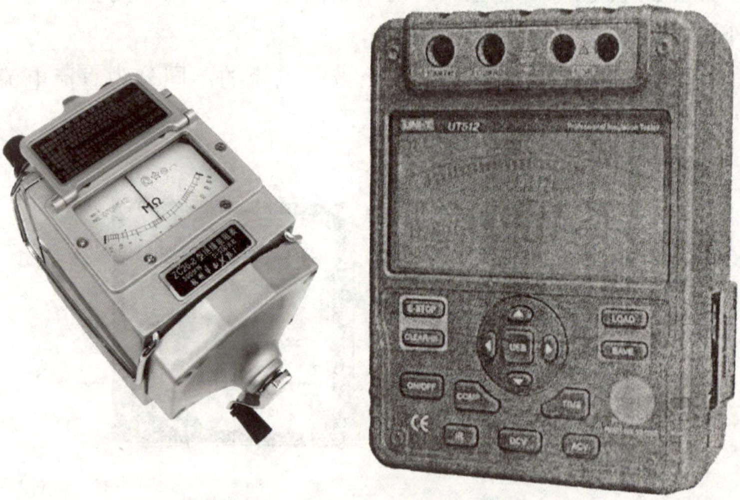

a) 模拟式　　b) 电子式

图 1-11　绝缘电阻表

想一想

除了上述介绍的常用电工工具和仪表外，你自己还见过哪些电工工具和仪表？

实践活动

参观电工实训室

在教师的带领下，参观电工实训室，了解常用的电工工具和电工仪表的主要功能。

1.2 安全用电常识

话题引入

在日常用电及电器操作中，人体触电的事故时有发生。缺乏安全用电常识以及违反安全操作规程，是造成人触电的主要原因。人体触电后，抢救不及时以及急救处置方式不当，会造成人员伤亡，因此，掌握安全用电常识非常重要。

1.2.1 生活中的安全用电

生活中的安全用电应从以下几方面着手：

1）选用合格的电器产品，不准超负荷用电。

2）选用与电线、负荷相适应的熔断器或自动断路器，不准随意加粗加大熔丝。严禁用铜线、铁丝等代替熔丝。

3）螺口灯头的中心接点应通过开关接相线，螺纹口接零线。

4）使用电热工具如电烙铁、电熨斗时，要放在专用的铁架上，用完后及时拔下插头。

5）不接触低压带电体，不靠近高压线。

6）电气火灾必须使用电气灭火器。

提示

防止触电的保护措施

1）为防触电，请养成单手操作的好习惯。

2）使用电动工具如电钻等，必须戴绝缘手套。

3）在潮湿的地面操作，应穿上绝缘鞋，戴好绝缘手套。

1.2.2 人体触电及急救

1. 触电的原因及危害

频率为50～60Hz的工频交流电对人体伤害最大。当通过人体工频交流电的电流超过30mA，人就会发生不同程度的触电事故。发生触电事故的原因很多，如输电线或电气设备绝缘损坏，人碰到后就会触电。但是，根据统计违反安全操作规程进行作业是造成人体触电的主要原因。

人触电后会产生呼吸困难、肌肉痉挛，中枢神经受到损害，严重时心脏停止跳动直至死亡。

2. 人体触电的种类和形式

人体是导体，当发生“触电”导致电流流过人体时，会使人受到不同程度的伤害。根据伤害后果的不同分为电击和电伤两类。

【电击】 指电流通过人体时造成的内伤，它是最危险的触电事故。电击后，人的心脏、呼吸系统及神经系统都会受到严重破坏，甚至死亡。触电死亡中绝大部分系电击造成。

【电伤】 指电流的热效应、化学效应、机械效应对人体所造成的伤害，常见的有灼伤、烙伤和皮肤金属化等，有时也可能造成内伤。

常见的触电形式有单相触电、两相触电和跨步电压触电，图 1-12 为各种触电形式示意图。

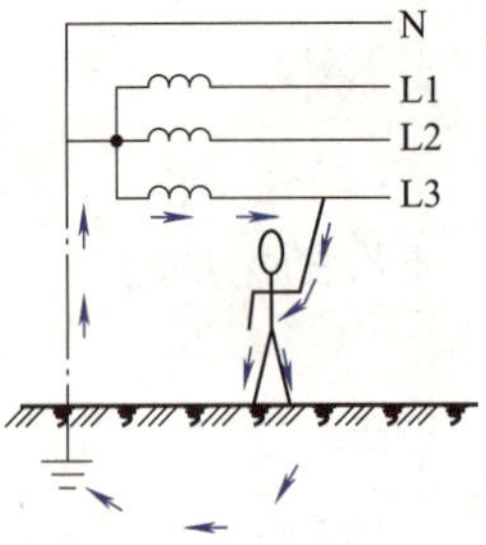

a) 单相触电

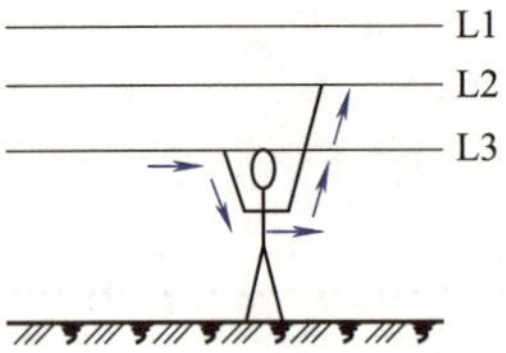

b) 两相触电

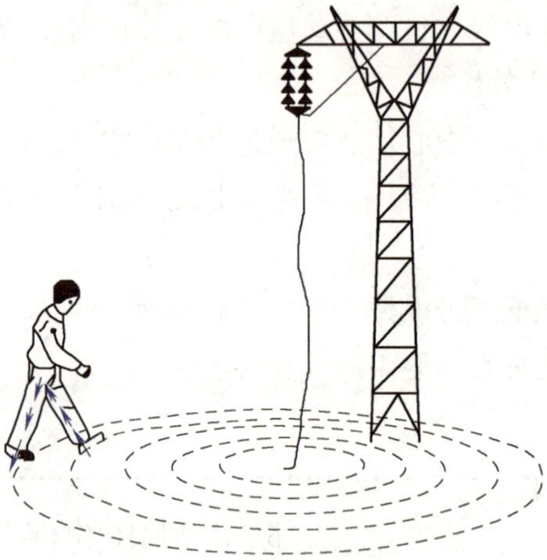

c) 跨步电压触电

图 1-12 常见触电形式示意图

提示

当发现跨步电压威胁时，应赶快把双脚并在一起，或赶快用一只脚跳着离开危险区，否则，因触电时间长也会导致触电死亡。当与带电接地体的距离超过 20m 时，跨步电压接近于零。

想一想

在家里如果发生人体触电，是单相触电还是两相触电呢？

小知识

防雷小知识

雷电是大气中的一种自然现象，大气中正负电荷之间放电时，发出耀眼强光，形成闪电，并产生强烈冲击波，形成雷声，如图 1-13 所示。在雷雨天，应躲入建筑物内，关好门窗；若在空旷地带，则应采取抱膝下蹲等适当姿势进行躲避；尽量避免使用无防雷措施的电话、电视等电器；远离电线等带电设备；在空旷场地不宜打伞，不宜驾驶或骑行车辆赶路。

图 1-13　雷电

3. 安全措施

电气设备采取保护接地或保护接零措施，可以有效地防止人体触电事故的发生，相关知识详见第 7 章。

4. 触电急救

发现有人触电，最关键的措施是尽快使触电者脱离电源。

1）脱离电源的几种方法：如果触电者附近有电源开关，应迅速拉下开关，切断电源。如果触电现场远离开关或不具备关断电源的条件，可用干燥木棒、竹竿等将电线从触电者身上挑开，如图 1-14a 所示。如果救护者手边有带绝缘柄的钳子或带木柄的斧头等也可以从电源的来电方向将电线砍断，如图 1-14b 所示，但要注意切断电线时一次只能砍断一根电线。

提示

1. 在切断电源前，切勿用手接触触电者身体的任何部位，以免再次发生触电。
2. 以上施救方法不适合高压触电情况。

2）现场急救：使触电者脱离电源后，救护人员需迅速组织抢救。若触电者已失去知觉，但仍能呼吸，应迅速将触电者移至干燥、宽敞、通风的地方，解开衣服，并速请医护人员救治。注意不要让人围观，保持空气畅通。

若触电者呼吸已停止，但仍有心跳，应采取口对口人工呼吸进行抢救；若触电者心跳已停止，但呼吸未停止，则应采取胸外心脏压挤法进行抢救。自行组织抢救的同时应尽快拨打 120 急救电话。

图 1-14　使触电者脱离电源的常用方法

1.2.3　电气火灾的防范与扑救常识

电气火灾是指由电气原因引发燃烧而造成的灾害，在实际生产生活中设备或电路发生短路故障、过载或接触不良，以及电气设备运行时产生的电火花、电弧都可能导致电气火灾的发生。

1. 电气火灾的防范常识

对于电气火灾，主要应从以下几个方面进行防范。

1）在安装开关、插座、熔断器、电热器具等电气设备时，要尽量避开易燃物或易燃建筑构件，或与易燃物保持必要的防火距离。

2）按规定要求安装短路、过载、漏电等保护装置。

3）对正常运行条件下可能产生电热效应的设备采用隔热、散热、强迫冷却等措施。

4）加强对设备的运行管理，定期检修、试验，防止绝缘损坏等造成短路。

2. 电气火灾的扑救常识

一旦电气设备发生火灾，首先应切断电源，然后再进行火灾扑救工作，其扑救方法与一般火灾扑救相同。只有在确实无法断开电源的情况下，才允许带电灭火。在对带电线路或设备灭火时，要注意：

1）不能用直流水枪灭火，但可用喷雾水枪灭火，因为喷雾水枪喷出的是不导电的雾状水流。

2）不能用泡沫灭火器灭火，应使用不导电的干性化学灭火器，如二氧化碳灭火器，四氯化碳灭火器，1211 灭火器和干粉灭火器等。

3）对有油的设备，应使用干燥的砂子灭火。

4）灭火器的筒体、喷嘴及人体都要与带电体保持一定距离，灭火人员应穿绝缘靴，戴绝缘手套，有条件的还要穿绝缘服等，以免扑救人员的身体触及带电体而触电。

小知识

干粉灭火器的使用方法

干粉灭火器的使用方法如图 1-15 所示：

a）右手握住压把，左手托着灭火器底部，轻轻地取下灭火器；b）右手提着灭火器赶到火灾现场；c）除掉铅封；d）拉出插销；e）左手握着喷管，右手提着压把；f）在距火焰两米的地方，右手用力压下压把，左手拿着左右摆动，喷射干粉覆盖整个燃烧区。应对着火焰根部喷射，并不断推前，直至把火焰扑灭。

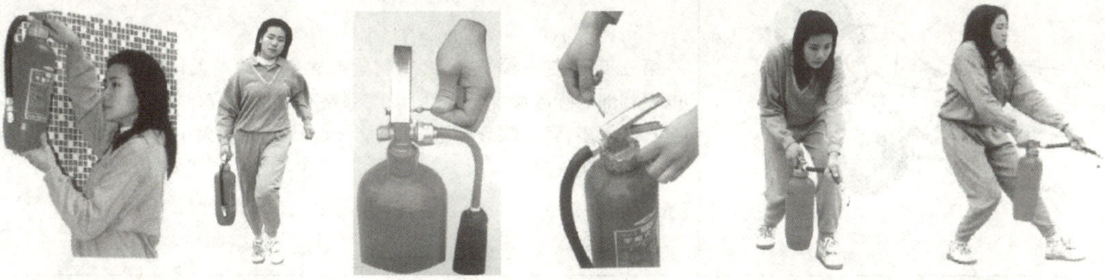

a)　b)　c)　d)　e)　f)

图 1-15　干粉灭火器的使用方法

实践活动

学习灭火器的使用

找一空旷地带，在学校防火安全员的指导下，学习常用灭火器的使用方法。

技 能 训 练

技能训练指导 1-1　口对口人工呼吸法

对呼吸减弱或已经停止的触电者，口对口人工呼吸法是维持体内外的气体交换行之有效的方法，其操作步骤如表 1-1 所示。

表 1-1　口对口人工呼吸法操作步骤

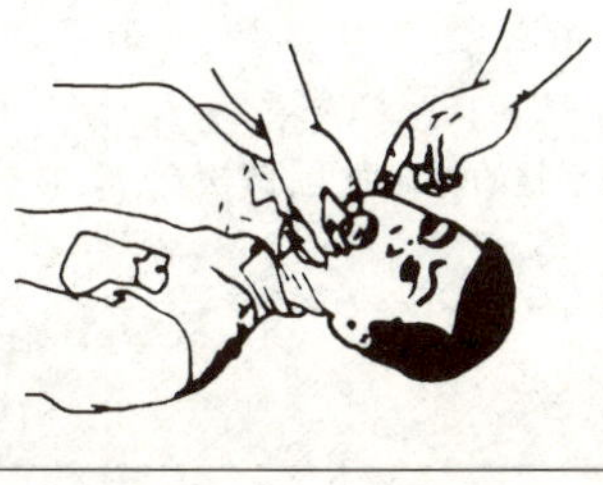	第一步：将触电者仰卧，松开衣、裤，以免影响呼吸时胸廓及腹部的自由扩张；再将颈部伸直，头部尽量后仰，掰开口腔，清除口中杂物，如果舌头后缩，应拉出舌头，使进出人体的气流畅通无阻

（续）

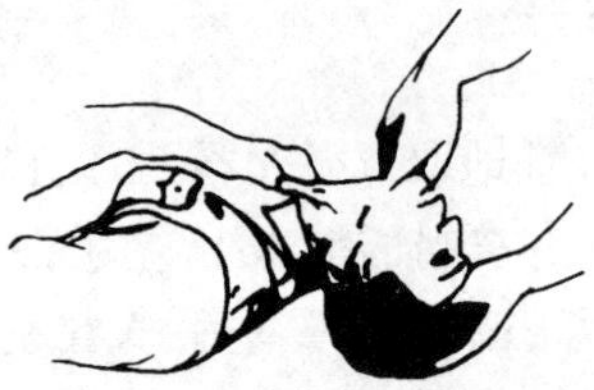	第二步：救护者位于触电者头部一侧，将靠近头部的一只手捏住触电者的鼻子（防止吹气时气流从鼻孔露出），并用这只手的外缘压住额部，另一只手上抬其颈部，这样可使头部自然后仰，解除舌头后缩造成的呼吸阻塞
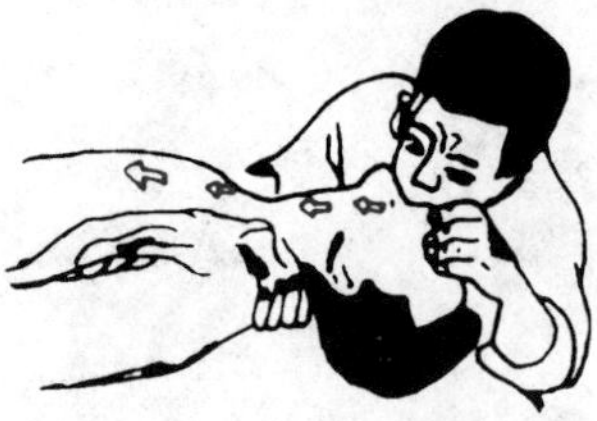	第三步：救护者深呼吸后，用嘴紧贴触电者的嘴大口吹气，同时观察触电者胸部的隆起程度，一般应以胸部略有起伏为宜。如胸腹起伏太大，说明吹气太多，容易吹破肺泡；如胸腹无起伏或起伏太小，则是吹气不足，应适当加大吹气量
	第四步：吹气结束后，放开嘴鼻换气。这时应注意观察触电者胸部的复原情况，倾听口鼻处有无呼气声，从而检查呼吸道是否阻塞。当发现待救护者可换气时，应迅速离开触电者的嘴，同时放开捏紧的鼻孔，让其自行呼吸

按照上述步骤反复进行，对成年人每分钟吹气 14 ~ 16 次，大约每 5s 一个循环，吹气时间稍短，约 2s；呼气时间要长，约 3s。对儿童吹气每分钟 18 ~ 24 次，这时不必捏紧鼻孔，让一部分空气漏掉。对儿童吹气，一定要掌握好吹起量的大小，不可让其胸腹过分膨胀，防止吹破肺泡。

技能训练指导 1-2　胸外心脏压挤法

胸外心脏压挤法是在触电者心脏停止跳动时，有节奏地在胸廓外加力，对心脏进行挤压。利用人工施压代替心脏的收缩与扩张，以达到维持血液循环的目的，具体操作如表 1-2 所示。

表 1-2　胸外心脏压挤法

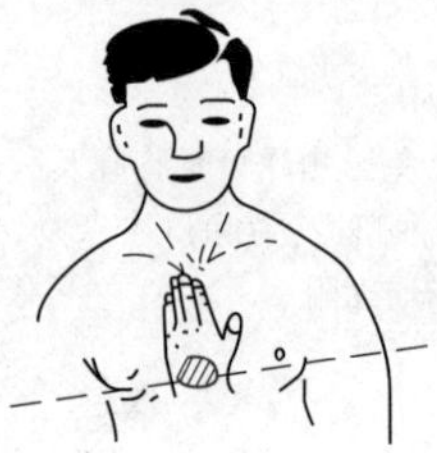	第一步：将触电者仰卧在硬板或平整的硬地面上，解松衣、裤，救护者跪跨在触电者腰部两侧

（续）

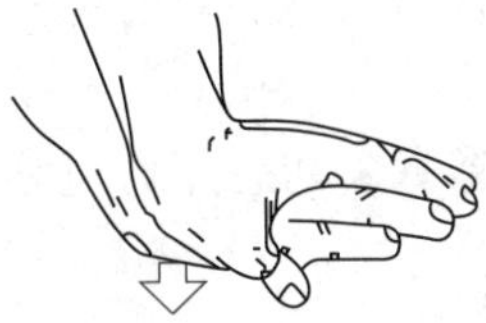	第二步：救护者将一只手的掌根按在触电者胸骨以下横向二分之一处，中指指尖对准颈根凹膛下边缘，另一只手压在那只手的背上呈两手交叠状，肘关节伸直
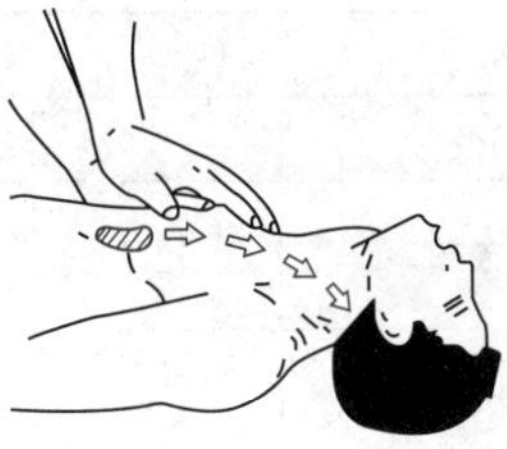	第三步：救护者靠体重和臂与肩部的用力，向触电者脊柱方向慢慢压迫胸骨下段，使胸廓下陷 3～4cm，由此使心脏受压，心室的血液被压出，流至触电者全身各部位
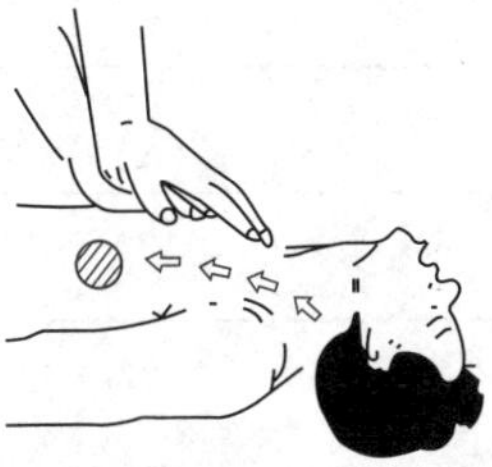	第四步：双手突然放松，依靠胸廓自身的弹性，使胸腔复位，让心脏舒张，血液流回心室。但要注意，此时交叠的两掌不要离开胸部，只是不加力而已。之后重复第三、四步骤，每分钟 60 次左右

技能训练项目 1-1　心肺复苏施救练习

【实训目标】

1）会使用口对口人工呼吸法对触电者进行施救。

2）会使用胸外心脏压挤法对触电者进行施救。

【实训器材】　心肺复苏模拟人一个

【实训内容及步骤】

1）利用心肺复苏模拟人按照表 1-1 所示操作步骤完成口对口人工呼吸法的练习。

2）利用心肺复苏模拟人按照表 1-2 所示操作步骤完成胸外心脏压挤法的练习。

在口对口人工呼吸法和胸外心脏压挤法练习中，通常使用图 1-16 所示的心肺复苏模拟人作为施救对象。心肺复苏模拟人可以设置操作频率，操作时间，具有自动识别错误操作并做语音提示及记录操作成绩的功能。

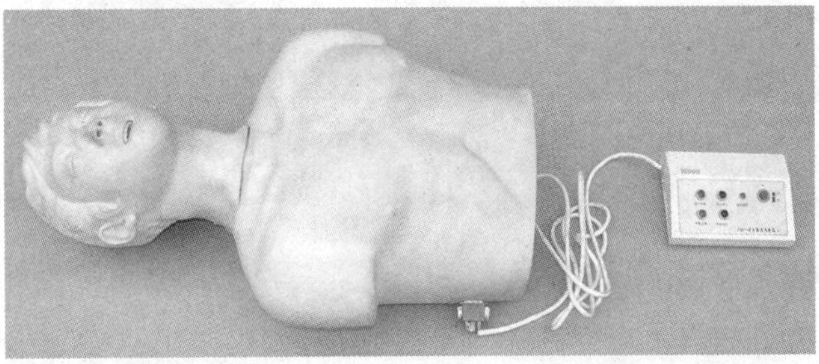

图 1-16　心肺复苏模拟人

【注意事项】

1）在进行口对口人工呼吸法练习之前必须用医用酒精或其它消毒物品对心肺复苏模拟人进行消毒处理。

2）在进行胸外心脏压挤法练习时，刚开始应由轻到重找到感觉，切忌用力过猛损坏心肺复苏模拟人。

【自评互评】

姓　名			互评人		
项目	考核要求	配分	评分标准	自评分	互评分
口对口人工呼吸法练习	按照表 1-1 口对口人工呼吸法操作步骤对触电者进行施救	50	操作错误，每次扣 2 分。		
胸外心脏压挤法练习	按照表 1-2 胸外心脏压挤法操作步骤对触电者进行施救	50	操作错误，每次扣 2 分。		
合计		100			
学生交流改进总结：					
教师签名：					

【思考与讨论】

对真人进行施救时还应注意什么？

思考与练习

1-1　你知道的常用电工工具和电工仪表有哪些？

1-2　在电气操作和日常用电中，哪些因素会导致触电？

1-3　你知道人体触电有哪些种类和形式吗？

1-4　口对口人工呼吸法在什么情况下使用？试述其动作要领。

1-5　胸外心脏压挤法在什么情况下使用？试述其动作要领。

1-6　你了解的电气火灾扑救常识有哪些？

1-7　查阅人工呼吸视频，请登录 http：//v. blog. sohu. com/u/vw/1212827。

1-8　你对灭火器的种类和使用方法知道多少，请登录 http：//www. hqwy. com/xingzheng/News_ View. asp？NewsID = 294 查阅学习。

第2章 直流电路

知识目标

1. 能识读基本的电气符号和简单的电路图
2. 能掌握电路中常用物理量的定义、符号、单位和它们之间的关系
3. 能识读电阻器和电位器的外形与结构，能简述其在实际生活中的典型应用
4. 能掌握欧姆定律及应用
5. 会分析电阻串联、并联及混联的连接方式及其电路特点
6. 能掌握基尔霍夫定律，会应用 KCL、KVL 列出电路方程

技能目标

1. 会用万用表测量直流电路的电流、电压和电位
2. 能识读常见电阻器并会用万用表检测电阻
3. 能用万用表检查简单电路的故障

2.1 电 路

话题引入

众所周知，公路是车辆行人的通路，水路是船只的通路，航线是飞机飞行的通路，那么电路是谁的通路呢？电路就是电流流过的路径，例如常见的手电筒，它的电路如图 2-1 所示，合上开关，电流从电源正极流出，通过导线传输，经过开关、灯泡回到电源负极，形成电流通路，灯泡发光；断开开关，电路不通，电流被阻断，灯泡不亮。

2.1.1 电路的组成

电路是由电源、负载、导线和开关等按一定的方式连接起来的闭合回路。

【电源】 电路中把其它形式的能转换成电能的装置，常见的有干电池、蓄电池和发电机等，如图 2-2 所示。

【负载】 又称用电器，是把电能转换成其它形式能的装置，即消耗电能的装置，常见

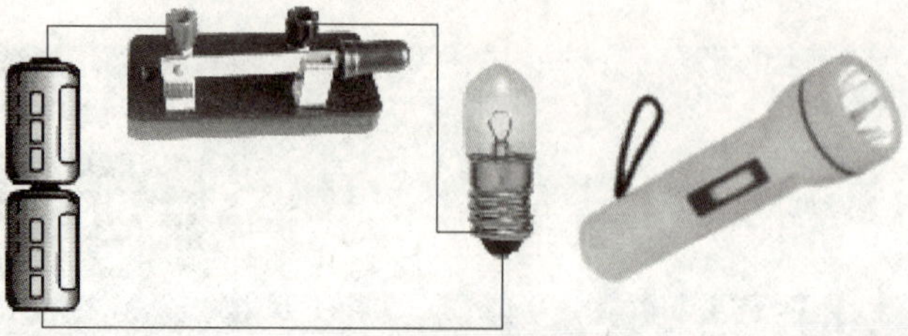

图 2-1　手电筒实物电路

a) 干电池　　b) 蓄电池　　c) 发电机

图 2-2　常见电源

的有电灯、电炉、电动机等。

【导线】 用来连接电源和负载，把电能从电源输送到负载的金属线，常见的有铜线和铝线，如图 2-3 所示。

图 2-3　常见导线截面图

【开关】 接通或断开电源和负载的装置，常见的有按钮、刀开关等。

2.1.2　电路的状态

电路有三种状态：即通路、开路、短路。

【通路】 也称为闭路。如图 2-4a 所示电路中，当开关闭合，电路中有电流流过，即为通路状态。

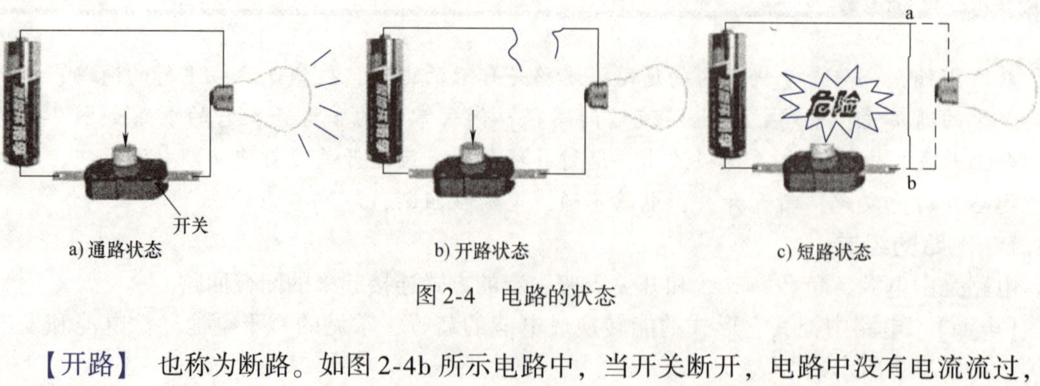

a) 通路状态　　b) 开路状态　　c) 短路状态

图 2-4　电路的状态

【开路】 也称为断路。如图 2-4b 所示电路中，当开关断开，电路中没有电流流过，即为开路状态。

【短路】　如图 2-4c 所示，a、b 两点用导线接通，这时电流不经过负载，直接从导线 ab 回到电源，即为短路状态。

提示

短路时会产生很大的电流，会损坏电源和导线，应尽量避免。

练一练

找来灯泡、电池、导线和开关，参照图 2-1 所示，自己连接电路，并操纵开关观察灯泡的变化。

2.1.3　电路图

为简便起见，电路通常不用实物表示，而是用电路图表示，例如图 2-5 所示即为图 2-1（手电筒实物电路）的电路图。在电路图中，电路组成的元器件和连接情况是用国家统一规定的图形和文字符号来表示的，常用的图形及文字符号如表 2-1 所示。

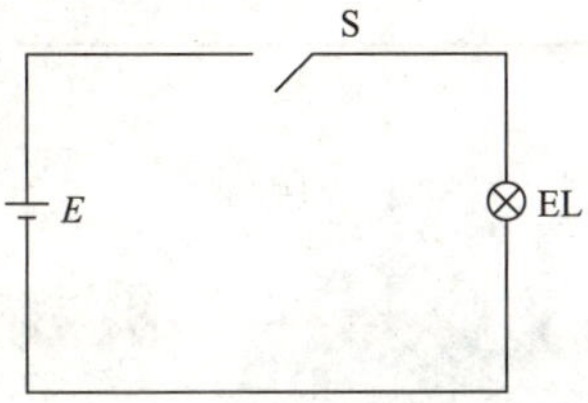

图 2-5　手电筒电路图

表 2-1　部分电工图形及文字符号

名称	实　物　图	图形及文字符号	名称	实　物　图	图形及文字符号
电池		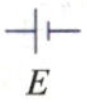	电流表	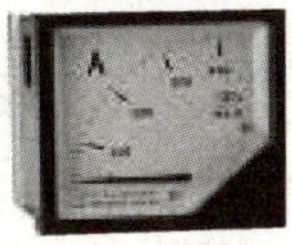	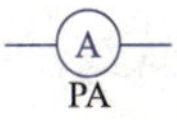
开关			电压表		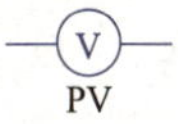
灯			熔断器	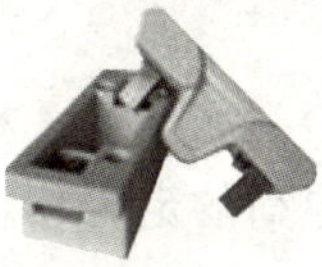	
电阻		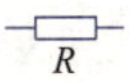	接地	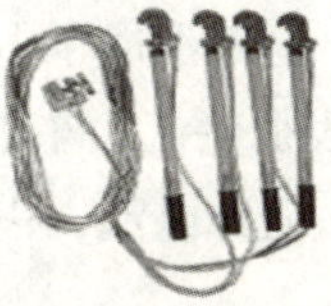	

（续）

名称	实　物　图	图形及文字符号	名称	实　物　图	图形及文字符号
电容	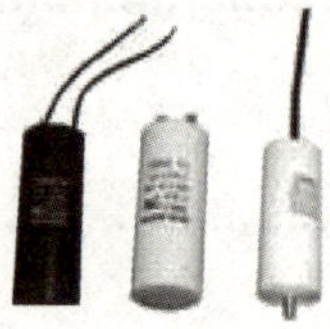	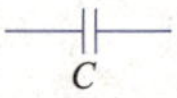	发电机		
电感			二极管		

实践活动

翻阅家里的电路图

每个家庭都有各种各样的电器，找出说明书，看看电路图，你认识哪些符号，哪些又是你不认识的。

2.2　电路中的常用物理量

话题引入

我们去买电冰箱，销售员除了介绍外观、材料等特点外，还会介绍它的耗电有多低，有多省电。那么用什么来评价耗电的多少呢？其实就是电功率，它是电路中的一个基本物理量。本节我们就学习电路中常用的物理量：电流、电压、电位、电动势、电能和电功率。

2.2.1　电流

【电流的概念】　电荷的定向移动形成电流。例如，金属导体中存在的大量自由电子时刻在做无序不规则的运动，如图 2-6a 所示。当有电场存在时，金属导体中的自由电子在电场力作用下定向移动，这就形成了电流，如图 2-6b 所示。

【电流的大小】　表征电流大小的物理量称为电流强度，用单位时间内通过导体横截面的电荷量多少来衡量，简称电流，以字母 I 表示。若在 t 秒内通过导体横截面的电荷量为 Q，则电流 I 可表示为

$$I=\frac{Q}{t} \tag{2-1}$$

式中，I 表示电流，单位为安［培］（A）；Q 表示电荷量，单位是库［仑］（C）；t 表示时间，单位是秒（s）。

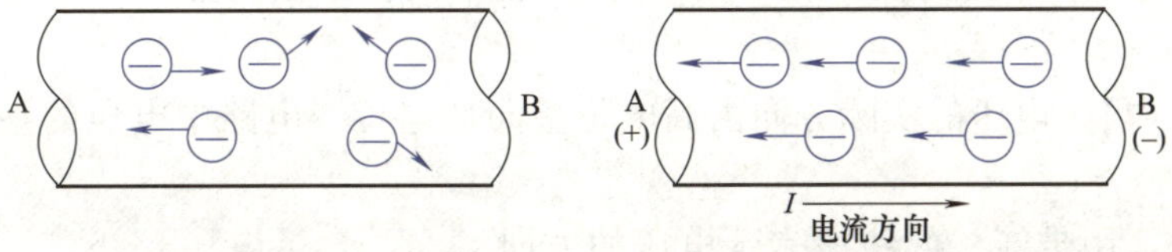

a) 金属导体中自由电子无序运动　　b) 电场作用下电流的形成

图 2-6　电流的形成

如果在 1s 内通过导体横截面的电荷量为 1C，则导体中的电流即为 1A。电流的单位除 A 外，还有千安（kA）、毫安（mA）、微安（μA），它们之间的换算关系为：

$1kA=10^3A$，$1mA=10^{-3}A$，$1\mu A=10^{-6}A$。

【电流的方向】　人们习惯上规定正电荷的移动方向为电流的方向。因此，带负电的自由电子的移动方向跟电流方向相反，如图 2-6b 所示。

2.2.2　电压、电位和电动势

【电压的概念】　如图 2-7a 所示，水流从水位高的 A 点向水位低的 B 点流动，那是因为 A、B 点间有水压。与水流相似，在电压的作用下，电荷从高电位处向低电位处流动，形成电流，如图 2-7b 所示，电池就是为电路提供电压的装置，电池的正极电位高，负极电位低，正、负极之间存在电压，在电压作用下，电流从正极向负极流动，电路中就会产生一个从电池正极到负极的电流。

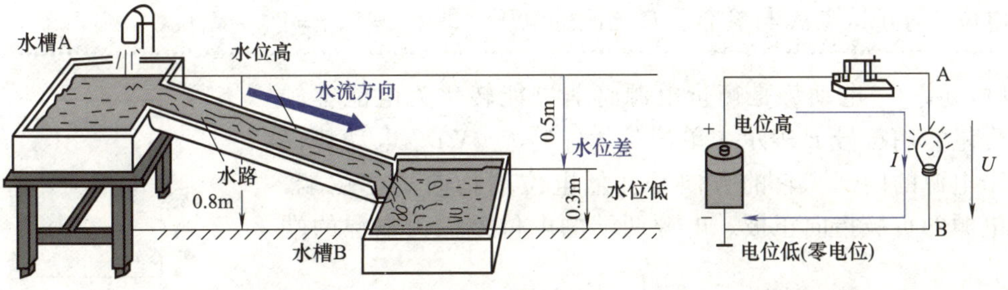

a) 水压示意图　　b) 电压示意图

图 2-7　电压及其类比

小知识

生活中的常用电压等级

干电池两极间的电压为 1.5V；手持移动电话的电池两极间的电压一般为 3.7V；电脑机箱内部的电压≤20V；人体安全电压≤36V；家庭用电的电压为 220V；一般低压动力线路的电压为 380V。

【电压的大小】 电路中电压的大小等于电场力把单位正电荷从高电位点移到低电位点所做的功，即

$$U_{ab}=\frac{W}{Q} \tag{2-2}$$

式中，U_{ab}表示电压，单位为伏［特］（V）；W 表示功，单位为焦［耳］（J）；Q 表示电荷量（C）。

【电压的方向】 电压的实际方向由高电位指向低电位。电路中电压的参考方向有三种表示法。

a）箭头法：用带箭头的线段表示电压的方向，如图 2-8a 所示；

b）极性法：在电路的两点或元件两端标上极性表示电压的方向，如图 2-8b 所示；

c）下标法：用电压符号 U 加双下标字母表示，如 U_{ab} 表示电压方向从 a 点指向 b 点，如图 2-8c 所示。

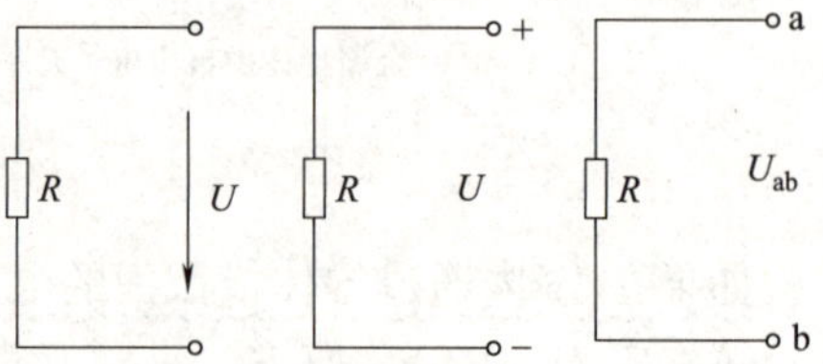

a）箭头法　b）极性法　c）下标法

图 2-8　电压的参考方向

【电位】 电路中某点相对于参考点的电压称为该点的电位，用 V 表示。如用 V_A 表示 A 点的电位。电位的单位也为伏［特］（V）。参考点的电位规定为零，一般选择大地作为参考点，用符号“⏚”表示；在电子仪器中常把金属机壳或电路的公共节点作为参考点，用符号“⊥”表示。

提示

电路中两点之间的电压等于这两点的电位差，即 $U_{AB}=V_A-V_B$；电路中某一点 A 的电位，等于该点 A 与参考点 O 之间的电压，即 $V_A=V_{AO}=V_A-V_O$。

【电动势】 电动势是衡量电源将非电能转化为电能本领的物理量，用符号 E 表示，单位是伏［特］（V）。电动势仅存在于电源的内部，它的方向是从低电位端指向高电位端，即从电源的负极指向正极。电源两端的电位差称为电源的端电压。

对于一个电源来说，在开路状态下，电源两端的电压与电源的电动势大小相等而方向相反，如图 2-9 所示。

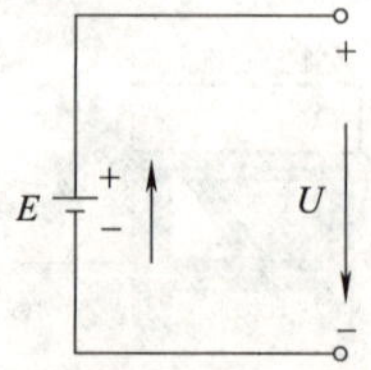

图 2-9　电动势和电压的方向

练一练

如图 2-10 所示电路，若 $V_A=5V$，$V_B=2V$，则 $U_{AB}=$________V；若 $V_A=3V$，$V_B=5V$，则 $U_{AB}=$________V。

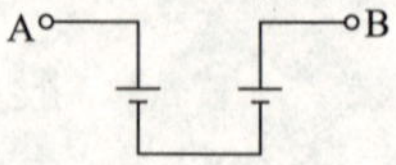

图　2-10

实践活动

找找看，电视机遥控器电池、手机电池，数码照相机电池、汽车蓄电池等常见直流电源的电压都是多少伏？

2.2.3　电功和电功率

【电功】　在一段时间内，电流通过用电器时，电源所做的功，称为电功，用 W 表示。在电路中电功的计算公式为

$$W = UIt \tag{2-3}$$

式中，W 表示电路消耗的电功，单位是焦［耳］（J）；U 表示电路两端的电压（V）；I 表示流经电路的电流（A）；t 表示通电时间（s）。

电功的常用单位为 kW · h，也就是我们常说的“度”，1kW · h（度）$=3.6\times10^6$J（焦耳）。

【电功率】　单位时间内电流所做的功称为电功率，简称功率。它是衡量电流消耗电能快慢的物理量，用字母 P 表示，计算公式为

$$P = \frac{W}{t} \tag{2-4}$$

代入 $W = UIt$ 可以得到

$$P = UI \tag{2-5}$$

式中，P 为电功率，单位是瓦［特］（W）；U 表示导体两端的电压（V）；I 表示导体上的电流（A）。

提示

若电流在 1s 内所做的功为 1J，则电功率是 1W。

小知识

电器设备的额定值

为使电器设备在正常工作条件下可靠工作，并且能充分发挥其性能而规定的参数值叫做额定值。例如额定电压、额定电流和额定功率等。如图 2-11 所示，额定值一般标在机器设备的铭牌上。如 U_N、I_N、P_N 等。

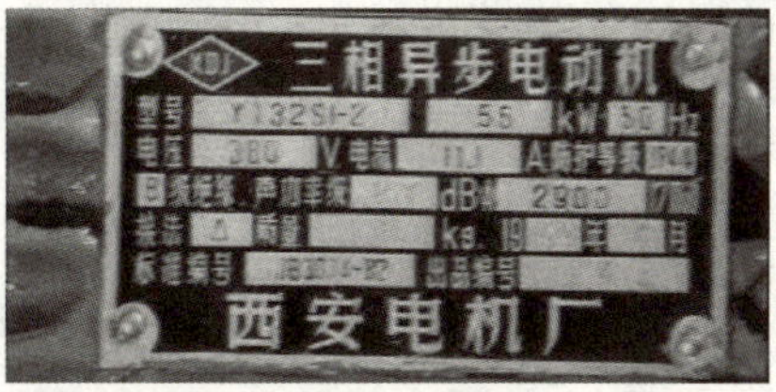

图 2-11　铭牌

练一练

某电热器上标有“220V，1000W”字样：

1）其中“220V”表示________，“1000W”表示________。

2）电热器正常工作时通过的电流强度是________A，正常工作2h消耗电能________度。

实践活动

看看家里面的电表，一月能用多少度电，看看家里面的电器设备，它们的功率都是多少？工作相同的时间，哪个用电多，哪个用电少？

2.3 电阻元件与欧姆定律

话题引入

用户每月缴纳电费时，通常都要加上电能损耗的费用。那么电为什么会损耗呢？如图2-12所示，电能从发电厂输送到千家万户的过程中，由于电线上存在电阻，一部分电能转化为热能损耗掉了。

2.3.1 电阻

当电流流过导体时，导体会对电流起阻碍作用，这种阻碍作用称为导体的电阻，用大写字母 R 表示，单位为欧［姆］，符号为Ω。金属导体的电阻大小可用以下公式计算：

$$R=\rho\frac{l}{S} \tag{2-6}$$

式中，R 表示电阻（Ω）；l 表示导体长度（m）；S 表示导体截面积（m^2）；ρ 表示导体的电阻率，单位为欧姆米（Ω·m）。

图 2-12

提示

式（2-6）称为电阻定律，式中的电阻率 ρ 是与材料性质有关的物理量，也称为电阻系数。

想一想

绝缘材料有没有电阻？

小知识

超导现象

1911年，荷兰科学家昂内斯用液氦冷却汞，当温度下降到−268.98℃时，水银的电阻突然下降为零，这种现象就是超导现象。具有超导性质的材料称为超导材料。利用材料的超导电性可制作磁体，应用于电机、高能粒子加速器、磁悬浮列车等；可制作电力电缆，用于大容量输电。

2.3.2　电阻器

在生产实际中，利用导体对电流产生阻碍作用的特性，专门制造的具有一定阻值的元件，称为电阻器，简称电阻。

电阻器是电子电路中最常用的元件，有固定电阻器和可变电阻器两大类。

【固定电阻器】　固定电阻器的阻值是固定不变的，常见的有碳膜电阻、金属膜电阻、绕线电阻和水泥电阻等，如图2-13所示。

a) 绕线电阻器

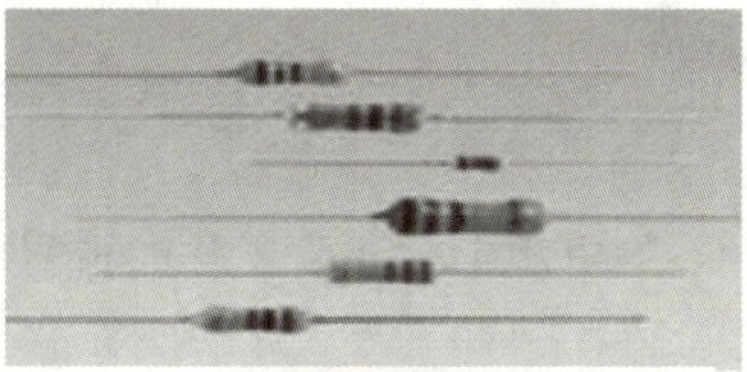
b) 碳膜电阻器

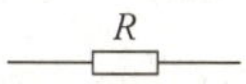

c) 符号

图2-13　固定电阻器

【可变电阻器】　可变电阻器是阻值在预定范围内可调节的电阻，常用于调节电路中的电位，故又称做电位器。常见的可变电阻器如图2-14所示。

【特殊电阻器】　除以上常见电阻器外，还有一些具有特殊功能的电阻器，例如光敏电阻、压敏电阻、磁敏电阻、热敏电阻等，广泛应用在各种电子设备中，如图2-15所示。

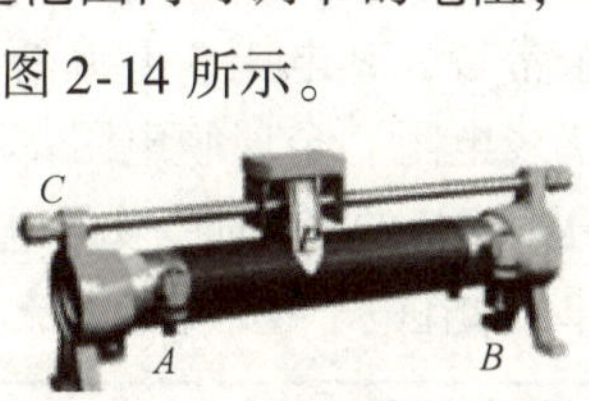

a) 滑动变阻器

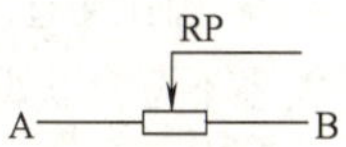

b) 符号

图2-14　可变电阻器

a) 光敏电阻　　b) 压敏电阻　　c) 磁敏电阻　　d) 热敏电阻

图 2-15　特殊电阻器

想一想

自己都见过什么样的电阻器？

2.3.3　欧姆定律

德国物理学家欧姆通过大量的实验研究，于 1827 年总结出电阻元件的电压和电流的关系是：流过电阻 R 的电流 I 与电阻两端的电压 U 成正比，与电阻 R 成反比，即

$$I=\frac{U}{R} \quad 或 \quad U=RI \qquad (2\text{-}7)$$

式中，U 表示电压（V）；I 表示电流（A）；R 表示电阻（Ω）。这就是后来以他的名字命名的欧姆定律。

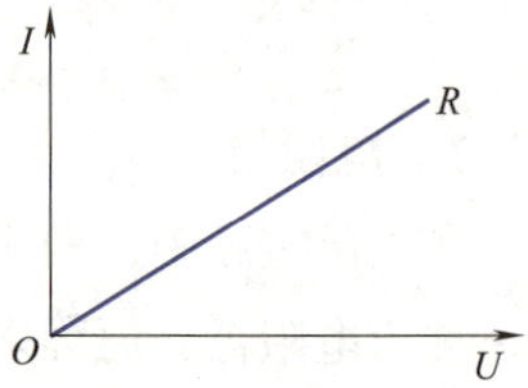

图 2-16　电阻伏安特性曲线

如果以电压为横坐标，电流为纵坐标，可画出电阻的 $U—I$ 关系曲线，称为电阻的伏安特性曲线，如图 2-16 所示。

练一练

某电炉接在 220V 的电源上，正常工作时流过电阻丝的电流为 5A，此时电阻丝的电阻 $R=$________。

小知识

线性电阻和非线性电阻

电阻值不随电压、电流的变化而变化的电阻称为线性电阻，电阻值是一个常量，其电压、电流的关系符合欧姆定律。在电子产品中广泛应用的绕线电阻、金属膜电阻都是线性电阻。

电阻值随着电压、电流的变化而变化的电阻称为非线性电阻。非线性电阻的电压、电流关系不符合欧姆定律，如在电子线路中起限流、保护作用的突变型 PTC、热敏电阻器等。

2.4 电阻的连接

话题引入

如图2-17所示，在夜晚，当我们走在马路上时，看到琳琅满目的路灯照亮了整个城市。有时个别灯不亮了，却不影响其它灯的正常工作，这是为什么呢？原来，它们之间采用了并联的连接方式。

2.4.1 串联

【串联的概念】 将两个或两个以上的电阻依次首尾相连的连接方式。图2-18a所示为由三个电阻构成的串联电路。

图2-17 并联方式连接的路灯

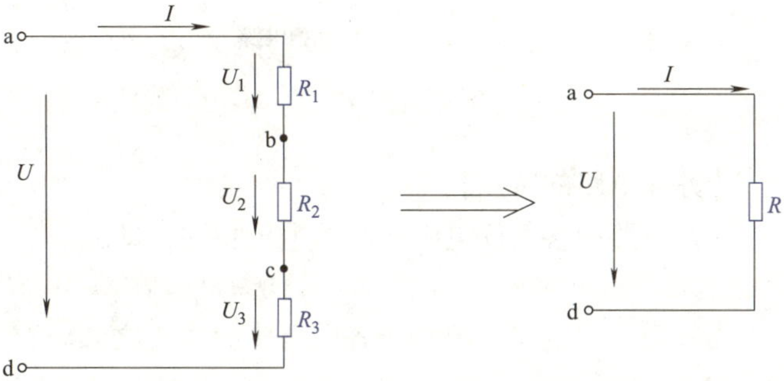

a) 串联电阻电路　　b) 等效电路

图2-18 电阻的串联及其等效电路

【串联电路的特点】

a）电路中流过各个电阻的电流相同，即

$$I=I_1=I_2=\cdots=I_n$$

b）电路两端的总电压等于各电阻两端的电压之和（具有分压功能），即

$$U=U_1+U_2+\cdots+U_n$$

c）电路的等效电阻（总电阻）等于各串联电阻之和，即

$$R=R_1+R_2+\cdots+R_n$$

提示

分析电路时，常用一个电阻来表示几个串联电阻的总电阻，这个电阻称为等效电阻。图2-18b就是采用等效电阻后的等效电路。

d）电路中消耗的总功率等于各个电阻消耗的功率之和；各个电阻消耗的功率与其阻值成正比，即

$$P=P_1+P_2+\cdots+P_n;P_1=I^2R_1,P_2=I^2R_2,\cdots,R_n=I^2R_n$$

e）电路中各电阻分配的电压与电阻成正比，即

$$U_1=IR_1,U_2=IR_2,\cdots,U_n=IR_n$$

对于 n 个电阻串联的电路，有

$$U_1=\frac{R_1}{R_1+R_2+\cdots+R_n}U,\ U_2=\frac{R_2}{R_1+R_2+\cdots+R_n}U,\cdots$$

上式称为串联电路的分压公式。

2.4.2 并联

【并联的概念】 将两个或两个以上的电阻并列地连接在同一电压两端的连接方式。图 2-19a 所示为由三个电阻构成的并联电路。

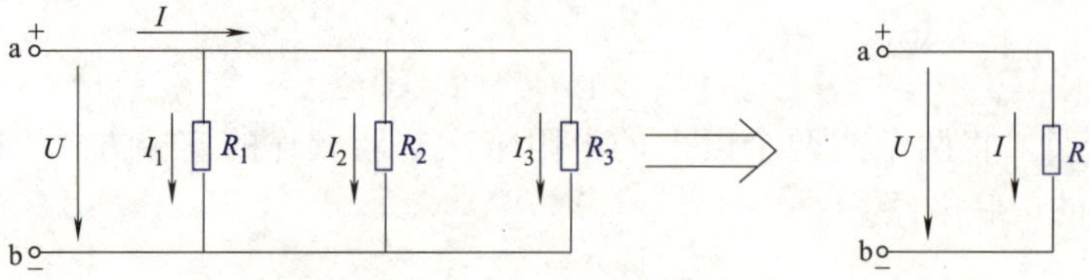

a) 并联电阻电路　　b) 等效电路

图 2-19　电阻的并联及其等效电路

【并联电路的特点】

a）电路中各并联电阻两端的电压相同，即

$$U=U_1=U_2=\cdots=U_n$$

b）电路中的总电流等于各电阻中的电流之和（具有分流功能），即

$$I=I_1+I_2+\cdots+I_n$$

c）电路中的总电阻的倒数等于各并联电阻的倒数和，即

$$\frac{1}{R}=\frac{1}{R_1}+\frac{1}{R_2}+\cdots+\frac{1}{R_n}$$

d）电路中消耗的总功率等于各个电阻消耗的总功率之和；各个电阻消耗的功率与其阻值成反比，即

$$P=P_1+P_2+\cdots+P_n;P_1=\frac{U^2}{R_1},\ P_2=\frac{U^2}{R_2},\ \cdots$$

e）电路中各电阻分配到的电流与电阻成反比，即

$$I_1=\frac{U}{R_1},\ I_2=\frac{U}{R_2},\ \cdots$$

对两个电阻并联的电路，有 $$I_1=\frac{R_2}{R_1+R_2}I,\ I_2=\frac{R_1}{R_1+R_2}I$$

上式称为并联电路的分流公式。

2.4.3 混联

【混联的概念】 如图 2-20 所示，电路中电阻元件既有串联又有并联的连接方式。

【混联电路分析方法】 对于混联电路的计算，只要按串、并联的计算方法，一步步地将电路化简，最后就

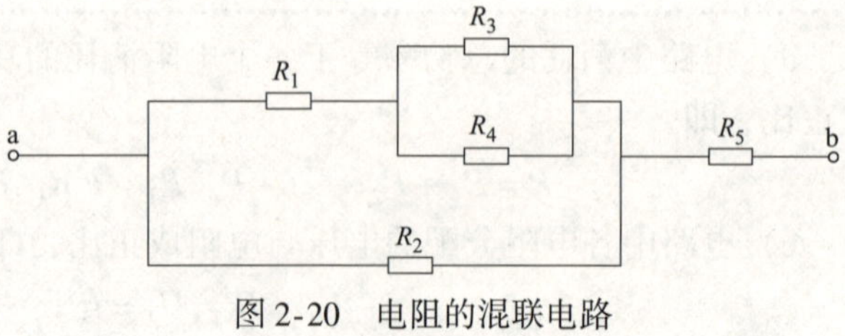

图 2-20　电阻的混联电路

可以求出总的等效电阻。

混联电路计算的一般步骤是：

a）对原电路进行等效变换，求出电路的总等效电阻。

b）由电路的总等效电阻和电路两端的总电压，计算出电路的总电流。

c）根据电阻串联的分压关系和电阻并联的分流关系，逐步推算出各部分的电压和电流。

想一想

为何额定电压相同的负载在线路中通常都是并联的？

练一练

有额定值为“110V，40W”和“110V，100W”的两盏灯，请同学们利用电阻串并联的特点将它们接入电源为 220V 的电路中，使得它们都能正常发光。

讨论并设计电路（画出电路图，求出串联或并联的电阻值）

（提示：电路设计的前提条件是：________________。

写出两个灯泡的额定电压________；额定电流________；额定功率________。

实践活动

分析教室里的荧光灯之间是串联还是并联？荧光灯与开关之间是串联还是并联？荧光灯与插座之间是串联，还是并联？

2.5　复杂直流电路的分析

话题引入

在实际电路中，往往会遇到一些不能用串并联简化的电路，例如图 2-21 所示电路，这就是复杂电路。在复杂电路中，包含多个电源和多个电阻，因而不能直接用欧姆定律求解，必须利用其它定理定律才能求解。

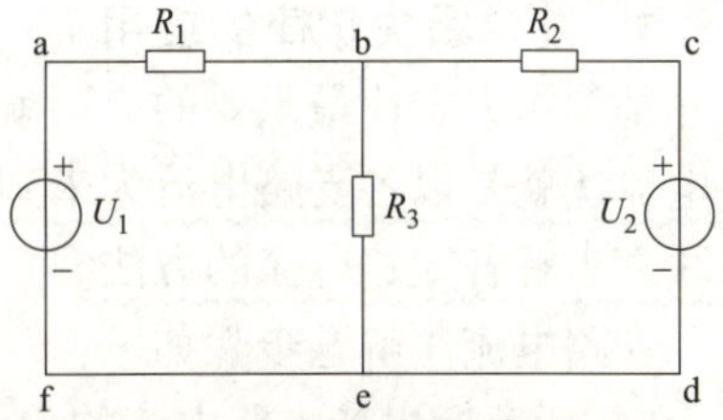

图 2-21　复杂直流电路

在学习复杂电路的分析前，我们先学习几个有关复杂电路的概念：

【支路】　由一个或几个元件首尾相接构成的一段无分支的电路。在图 2-21 中有三条支路，即 bafe、be、

bcde 支路。

【节点】 三条或三条以上支路的连接点称为节点，如图 2-21 中 b 点和 e 点。

【回路】 电路中任意一个闭合路径称为回路，图2-21中的 abefa、bcdeb、abcdefa 都是回路。

【网孔】 内部不含支路的回路称为网孔。图 2-21 中的 abefa、bcdeb。

2.5.1 基尔霍夫电流定律

基尔霍夫电流定律也称基尔霍夫第一定律或节点电流定律，简称 KCL。此定律说明了连接在同一节点上的几条支路中电流之间的关系，其内容为：在任一瞬间，流入任一节点的电流之和恒等于流出这个节点的电流之和，即

$$\sum I_{入} = \sum I_{出} \tag{2-8}$$

例如图 2-22 所示电路，有五条支路汇聚于 A 点，其中 I_1 和 I_3 是流入节点的，I_2、I_4 和 I_5 是流出节点的，于是可得

$$I_1 + I_3 = I_2 + I_4 + I_5$$

或 $$I_1 + I_3 - I_2 - I_4 - I_5 = 0$$

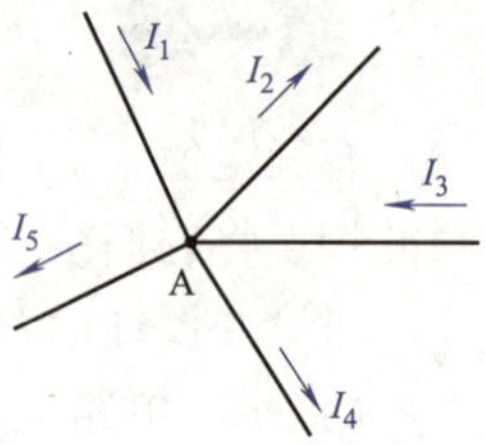

图 2-22 支路电流

因此，如果我们规定流入节点的电流为正，流出节点的电流为负，那么，基尔霍夫电流定律内容也可叙述为：对于电路中任意一个节点，电流的代数和恒等于零，即

$$\sum I = 0 \tag{2-9}$$

2.5.2 基尔霍夫电压定律

基尔霍夫电压定律也称基尔霍夫第二定律或回路电压定律，简称 KVL，其内容是：对于电路中的任一回路，沿回路绕行方向的各段电压的代数和等于零，其表达式为

$$\sum U = 0 \tag{2-10}$$

例如图 2-23 所示电路中，回路 cadbc 中各段电压、电流的参考方向均已标出。从 c 点开始沿顺时针方向绕行一周回到 c 点时，c 点的电位数值不变。也就是说，从一点出发绕回路一周回到该点时，各部分电压的代数和等于零。按照环线所示的回路参考方向可列出下列方程：

$$U_1 + U_2 + U_3 + U_4 = 0$$

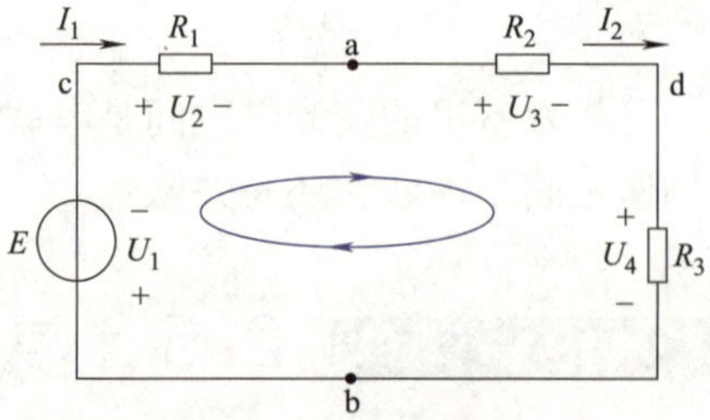

图 2-23 电路举例

基尔霍夫电压定律的内容又可叙述为在任一闭合回路中，各个电阻上电压的代数和等于各个电动势的代数和，即

$$\sum IR = \sum E \tag{2-11}$$

2.5.3 基尔霍夫定律的应用

基尔霍夫定律最重要的应用就是利用支路电流法求解复杂电路中的电压与电流。所谓支路电流法就是以各支路电流为未知量，应用基尔霍夫电流定律和基尔霍夫电压定律列出方程组联立求解各支路电流的方法。

支路电流法解题步骤如下：

1）任意标出各支路电流的参考方向和网孔的绕行方向（如图 2-24 所示）。

2）根据基尔霍夫电流定律列节点电流方程，对于节点 A 有：

$$I_1 + I_2 = I_3$$

3）根据基尔霍夫电压定律列独立的回路电压方程。一般选择网孔来列方程，例如，

网孔Ⅰ：$I_1R_1 - I_2R_2 = E_1 - E_2$；

网孔Ⅱ：$I_2R_2 + I_3R_3 = E_2$

4）联立方程组，求解。

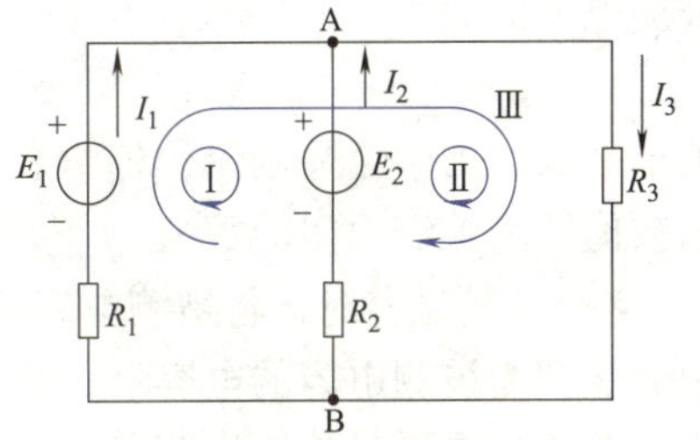

图 2-24　支路电流法

练一练

电路如图 2-24 所示，已知 $R_1 = R_2 = 0.2\Omega$，$R_3 = 3.2\Omega$，$E_1 = 7V$，$E_2 = 6.2V$，用支路电流法求电流 I_1 = ______ A、I_2 = ______ A、I_3 = ______ A。

技 能 训 练

技能训练指导 2-1　数字万用表的使用

数字万用表具有测量精度高、显示直观、功能全、可靠性好、小巧轻便以及便于操作等优点。下面介绍数字万用表的使用方法。

图 2-25 所示为数字万用表的面板图，下面介绍它的基本使用方法。

1）测量交、直流电压时，红、黑表笔分别接“V · Ω”与“COM”插孔，旋动量程选择开关至“ACV”或“DCV”中合适位置，两表笔并接于被测电路。此时显示屏显示出被测电压数值。若显示屏只显示最高位“1”，表示溢出，应将量程调高。

2）测量直流电流时，（若电流小于 200mA，红、黑表笔分别插入“mA”与“COM”插孔，若电流大于 200mA，红黑表笔分别插入“A”与“COM”插孔，量程选择开关也应拨至“10A”档）将两表笔串接于被测回路，显示屏所显示的数值即为

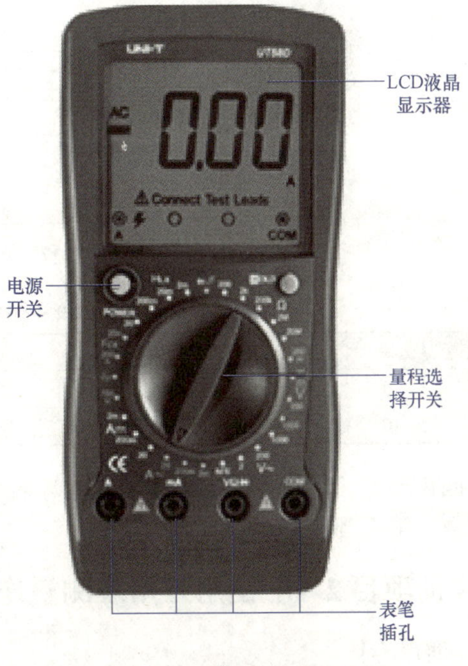

图 2-25　数字万用表面板结构

被测电流的大小。

3）测量电阻时，将红、黑表笔分别插入“V·Ω”与“COM”插孔，旋动量程选择开关至“Ω”档中合适位置，将两表笔跨接在被测电阻两端（不得带电测量！），显示屏所显示数值即为被测电阻的数值。

4）测量电容时，将被测电容插入电容插座，旋动量程选择开关至合适位置，显示屏所示数值即为被测电容的电容量。

其它功能详见使用说明书。

提示

1）当显示屏出现“LOBAT”或“←”时，表明电池电压不足，应予更换。

2）若测量电流时，没有读数，应检查熔丝是否熔断。

3）测量完毕，应关上电源；若长期不用，应将电池取出。

4）不宜在日光及高温、高湿环境下使用与存放（工作温度为 0 ~ 40℃，湿度为 80%）。使用时应轻拿轻放。

技能训练指导 2-2　电阻器的阻值标注法

【数字标志法】　如图 2-26 所示，这种标注法是直接将标称电阻值和允许偏差标注在电阻器上。

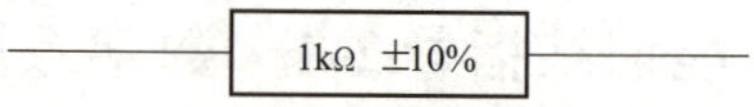

图 2-26　数字标志法

【色环标志法】　如图 2-27 所示，这种方法是用不同颜色的色环表示电阻器的标称电阻值和允许偏差。表 2-2 为色环电阻各种颜色的定义。

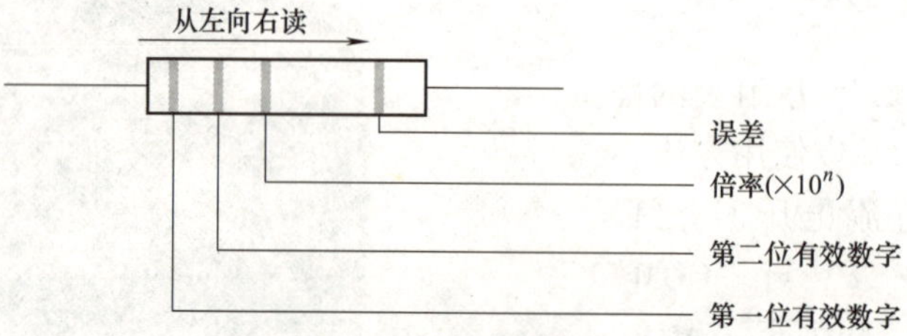

图 2-27　色环标志法

表 2-2　电阻色环颜色代表数字（倍率）

颜色	黑	棕	红	橙	黄	绿	蓝	紫	灰	白	金	银
数字	0	1	2	3	4	5	6	7	8	9		
倍率	10^0	10^1	10^2	10^3	10^4	10^5	10^6	10^7	10^8	10^9	±5%	±10%

除四色环外，精度更高的电阻用五色环表示。从左到右，前三环表示有效数字，第四环表示倍数，第五环表示误差。

技能实训项目 2-1　使用万用表测量电流、电压、电位和电阻

【实训目的】

1）加深对电流、电压、电位和电阻定义的理解。

2）学会使用万用表测量直流电流、电压和电位。

3）学会识读电阻元件，并会用万用表测量其阻值。

【实训器材】

10V 直流电源，万用表一块，20Ω、30Ω、50Ω 电阻各一只，色环电阻若干个，开关一只，电工工具若干，导线若干。

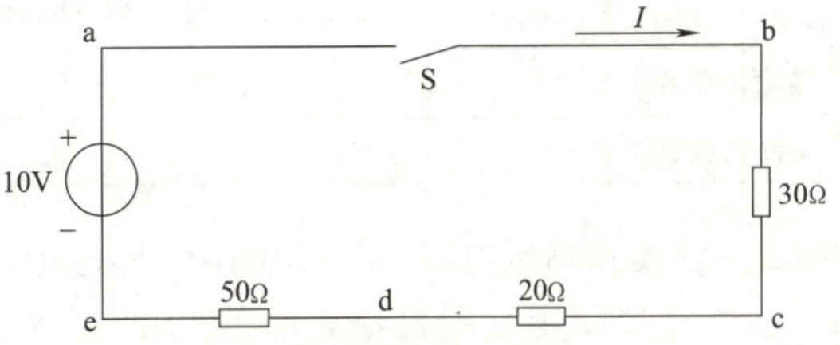

图 2-28　电路原理图

【实训内容及步骤】

1）测电流、电压和电位：电路图如图 2-28 所示，实物连接图及操作要点见表 2-3，将测量结果填入表 2-4 中。

表 2-3　测电流、电压和电位

项　　目	示　意　图	说　　明
测电流	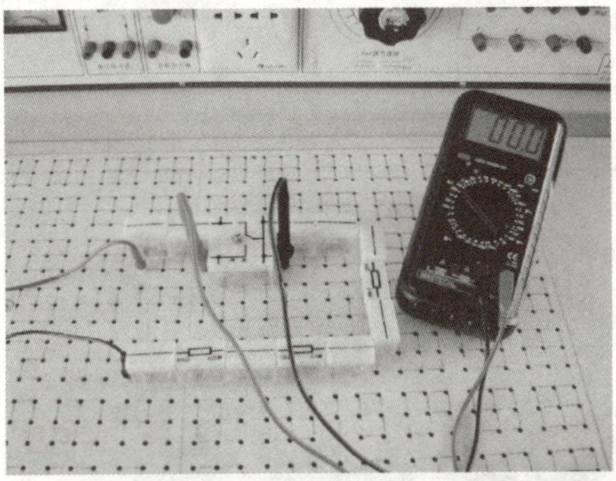	测量电流时，万用表需串联接入电路，可在开关 S 断开的情况下，将万用表红表笔接开关 a 端，黑表笔接开关 b 端
测电压	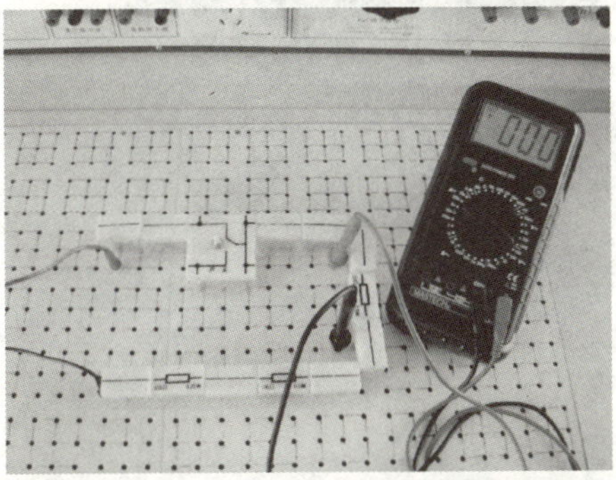	测电压时，红、黑表笔分别接在被测电阻的两端
测电位	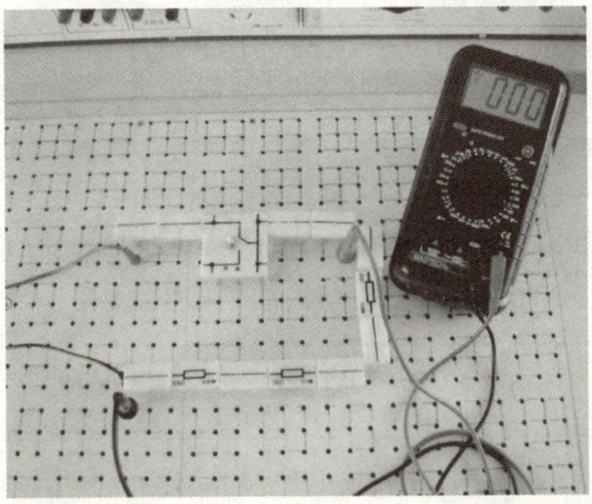	测量电位时，黑表笔接在参考点 e，红表笔依次在 a、b、c、d 点测量相应电位

表 2-4 电压、电流和电位的测量

项 目	I/mA	U_{ac}/V	U_{cd}/V	U_{de}/V	V_a/V	V_b/V	V_c/V	V_d/V
理论计算值								
实际测量值								

2）识读并测量电阻：根据电阻色环标记，读出电阻标称阻值及允许偏差，并按图 2-29 所示实物连接图用万用表测量其实际阻值，将结果记入表 2-5 中。

表 2-5 电阻的识读与检测

序号	色环标记	标称阻值	允许偏差	测量值

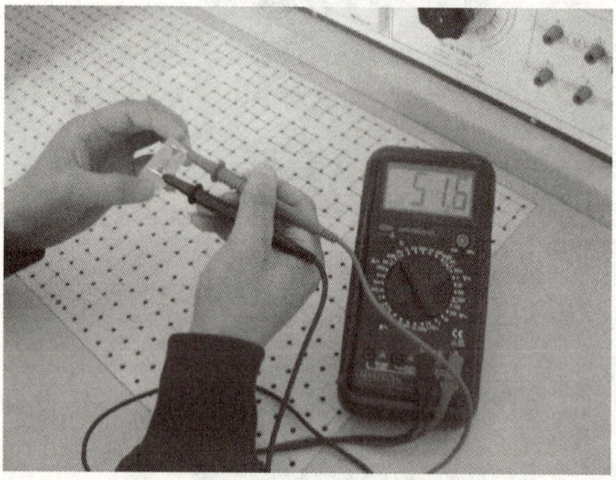

图 2-29 电阻测量实物图

【注意事项】

1）技能训练过程中，切忌出现短路故障。

2）用万用表测量电压、电流和电位时，档位一定要选择正确，否则可能损坏万用表。

【自评互评】

姓 名			互评人		
项目	考 核 要 求	配分	评 分 标 准	自评分	互评分
元器件的识别与检测	正确识读并检测电阻	10	识读、检测，错误，每处扣 1 分		
搭接电路	电路搭接正确	30	搭接错误，视情况扣 2 ~ 5 分，如出现短路故障，扣 10 分		
万用表的使用	正确使用万用表	30	万用表使用错误，每处扣 1 分		

（续）

姓　名			互评人		
项目	考　核　要　求	配分	评　分　标　准	自评分	互评分
电流、电压电位的测量	正确测量电流、电压、电位	20	测量错误，每处扣 3 分		
安全文明操作	工作台上工具排放整齐 严格遵守安全操作规程 符合"6S"管理要求	10	违反安全操作、工作台上脏乱、不符合"6S"管理要求，酌情扣 3～10 分		
合计		100			
学生交流改进总结：					
教师签名：					

【思考与讨论】

1）验证电压与电位的测量数据是否满足 $U_{ac}=V_a-V_c$。

2）验证电压与电流的测量数据是否满足欧姆定律。

3）分析在测量过程中，误差产生的原因。

思考与练习

2-1　任何一个完整的电路都必须有________、________、________、________四个基本组成部分。

2-2　电路有________、________、________三种工作状态。

2-3　如果把 8 个 80Ω 的电阻并联，则其等效电阻是 $R=$____________。

2-4　自行车前灯的电压为 6V、电流为 450mA，这个灯的电阻是：____________。

2-5　1 度电价为 0.5 元，用一只 220V/300W 的灯泡照明 10h，需付电费________元。

2-6　已知电路中 A 点对地的电位是 65V，B 点对地的电位是 35V，则 $U_{BA}=$________。

A. 100V　　B. －30V　　C. 30V　　D. －100V

2-7　计算图 2-30 所示电路中 A、B 点的电位。

2-8　在图 2-31 所示的并联电路中，求等效电阻 R、总电流 I、各负载电阻上的电压、各负载电阻中的电流。

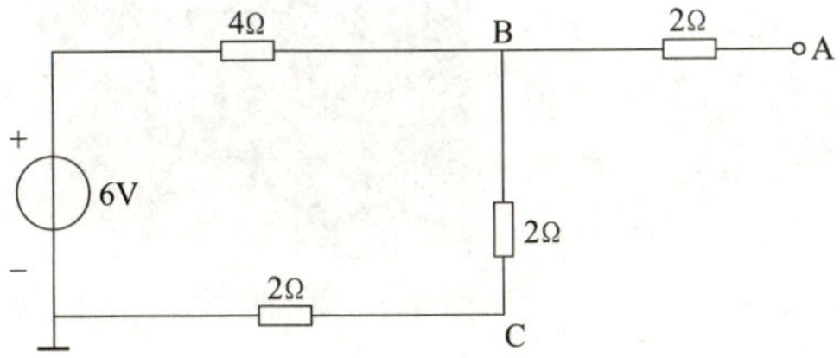

图 2-30　题 2-7 图

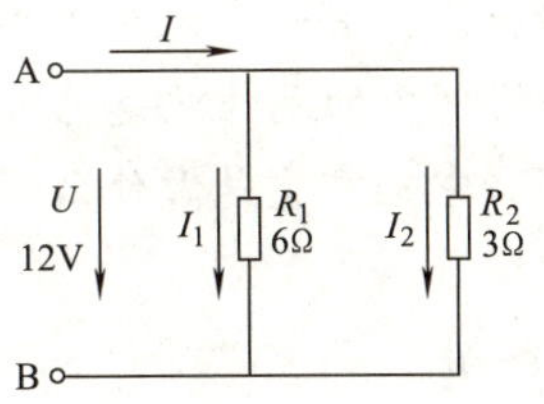

图 2-31　题 2-8 图

2-9　你知道欧姆是怎样发明欧姆定律的吗？请在网上搜索相关视频资料。

2-10　你能正确使用万用表吗？请在网上搜索相关操作指导视频资料。

第3章 电容与电感

知识目标

1. 了解电容及电感的概念
2. 能识别常用电容器、电感器
3. 了解电容器、电感器的主要参数及标注
4. 了解电容器、电感器的主要应用

技能目标

1. 能识读和检测电容器，并判断其好坏
2. 能识读和检测电感器，并判断其好坏

3.1 电容与电容器

话题引入

在电路板上，有一类元件非常醒目，那就是“电容”，例如图3-1蓝色线框中的元件就是电容。电容几乎在任何电路板中都能见到，那么它们究竟是做什么用的呢？本节我们就来学习电容的相关知识。

图3-1 电脑主板上的电容

3.1.1 电容器

【电容器的结构】 任何两个彼此绝缘而又相隔很近的导体，都可以看成是一个电容器，这两个导体就是电容器的两极，中间的绝缘物质称为电介质。最简单的电容器是平行板电容器，如图3-2所示，它由两块相互平行且靠得很近的绝缘金属板组成，两板之间的空气就是它的电介质。

【电容器的充放电特性】 电容器是一种储能元件，基本作用就是充电与放电。如图3-3a所示，如果将电容器的两个极板分别接到直流电源的正、负极上，则A、B两个极板上

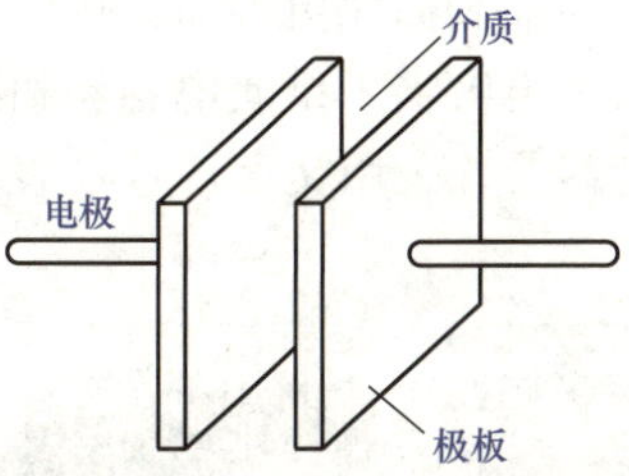

图 3-2　平行板电容器的结构

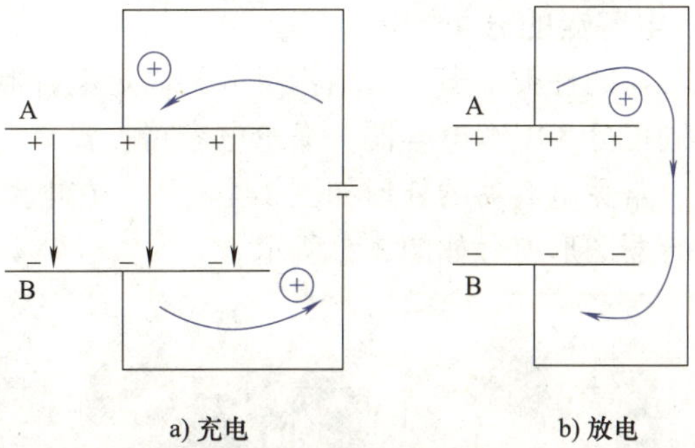

图 3-3　电容器的充电和放电

将分别聚集等量异种电荷，其中与电源正极相连的 A 极板带正电荷，与电源负极相连的 B 极板带负电荷，这种使电容器储存电荷的过程叫做充电。

充电后的电容器用一根导线把两极短接，如图 3-3b 所示，两极板上所带的正、负电荷就会互相中和，电容器不再带电，这种使电容器失去电荷的过程叫做放电，放电后，电容器的两极板上将不再带电。

想一想

电容器在充电时应视为通路、短路还是断路，在充完电以后应视为通路、短路还是断路。

3.1.2　电容的概念

实验证明，对于同一个电容器，加在两极板之间的电压越高，极板上所带的电量越多，但电量与电压的比值却是一个常数，而且不同的电容器这个比值一般也是不一样的。所以，可以用电容器所带电量与它的两极板之间的电压比值，表征电容器的特性，我们把这个比值就叫做电容器的电容，用符号 C 来表示。

如果用 Q 表示电容器所带电荷量，U 为两极板间的电压，那么

$$C = \frac{Q}{U} \tag{3-1}$$

式中，Q 的单位是 C；U 的单位是 V；C 的单位是法［拉］（F）。

在实际使用中，通常电容器的电容都较小，F 单位太大，故常用较小的电容单位：微法（μF）和皮法（pF），它们之间的换算关系是：

$$1\text{F} = 10^6\mu\text{F} = 10^{12}\text{pF}$$

提示

电容的大小与外界条件和电容器是否带电无关，它是电容器的固有特性。习惯上，往往将电容器也称为电容，这样，电容一词既表示了一个物理量，又是一种电子元件的名称。

3.1.3 电容器的分类

电容器的种类很多，按结构可分为固定电容器、可变电容器和微调电容器；按电介质材料的不同可分为电解电容器、涤纶电容器、瓷介电容器、云母电容器、纸质电容器和陶瓷电容器等，常见电容器的外形如图3-4所示。在电路中各类电容器统一用文字符号 C 表示，相应的电容器图形符号如图3-5所示。

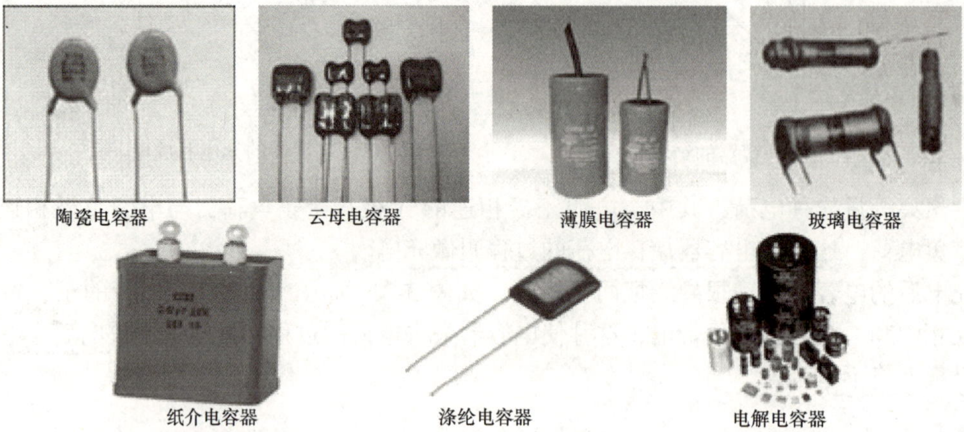

图3-4　常见电容器外形

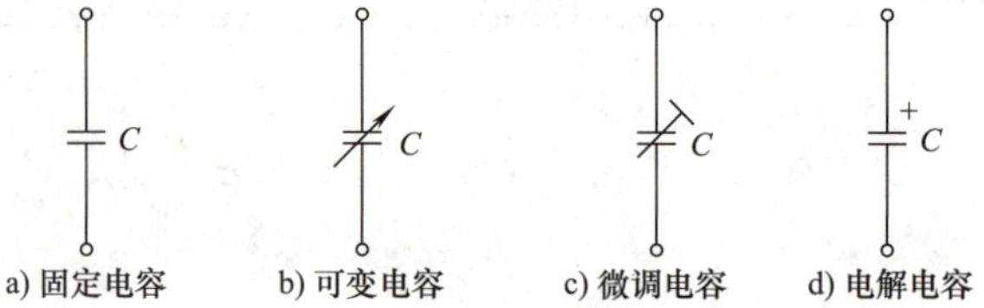

图3-5　电容器的图形符号

3.1.4 电容器的主要参数

1. 标称容量和允许偏差

【标称容量】　电容器上所标明的电容值称为标称容量。

【允许偏差】　电容器实际电容量与标称电容量在允许范围内的误差称为允许偏差，也就是电容器的精度。分别用：B(±0.1%)、C(±0.25%)、D(±0.5%)、F(±1%)、G(±2%)、J(±5%)、K(±10%)、M(±20%)和N(±30%)表示。

2. 额定直流工作电压（耐压）

电容器在规定的工作温度范围内，长期连续可靠地工作而不被击穿，所能承受的最大直流电压，称为电容器的额定直流工作电压，也称电容的耐压。电容器常见的耐压有6.3V、10V、16V、25V、50V、63V、100V、250V、400V、500V、630V、1000V等。

3.2　电感与电感器

话题引入

找一些绝缘导线（例如漆包线、纱包线等），在铅笔或其它圆柱形物体上一圈靠一圈地绕制成线圈，再把铅笔抽出来，得到的就是最简单的电感器，如图 3-6 所示。

图 3-6 电感线圈

3.2.1 电感的概念

在图 3-6 所示电感器中通入电流，这一电流使每匝线圈所产生的磁通称为自感磁通。当同一电流通过结构不同的线圈时，所产生的自感磁通量各不相同。为了衡量不同线圈产生自感磁通的能力，引入自感系数（简称电感）这一物理量，用符号 L 表示。它在数值上等于一个线圈中通过单位电流所产生的自感磁通，即：

$$L=\frac{N\Phi}{I} \tag{3-2}$$

式中，$N\Phi$ 为 N 匝线圈的总磁通，Φ 的单位是韦［伯］（Wb）；I 的单位是 A；L 的单位是亨［利］（H）。

实际应用中 H 太大，常用毫亨（mH）和微亨（μH）表示：

$$1\text{H}=10^3\text{mH}=10^6\mu\text{H}$$

提示

电感是电感器的固有特性，它的大小与外界条件以及电感器是否通电无关。习惯上，往往也将电感器称为电感，这样，电感一词也在表示一个物理量的同时，又是一种电子元件的名称。

3.2.2 电感器的分类

电感器的种类繁多，按有无磁心总体上分为空心线圈（即线圈中间不另加介质材料）和铁心线圈（即电感器中有铁心或磁心）两大类，常见电感器的外形如图 3-7 所示。在电路中，电感器统一用文字符号 L 表示，图形符号如图 3-8 所示。

a) 单层线圈

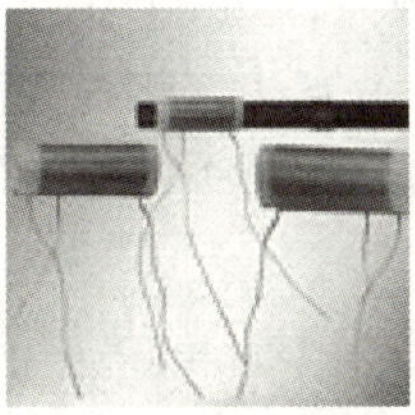

b) 蜂房式线圈

c) 铁粉心线圈

d) 铜芯线圈

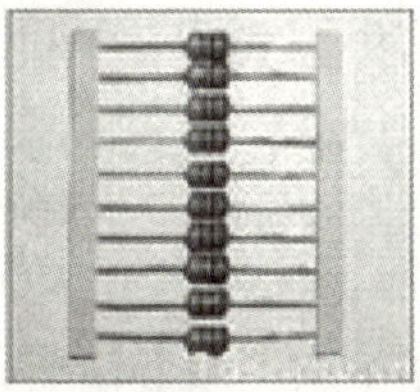

e) 色码电感线圈

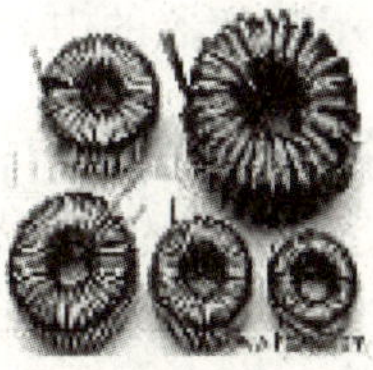

f) 阻流圈

g) 偏转线圈

图 3-7 常见电感器

3.2.3 电感器的主要参数

【电感量 L】 电感量 L 是电感线圈的一个重要参数，它与线圈的匝数、截面积和磁心的材料有关。

【品质因素 Q】 品质因素 Q 反映了电感器储能与耗能之比。Q 值愈高，说明电感线圈的功率损耗愈小，效率愈高，即品质越好。

a) 空心电感器　　b) 带铁心电感器

图 3-8 电感器的图形符号

【额定电流】 电感器正常工作时允许通过的最大电流值。

小知识

“内有高压电非专业人士请勿开启”

为什么我们经常在一些家用电器产品上看到“内有高压电非专业人士请勿开启”的字样呢？这是因为在一些电器产品中存在大容量电容作为储能元件，即使是关掉电源，在其内部高电压也不会立即消失，所以没有维修经验的人不能擅自开启，以免被电击。图 3-9 所示为高压危险标记。

图 3-9 高压危险标记

技能训练

技能训练指导 3-1 电容器的容量标注方法

【直标法】 将电容器的标称容量和允许偏差直接标注在电容体上，如：0.22（1 ± 10%）μF。有些电容器也常采用“R”表示小数点，如 R47μF 就表示 0.47μF。

【数字表示法】 只标数字而不标单位的表示方法，此种方法只适用于 pF 和 μF 两种单位。如 3、47、6800、0.01，分别表示 3pF、47pF、6800pF 和 0.01μF。对于电解电容，1、47、220 分别表示 1μF、47μF、220μF。

【数码法】 一般用三位数字来表示容量的大小，单位为 pF。其中前两位为有效数字，后一位表示倍率，即表示有效数字后面零的个数。如 224 表示 $22\times10^4\text{pF}=220000\text{pF}=0.22\mu\text{F}$，473 表示 $47\times10^3\text{pF}=0.047\mu\text{F}$。

【色标法】 用色环或色点表示电容器的电容量，标法与电阻相同，单位为 pF。

技能训练指导 3-2 电容器、电感器的检测方法

1. 非电解电容器的检测

【10pF 以下的小电容】 因 10pF 以下的固定电容器容量太小，用万用表只能定性地检查其是否有漏电、内部短路或击穿现象。检测时，可选用万用表 R×10K 档，红、黑表笔分别接电容的两个引脚，阻值应为无穷大。若测出阻值为零，则说明电容漏电损坏或内部

击穿。

【10pF ~0.01μF 之间的电容器】 选用万用表R×10K 档，用红、黑表笔反复调换接触被测电容两个引脚，观察有无充放电现象（即万用表指针有无摆动），从而判断电容器的好坏。

【0.01μF 以上的固定电容】 用万用表的 R×10K 档直接测试电容器有无充电过程以及有无内部短路或漏电，并可根据指针向右摆动的幅度大小估计出电容器的容量。

2. 电解电容器的检测

因为电解电容的容量一般较大，所以，测量时应针对不同容量选用合适的量程。根据经验，一般情况下，1 ~47μF 的电容，可用 R×1K 档测量，大于 47μF 的电容可用 R×100 档测量。

检测时将万用表红表笔接负极，黑表笔接正极，万用表指针向右迅速摆动后很快回落，将电容器两引脚短接放电，调换表笔再测。在测试中，若正向、反向均无充电的现象，即表针不动，则说明容量消失或内部断路；如果所测阻值很小或为零，说明电容漏电大或已击穿损坏。以上两种情况电容都不能再使用。

3. 电感器的检测

电感器的直流电阻值一般很小，只有几欧姆，甚至更小，对于匝数较多、线径较细的线圈，其直流电阻会达到几十欧姆。在用万用表对电感器进行检测时，将万用表置于表 R×1 档，红、黑表笔分别接线圈的两根引脚，此时根据测出的阻值大小可分三种情况进行鉴别：

【阻值为零】 说明其内部有短路性故障。

【阻值为无穷大】 则说明线圈内部开路。

【有阻值】 只要测出电感线圈的电阻值与上述阻值差不多，而外形、外表颜色又无变化，则可基本上认为被测电感线圈是正常的。

技能训练项目 3-1　电容器、电感器的识别与检测

【实训目标】

1）能识读常见电容器，并会用万用表判别其容量大小与好坏。

2）能识读常见电感器，并会用万用表判别其好坏。

【实训器材】

各类电容器、电感器若干；万用表一只。

【实训内容及步骤】

1）电容器的识别与检测：识别给定电容器的类型、容量及耐压值，并用万用表测量其容量大小、判断好坏，测量步骤见表 3-1，将结果记入表 3-2。

表 3-1　用指针式万用表检测电容器

a）选档

b）选量程

（续）

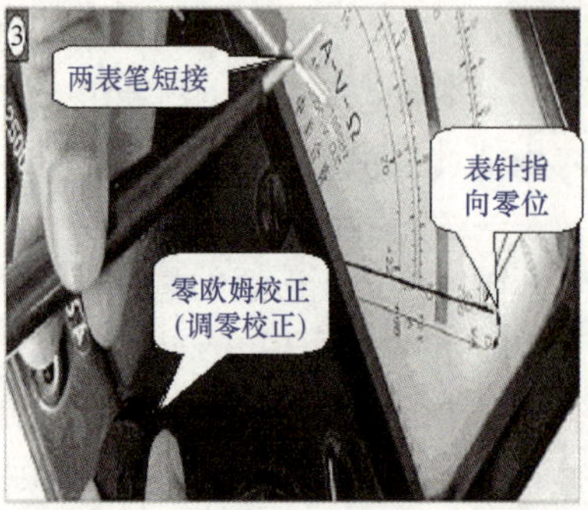

c）调零

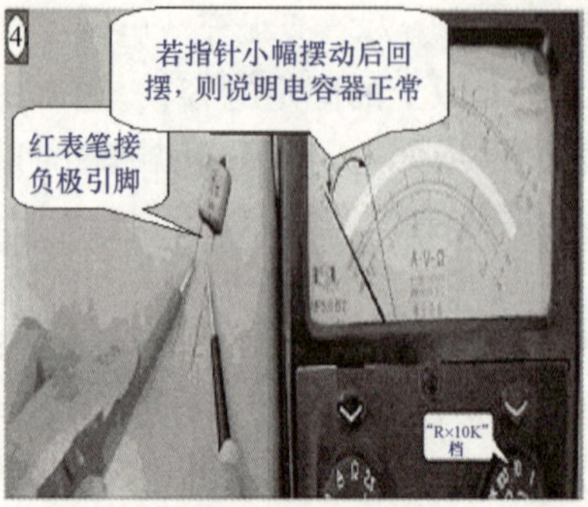

d）测电容好坏

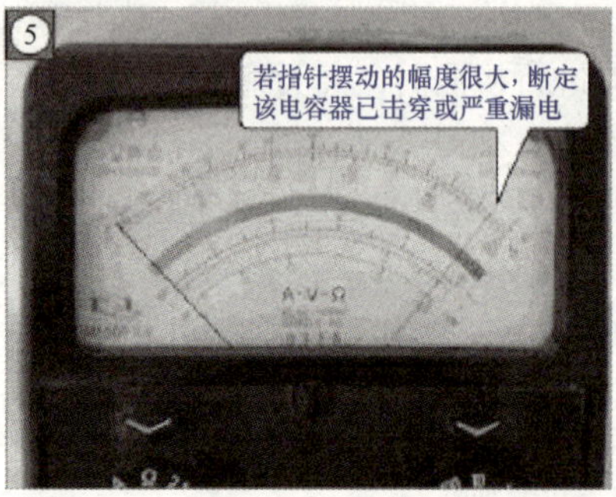

e）损毁判断一

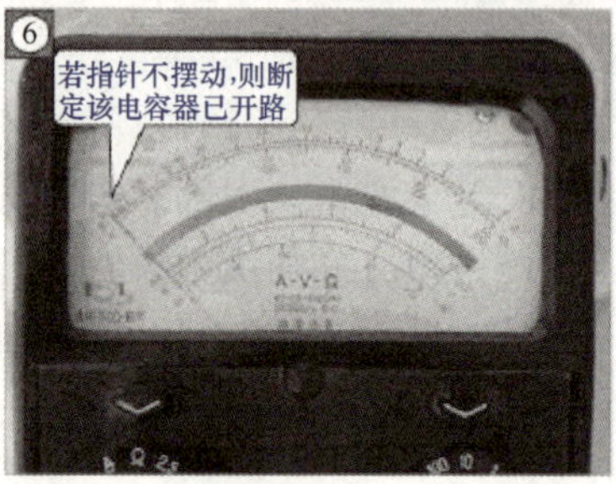

f）损毁判断二

表3-2　电容器的识别与检测

序号	电容外形	电容类别	标称容量	耐压值	测量值	好坏判断
1						
2						
3						
4						
5						
6						
7						
8						
9						

2）电感器的识别与检测：识别给定电感器的类型和电感量，并用万用表测量其好坏，将结果记入表3-3中。

表 3-3　电感器的识别与检测

序　号	1	2	3	4	5
电感外形					
电感量					
好坏判断					

【注意事项】

1）对于大容量电容器，在测量前应先进行放电，以免损坏仪表。

2）测量时，边测量边观察万用表的表盘。

【自评互评】

姓名			互评人		
项目	考核要求	配分	评分标准	自评分	互评分
电容器的识别	正确识别电容器的类别、容量及耐压值	15	识别错误，每处扣1分		
电容器检测	正确测量电容容量，并判断好坏	25	测量错误，每处扣3分		
电感器的识别	正确识别电感器的类别及电感量	10	识别错误，每处扣1分		
电感器检测	正确测量电感量，并判断好坏	20	测量错误，每处扣3分		
万用表的使用	正确使用万用表	20	万用表使用错误，每处扣1分		
安全文明操作	工作台上工具排放整齐严格遵守安全操作规程，符合“6S”管理要求	10	违反安全操作、工作台上脏乱、不符合“6S”管理要求，酌情扣3～10分		
合　计		100			

学生交流改进总结：

教师签名：

【思考与讨论】

1）用数字万用表如何检测电容呢？

2）用万用表检测电感的方法与检测电容的方法相同吗？

思考与练习

3-1　电容的单位有__________、__________、__________，它们之间的换算关系是____________________。

3-2　图3-10为电容器 *C* 与6V电源连接成的电路。当开关S与1接通，电容器 *A* 板带__________电，*B* 板带__________电，这一过程称为电容器的__________。电路稳定后，两板间的电位差为__________。当S与2接通，这就是电容器的__________过程。

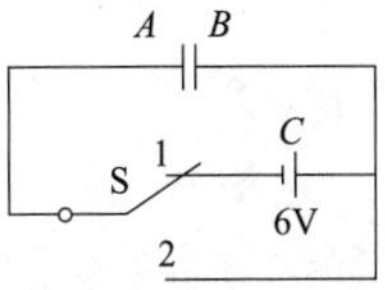

图3-10　题3-2图

3-3　电感线圈根据线圈类型可分为__________和__________。

3-4　电容的标注方法有__________法、__________法和__________法。

3-5 关于电容器，下列说法正确的是（ ）。

A. 由 $C=\dfrac{Q}{U}$ 可知，一只电容器带电量越大，它的电容就越大。

B. 对一固定的电容器，它的带电量跟它两极板间所加电压的比值保持不变。

C. 电容器的带电量 Q 为两极板所带电荷量的总和。

D. 两个相互靠近又彼此绝缘的导体就构成一个电容器。

3-6 图3-11所示电路中，已知 $U=10\text{V}$，$R_1=40\Omega$，$R_2=60\Omega$，$C=10\mu\text{F}$，求电容器极板上所带的电荷量。

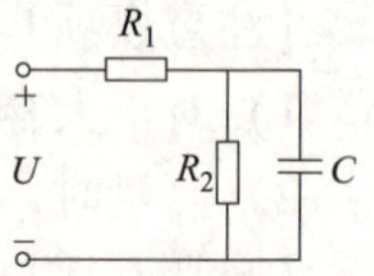

图3-11 题3-6图

3-7 你会检测电容器的好坏吗？请在网上搜索相关视频。

3-8 你会检测电感器的好坏吗？请在网上搜索相关视频。

*第4章 磁场及电磁感应

知识目标

1. 能理解磁场的基本概念及其基本物理量
2. 会分析电流产生的磁场
3. 会分析通电导体在磁场中受力的方向
4. 能理解电磁感应现象及定律
5. 能理解楞次定律

技能目标

1. 会判断通电导体周围的磁场方向
2. 会判断载流导体在磁场中所受的力
3. 能正确使用右手定则判断感应电流方向

4.1 磁　　场

话题引入

图 4-1 所示的指南针是我国古代四大发明之一。地球是个大磁体，指南针在地球的磁场作用下，磁针的 N 极始终指向地理的北极。利用磁针的这一性质可以辨别方向，常用于航海、大地测量、旅行及军事等方面。

4.1.1 磁场的基本概念

【磁体】 具有磁性的物质称为磁体，磁体可分为天然磁体（如吸铁石）和人造磁体两大类。常见的人造磁体有条形、蹄形和针形等，如图 4-2 所示。

任何一个磁体都有两个磁极，即 N 极和 S 极。磁极之间的相互作用力表现为同极性互相排斥，异极性互相吸引，如图 4-3 所示。指南针就是利用磁体的这种性质制作的。

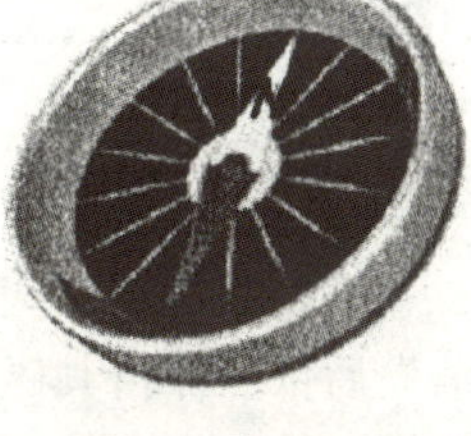

图 4-1 指南针

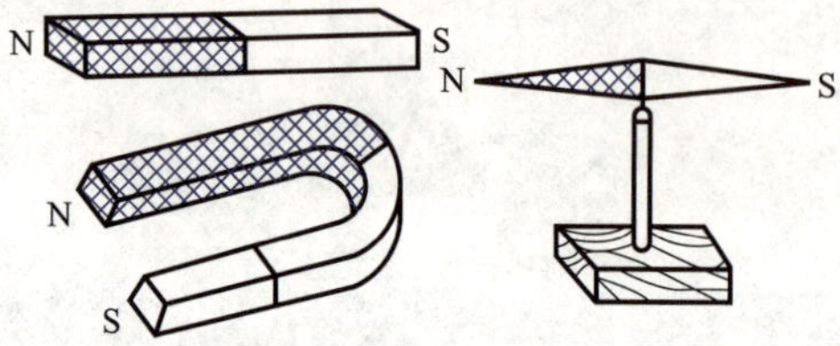

图 4-2 人造磁体

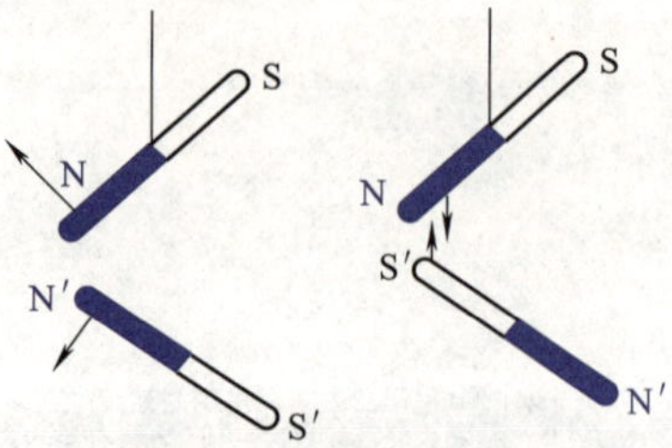

图 4-3 磁极间的相互作用

【磁场与磁感应线】 磁体之间相互吸引或排斥的力称为磁力。磁体周围存在磁力作用的区域称为磁场。在磁场中可以利用磁感应线来形象地表示各点的磁场方向，如图 4-4 所示。

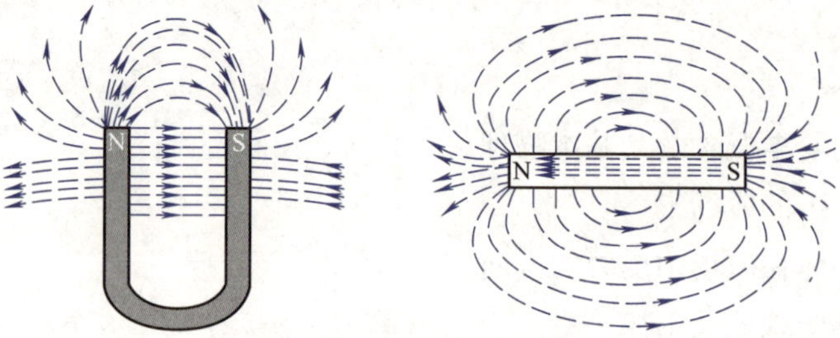

图 4-4 磁感应线的分布图

磁感应线具有以下特征：

◆ 磁感应线是互不交叉的闭合曲线，在磁体外部由 N 极指向 S 极，在磁体内部由 S 极指向 N 极；

◆ 磁感应线上任意一点的切线方向，就是该点的磁场方向；

◆ 磁感应线的疏密程度反映了磁场的强弱，磁感线越密表示磁场越强。

【磁通】 把垂直穿过磁场中某一截面的磁感线条数称为磁通，用字母 Φ 表示，单位为韦伯（Wb），简称韦。它反应了磁场中这一截面上磁场的强弱。

【磁感应强度】 单位面积上垂直穿过的磁感应线数，称为磁感应强度，用字母 B 来表示，如图 4-5 所示。在匀强磁场中，磁感应强度可表示为

$$B=\frac{\Phi}{S} \tag{4-1}$$

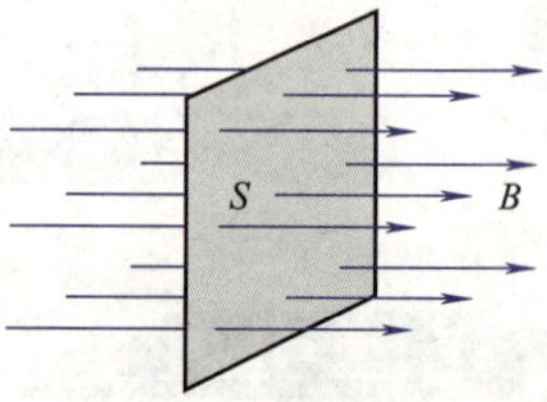

图 4-5 磁感应强度

式中，B 表示磁感应强度，单位是特［斯拉］（T）；Φ 表示磁通量（Wb）；S 表示与磁场方向垂直的平面面积（m^2）。

若磁场中各点磁感应强度的大小和方向相同，这种磁场就称为匀强磁场。

提示

铁磁性物质

铁磁性是指有些材料（如铁、钴、镍）在外部磁场作用下获得磁性后，外部磁场消失后依然保持其磁性的现象。所有永久磁铁以及能被磁铁吸引的金属均具有铁磁性或亚铁磁性。

小知识

大型电磁铁的应用

钢厂都采用大型电磁铁搬运钢材料，如图4-6所示。电磁铁工作时，电源及控制设备向电磁铁供给直流电，电磁铁内部产生强大磁场，通过壳体磁路和工作气隙对被吸物产生强大磁力而达到搬运物料的目的。

图4-6 钢厂中的电磁铁

4.1.2 电流的磁场

放在导线旁边的小磁针，当导线通电时会发生偏转，如图4-7所示。这说明电流也能产生磁场，这种现象称为电流的磁效应。

电流所产生磁场的方向可用右手螺旋定则来判定。

【通电直导线周围的磁场】

如图4-8a所示，通电直导线的磁感应线是以导线上各点为圆心的同心圆。磁场的方向可用右手螺旋定则来判定，即右手握住通电直导线，让大拇指方向与电流方向一致，则四指环绕方向就是磁场方向。

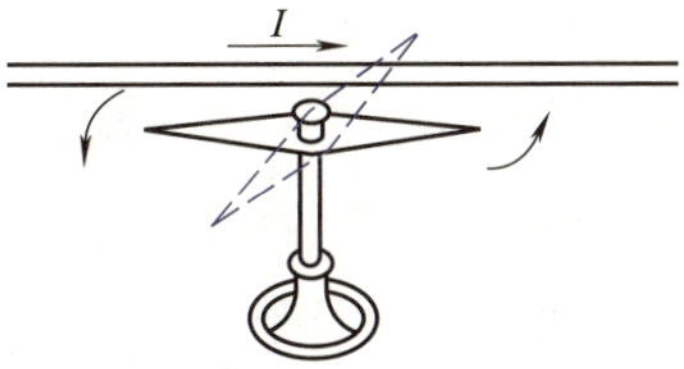

图4-7 电流的磁效应

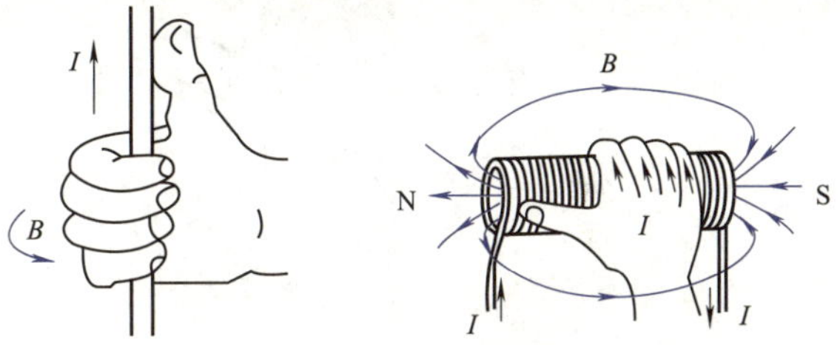

a) 直导线周围的磁场　b) 螺线管产生的磁场

图4-8 电流的磁场

【通电螺线管产生的磁场】 通电螺线管的磁性很像一根条形磁铁，一端相当于N极，另一端相当于S极，如图4-8b所示。磁场的方向同样可用右手螺旋定则来判定，即右手握住螺线管，弯曲的四指指向与电流方向一致，则大拇指指向通电螺线管内部磁感线的方向即为通电螺线管的N极。

小知识

耳机中小磁铁的作用

耳机里的磁铁提供一个恒定的磁场，音圈里的电流会形成一个随着音乐信号变化的磁场。两个磁场作用，就带动耳机振膜震动。磁铁磁性强，可以使得耳机灵敏度比较高，但具体耳机灵敏度高不高，还和其它许多因素有关。

4.1.3 载流导线在磁场中所受的力

将一段通电导线垂直放入磁场中，导体会受到一个力的作用，这个力称为电磁力，用 F 表示，如图 4-9 所示。电磁力 F 的大小与导体中电流的大小、处于磁场中导线的有效长度 l 及磁场的磁感应强度 B 成正比，其表达式为

$$F = BIl \tag{4-2}$$

通电直导线在磁场中受到的电磁力的方向可以用左手定则来判定：如图 4-10 所示，伸出左手，使大拇指与其余四指垂直，并在同一平面内，让磁感应线垂直进入手心，并使四指指向电流方向，则大拇指所指的方向就是导线的受力方向。

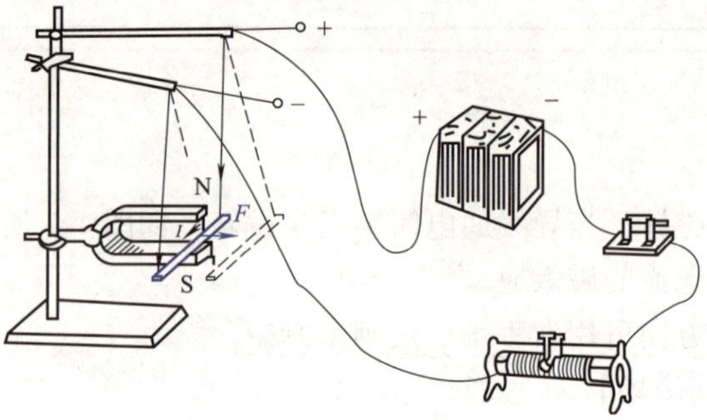

图 4-9 磁场对电流的作用力

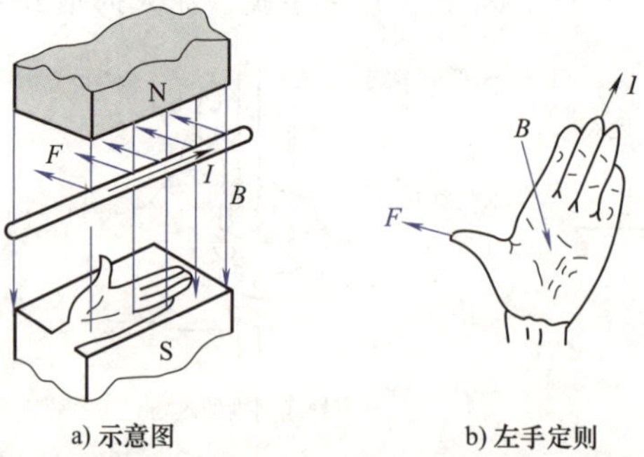

图 4-10 导体受到电磁力的判定

4.2 电磁感应

话题引入

通过前面的学习，我们知道了电流可以产生磁场，那么磁场可以产生电流吗？实验证明变化的磁场也是可以产生电流的，发电机就是利用这一原理发明的。

4.2.1 电磁感应现象

电磁感应现象是电磁学中最重大的发现之一，它揭示了电和磁之间的相互联系。下面通过实验认识电磁感应现象。

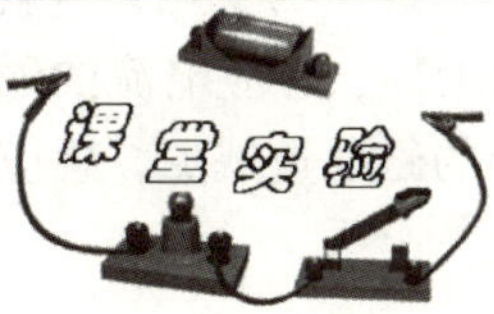

电磁感应现象

【实验内容及现象】　如图 4-11a 所示，让闭合导线的一部分做切割磁力线运动，电流表指针发生偏转；如图 4-11b所示，条形磁铁在插入或拔出空心线圈的瞬间，电流表指针会发生偏转。

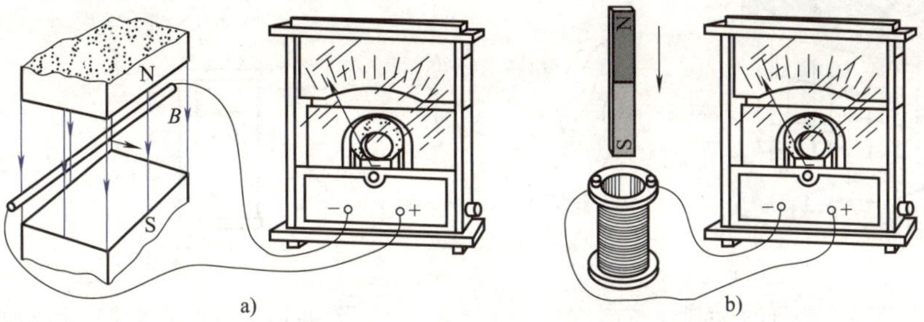

图 4-11　电磁感应现象

【结论】　当穿过一个闭合导体回路所围面积的磁通量发生变化时，不管这种变化是由于什么原因所引起的，回路中都会产生电流。

变化的磁场能在导体中产生感应电动势，这种现象称为电磁感应现象。由电磁感应产生的电动势称为感应电动势，由感应电动势引起的电流称为感应电流。

涡流与节能炊具电磁灶

把块状的金属放在变化的磁场中，或者让它在磁场中运动时，块状金属内将产生感应电流，这种电流在金属块内自成闭合回路，叫涡流电流，简称涡流。电磁灶首先把 50Hz 的交流电改换成直流电，然后通过逆变器转换成高频电流，此高频电流产生高频交变磁场，这个磁场的磁感应线穿过非金属灶台面板进入烹饪铁锅底内，由于电磁感应产生电动势，形成强大的涡流电流，发出大量的焦耳热，达到对食物加热的目的。电磁灶是美国西屋电器公司于 1971 年最先研制成功，到 80 年代初成为技术成熟的家电产品，它是一种安全、卫生、高效、节能的炊具，是“现代厨房的标志”之一。

4.2.2　感应电流的方向

闭合回路中感应电流的方向，通常采用右手定则或楞次定律来判断。

1. 右手定则

如图 4-12 所示，导体在磁场中做切割磁力线运动，感应电流的方向用右手定则判断，使大拇指跟其余四个手指垂直并且都跟手掌在一个平面内，把右手放入磁场中，让磁感线垂直穿入手心，大拇指指向导体运动方向，则其余四指指向感应电流的方向。

2. 楞次定律

闭合导体回路中感应电流的磁场总是要阻碍引起感应电流的磁通量的变化，这就是楞次定律。如图 4-13a 所示，当磁铁插入线圈时，穿过线圈的磁通量增加，感应电流的磁场与原磁场方向相反；图 4-13b 中，当磁铁从线圈中抽出时，穿过线圈的磁通量减少，感应电流的磁场与原磁场方向相同。

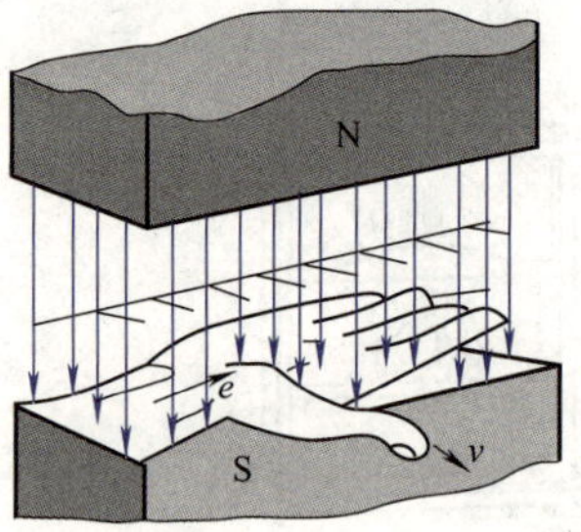

图 4-12　右手定则示意图

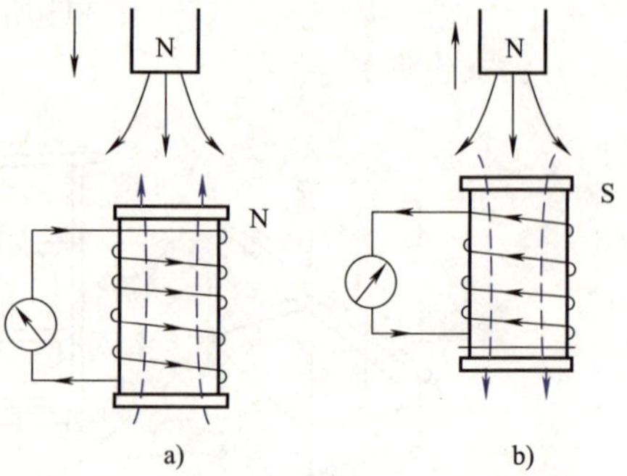

图 4-13　用楞次定律判定感应电流的方向

利用楞次定律可以判定感应电流的方向，方法是右手握拳，拇指指向磁场变化的反方向，则四指方向即为感应电流的方向。由此可判定图 4-13a 中感应电流的方向为顺时针，图 4-13b 中感应电流的方向为逆时针。

提示

若感应电流是因为导体自身在磁场中做切割磁感应线运动而产生的，通常用右手定则判断感应电流的方向；若感应电流是因为穿过闭合线圈的磁通量发生变化而产生的，通常用楞次定律判断感应电流的方向。

4.2.3　电磁感应定律

英国科学家法拉第根据大量实验事实总结出了如下定律：电路中感应电动势的大小，跟穿过这一电路的磁通变化率成正比，这就是电磁感应定律，其表达式为

$$e = -N\frac{\Delta\Phi}{\Delta t} \tag{4-3}$$

式中，$N\Delta\Phi$ 表示 N 匝线圈的磁通变化量，单位为 Wb；Δt 表示磁通变化 $\Delta\Phi$ 所需的时间（s）；“－”表示感应电动势的方向，总是使感应电流的磁通阻碍原磁通的变化。

提示

在实际应用中，判断感应电动势方向用楞次定律，计算感应电动势的大小用电磁感应定律。

思考与练习

4-1　直线电流的方向跟它的磁感线方向之间的关系可以用________来判断：用

________手握住导线，让伸直的大拇指指向________方向，弯曲的四指所指的是________的环绕方向。

4-2　通电直导线 I 与通电闭合线框 abcd 在同一平面内，如图 4-14 放置，不计重力，若直导线固定，那么闭合线框 abcd 的运动情况是（　　）

A. 在纸面内向上运动

B. 在纸面内向下运动

C. 在纸面内远离直导线

D. 在纸面内向直导线靠近

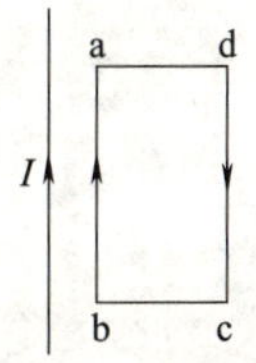

图 4-14　题 4-2 图

4-3　如图 4-15 所示，闭合电路的一部分导线 ab 处于匀强磁场中，图中各情况下导线都在纸面内运动，那么下列判断中正确的是（　　）。

A. 都会产生感应电流

B. 都不会产生感应电流

C. 甲、乙不会产生感应电流，丙、丁会产生感应电流

D. 甲、丙会产生感应电流，乙、丁不会产生感应电流

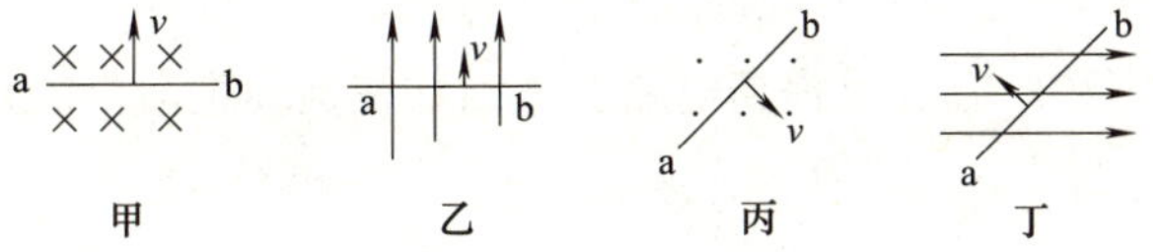

图 4-15　题 4-3 图

4-4　下列说法正确的是（　　）

A. 磁感线可以表示磁场的方向和强弱。

B. 磁感线从磁体的 N 极出发，终止于磁体的 S 极。

C. 磁铁能产生磁场，电流也能产生磁场。

D. 放入通电螺线管内的小磁针，根据异名磁极相吸的原则，小磁针的 N 极一定。

4-5　什么是电磁感应现象？请在网上搜索相关演示视频及具体应用资料。

4-6　你会用右手定则判断感应电流的方向吗？请在网上搜索相关演示视频及具体应用资料。

4-7　你会复述电磁感应定律的内容吗？请在网上搜集相关资料，例如在中国工控网站（www. gongkong. com）查询。

第5章 单相正弦交流电路

知识目标

1. 掌握正弦交流电的基本概念，理解正弦量的表示方法
2. 能理解单一参数交流电路的电压、电流大小及相位关系
3. 能理解 RL 串联电路，掌握电压三角形和阻抗三角形
4. 能理解电路有功功率、无功功率和视在功率的概念并会计算
5. 能了解提高功率因数的方法及提高电路功率因数在实际生活中的意义

技能目标

1. 会安装照明电路配电板
2. 会单相电能表接线

5.1 正弦交流电的基本概念

话题引入

如图 5-1 所示，大小和方向都随时间做周期性变化的电流称为交流电，其中按正弦规律变化的交流电称为正弦交流电，通常我们所说的交流电就是指正弦交流电。我们日常生产生活中大量使用的就是正弦交流电。

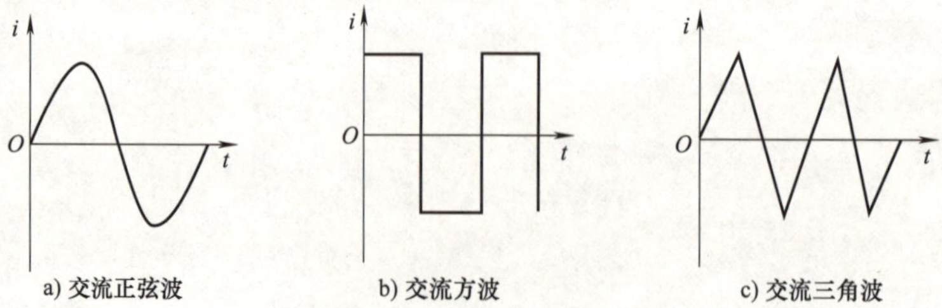

a) 交流正弦波　　b) 交流方波　　c) 交流三角波

图 5-1　常见交流电流波形

5.1.1　正弦交流电的产生

图 5-2 所示为一个简单的交流发电机模型图，它由一对磁极与转子线圈组成，在外力作用下转子线圈匀速转动，穿过线圈平面的磁通量不断变化，根据电磁感应定律，线圈中产生大小和方向都随时间按正弦规律变化的感应电动势，即正弦交流电，其表达式为

$$e = E_m \sin(\omega t + \psi_0) \qquad (5\text{-}1)$$

式中，E_m 为最大值（振幅、峰值），单位为 V；ω 称为角频率；ψ_0 为初相。各项的具体涵义将在下节详细介绍。

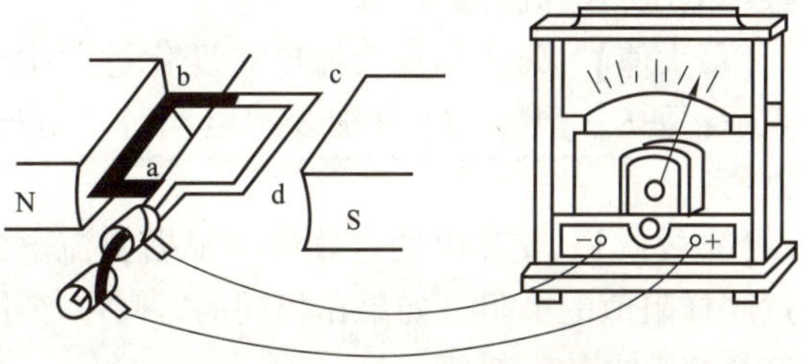

图 5-2　交流发电机模型图

小知识

发　电　机

实际应用的发电机结构比较复杂，线圈匝数多，磁极也不止一对。发电机输出电能的部分称为电枢。交流发电机通常采用旋转磁极式，即电枢不动，磁极转动。图 5-3 所示为汽车发电机。

图 5-3　汽车发电机

5.1.2　表征正弦交流电的物理量

1. 周期和频率

【周期】　正弦交流电按正弦规律变化一周所需的时间称为一个周期，用符号 T 表示，单位是秒（s），如图 5-4 所示。

【频率】　正弦交流电在一秒内按正弦规律变化的周期数叫做频率，用符号 f 表示，单位是赫［兹］（Hz）。根据定义，周期和频率互为倒数，即

$$T = \frac{1}{f} \qquad (5\text{-}2)$$

【角频率】　正弦交流电在单位时间内变化的弧度数叫做角频率，用 ω 表示，单位为弧度/秒（rad/s），角频率与频率之间的关系为

$$\omega = 2\pi f = \frac{2\pi}{T} \qquad (5\text{-}3)$$

提示

周期和频率都是用来表示交流电变化快慢的物理量。我国电力的标准频率为 50Hz，称为工频，国际上多采用此标准。美国、日本、德国等国家采用的工频是 60Hz。也有少数国家采用 25Hz。

2. 瞬时值、最大值和有效值

【瞬时值】 瞬时值是交流电在某一时刻的值，用小写字母表示，如 e、u、i 分别表示电动势、电压、电流的瞬时值。

【最大值】 最大值是交流电在变化过程中出现的最大幅度瞬时值，用大写字母加下标 m 表示，如E_m、U_m、I_m 分别表示电动势、电压、电流的最大值。在图 5-4 中，U_m 为电压最大值。

【有效值】 交流电的有效值是根据交流电的热效应来规定的，让交流电与直流电分别通过同样阻值的电阻，如果在相同的时间内产生的热量相等，那么就把这一直流电的数值叫做这个交流电的有效值。

电动势、电压和电流的有效值分别用大写字母 E、U、I 表示，正弦交流电的有效值与最大值之间有如下关系

$$I=\frac{I_m}{\sqrt{2}};\ U=\frac{U_m}{\sqrt{2}};\ E=\frac{E_m}{\sqrt{2}} \tag{5-4}$$

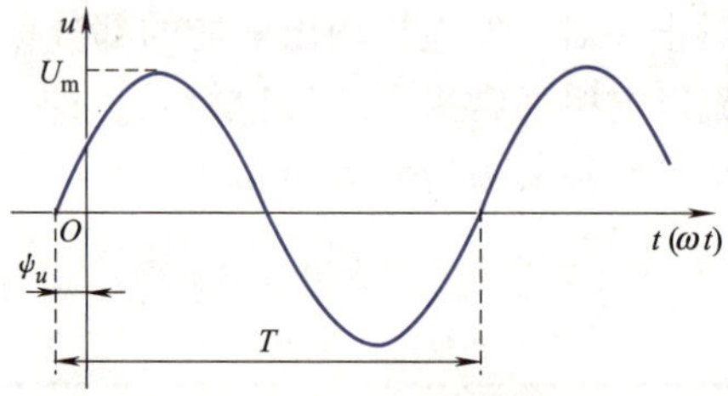

图 5-4　正弦交流电压波形

小知识

生活中所说的220V 交流电，指的是交流电压的有效值，其最大值为 $220\sqrt{2}$V。各种交流用电器铭牌上所标电压和电流均为交流电的有效值，交流电压表和电流表所标刻度以及测量出来的数值也都是交流电的有效值。

练一练

1）一正弦交流电的频率为 $f=100$Hz，则周期为________、角频率为________。

2）照明线路的电压是 220V，则其有效值为________、最大值为________。

3. 相位和相位差

【相位】 在正弦交流电动势表达式 $e=E_m\sin(\omega t+\psi_0)$ 中，$(\omega t+\psi_0)$ 称为交流电的相

位，它表示 t 时刻交流电对应的角度。$t=0$ 时的相位 ψ_0 称为初相位，简称初相，它反映了交流电起始时刻的状态。

【相位差】 两个同频率正弦交流电的相位之差称为相位差，用 φ 来表示。如果交流电的频率相同，相位差就等于初相之差，即

$$\varphi=(\omega t+\psi_1)-(\omega t+\psi_2)=\psi_1-\psi_2 \tag{5-5}$$

这个相位差是恒定的，不随时间而改变。

根据两个同频率交流电的相位差，可以确立两个交流电的相位关系：如果 $\varphi=\psi_1-\psi_2>0$，则 e_1 超前 e_2，或者说 e_2 滞后 e_1，波形如图 5-5a 所示；如果 $\varphi=0$，称这两个交流电为同相，波形如图 5-5b 所示；如果 $\varphi=180°$，称这两个交流电为反相，波形如图 5-5c 所示。

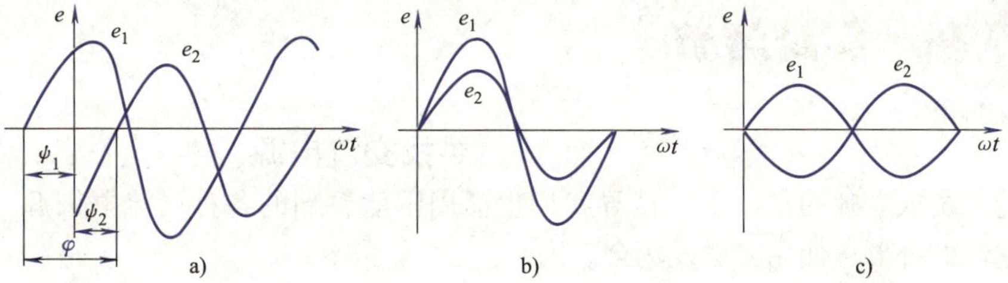

图 5-5 交流电的相位关系

提示

任何一个正弦量的最大值（有效值）、角频率（频率或周期）、初相位确定以后，就可以写出解析式，并可以计算出任一时刻的瞬时值。所以，最大值、角频率和初相称为正弦交流电的三要素。

5.1.3 正弦交流电的表示方法

正弦交流电有三种表示方法：解析式、波形图和相量图。

【解析式表示法】 用三角函数式来表示正弦交流电随时间变化的方法称为解析式表示法。正弦交流电的电动势、电压和电流瞬时值解析式为

$$e=E_{\mathrm{m}}\sin(\omega t+\psi_e) \tag{5-6}$$

$$u=U_{\mathrm{m}}\sin(\omega t+\psi_u) \tag{5-7}$$

$$i=I_{\mathrm{m}}\sin(\omega t+\psi_i) \tag{5-8}$$

【波形图表示法】 在平面直角坐标系中，用横坐标表示时间 t 或角度 ωt，纵坐标表示正弦量的瞬时值，根据解析式计算出坐标系中各点值，做出 e、u、i 的波形图，这种方法称为波形图表示法。图 5-4 即是用波形图表示的正弦交流电压 u。

【相量表示法】 在平面直角坐标系中，相量可以用一条有向线段表示。该线段的长度等于正弦量的有效值，其与 x 轴正方向的夹角等于正弦量的初相位。相量的符号用有效值符号上加一圆点表示。如正弦电压的相量用 $\dot{U}$ 表示，正弦电流的相量用 $\dot{I}$ 表示等。用相量表示交流电之后，它们的加、减运算就可以按平行四边形法则进行。

提示

相同频率的相量可以画在同一相量图中，如图 5-6 所示。从图中可以看出，电流的初相位为 30°，电压的初相位为 60°，电压超前电流 30°。

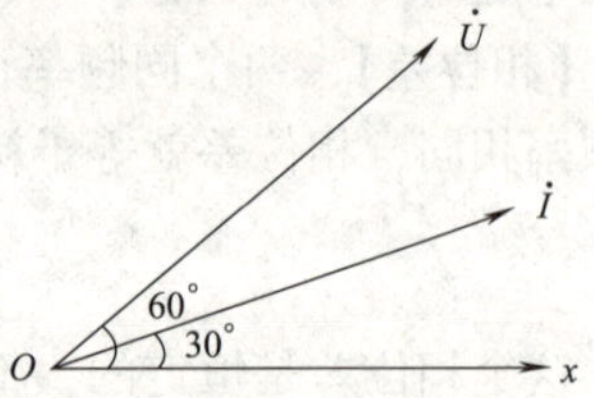

图 5-6　正弦交流电的相量表示法

实践活动

寻找交流电源

在专业人员或老师的指导下，搜寻我们生活周围能看到的各种交流电来源，观察并记录，了解它们的外形、使用方法及场合。

5.2　单一元件的交流电路

话题引入

在实际电路中，电灯、电熨斗是只含电阻的负载，而荧光灯、电风扇是既含有电阻又含有电感或电容的负载。交流电作用在不同的负载上时有各自不同的特性，本节我们来认识交流电路中的电阻、电感和电容。

5.2.1　纯电阻电路

在交流电路中，只考虑电阻作用的电路称为纯电阻电路，如图 5-7a 所示。

在纯电阻电路中，电流 i 与电压 u 是同频率、同相位的正弦量。它们的波形图和相量图如图 5-7b、c 所示。

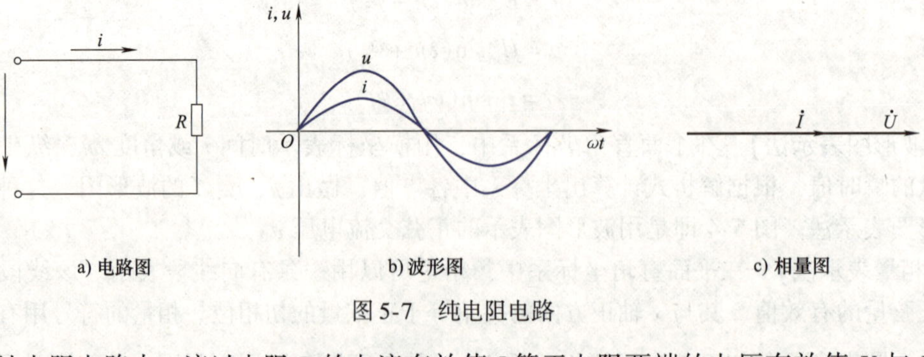

图 5-7　纯电阻电路

在纯电阻电路中，流过电阻 R 的电流有效值 I 等于电阻两端的电压有效值 U 与 R 的比值，即

$$I=\frac{U}{R} \tag{5-9}$$

纯电阻电路的有功功率 P 等于电压有效值 U 和电流有效值 I 的乘积，即

$$P=UI=I^2R=\frac{U^2}{R} \tag{5-10}$$

式中，P、U、I、R 的单位分别是 W、V、A 和 Ω。

提示

电阻总是消耗功率的，它是一种耗能元件。

练一练

一只“220V、40W”的白炽灯，接在 $u=300\sin(314t+30°)$ V 的电源上，则流过灯丝的电流 $I=$________，电流瞬时值表达式 $i=$________________、白炽灯消耗的功率 $P=$________________。

实践活动

观察我们日常生活中使用的各种用电器，分析哪些用电器组成的电路为纯电阻电路。

5.2.2　纯电容电路

在交流电路中，如果只用电容器作负载，且可以忽略介质的损耗时，这个电路称为纯电容电路，如图 5-8a 所示。

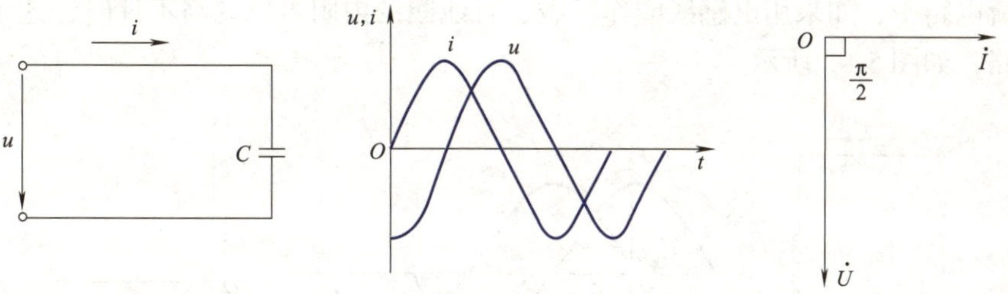

a) 电路图　　b) 波形图　　c) 相量图

图 5-8　纯电容电路

电容器对交流电有阻碍作用，这种阻碍作用的大小用容抗（X_C）表示，X_C 与电容 C 和交流电的频率关系如下：

$$X_C = \frac{1}{\omega C} = \frac{1}{2\pi fC} \tag{5-11}$$

式中，X_C为电容的容抗，单位是欧［姆］（Ω）；f为交流电源的频率（Hz）；C为电容器的电容（F）。

在纯电容电路中，电流比电压超前90°，电流和电压的波形如图5-8b所示。

图5-8c所示为纯电容电路中电压与电流的相量图，可见电流超前电压$\frac{\pi}{2}$（90°）。

在纯电容电路中，电流有效值与电压的有效值成正比，与容抗成反比，即

$$I = \frac{U}{X_C} \tag{5-12}$$

纯电容电路不消耗有功功率，只有电容和电源之间的能量交换，这说明电容是一个储能元件。电容这种转换能量的能力用无功功率Q_C表示，即

$$Q_C = U_C I = I^2 X_C = \frac{U_C^2}{X_C} \tag{5-13}$$

提示

无功功率具有重要的现实意义。“无功”的含义是“交换”而不是消耗，是相对“有功”而言的，绝不能理解为“无用”。

练一练

把电容为5μF的电容器接到220V/50Hz的交流电路中，则电容器上的电流有效值I=________；电容器的无功功率Q_C=________。

5.2.3 纯电感电路

在交流电路中，如果用电感线圈作负载，且线圈的内阻可以忽略不计时，这个电路称为纯电感电路，如图5-9a所示。

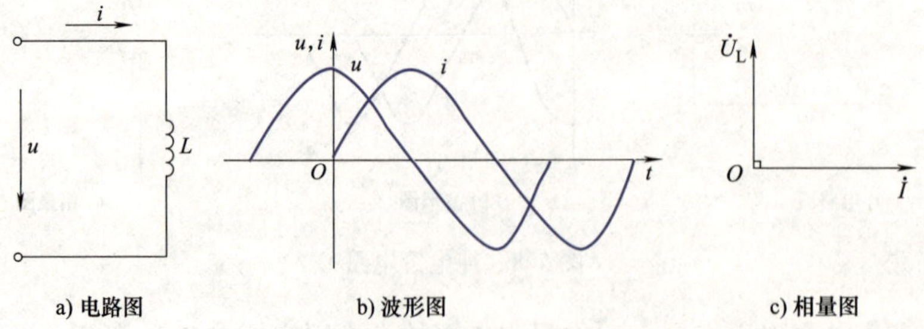

图5-9 纯电感电路

与电容相似，电感对交流电也有阻碍作用，其阻碍作用的大小用感抗 X_L 来表示。线圈的 X_L 跟它的自感系数 L 和交流电的频率 f 有如下关系。

$$X_L = \omega L = 2\pi f L \tag{5-14}$$

式中，X_L 为电感器的感抗，单位是欧［姆］（Ω）；f 为交流电源的频率，单位是 Hz；L 为线圈的自感系数，单位是 H。

纯电感电路中，电感两端的电压超前电流 90°，它们的波形图如图 5-9b 所示。

图 5-9c 所示为纯电感电路中电压与电流的相量图，由图可见，电压超前电流$\frac{\pi}{2}$（90°）。

纯电感元件在交流电路中不消耗电能，它只与电源之间进行能量交换，这说明电感器是一个储能元件。电感转换这种能量的能力用无功功率 Q_L 表示，即

$$Q_L = U_L I = I^2 X_L = \frac{U_L^2}{X_L} \tag{5-15}$$

无功功率的单位为乏（var）。

练一练

将灯泡与电感线圈串联，先与直流电源接通，观察灯泡的亮度；再与交流电源接通，观察灯泡的亮度，总结电感对直流电与交流电阻碍作用的不同。

5.3　串联元件的交流电路

话题引入

荧光灯电路可以看成是一个电阻与电感的串联电路，其中，镇流器可以看成是一个电感，灯管可以看成一个电阻，那么它在交流电路中，电流、电压又有什么特点呢？

5.3.1　RL 串联电路电流与电压的关系

电阻和电感串联电路也称为 RL 串联电路。如图 5-10a 所示，设电路中电流有效值为 I，初相角 $\psi_0 = 0$，则电阻两端电压有效值 $U_R = IR$，且与 I 同相；由 5.2.3 节内容可知电感两端电压有效值 $U_L = IX_L$，且超前电流 90°，相量图如图 5-10b 所示。

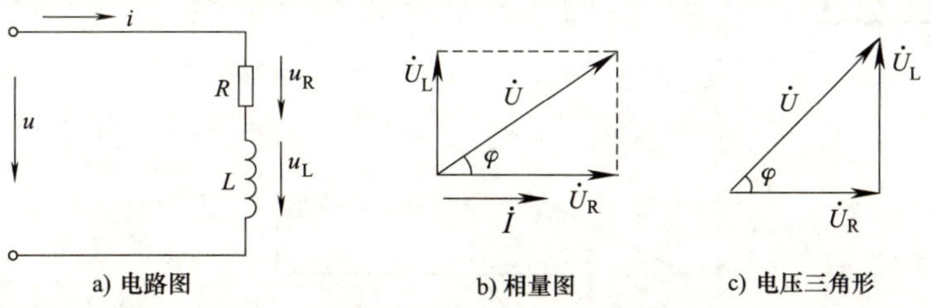

图 5-10　RL 串联电路

图5-10c中U_R、U_L、U构成直角三角形，根据三角函数公式，可得总电压超前电流的相位为

$$\varphi = \arctan \frac{U_L}{U_R} \tag{5-16}$$

总电压有效值为

$$U = \sqrt{U_L^2 + U_R^2} \tag{5-17}$$

提示

由式（5-17）可知，电路总电压的有效值与各元件端电压有效值的关系是相量和，而不是代数和。在交流电路中，各种不同性质元件的端电压除有数量关系外还存在相位关系，所以其运算规律与直流电路完全不同。

5.3.2 RL串联电路的阻抗

在RL串联电路中，电阻两端的电压$U_R = IR$，电感两端的电压$U_L = IX_L$，将U_R和U_L的值分别代入式（5-17）中，可以得到

$$U = \sqrt{U_R^2 + U_L^2} = \sqrt{(IR)^2 + (IX_L)^2} = I\sqrt{R^2 + X_L^2} = I|Z|$$

即

$$I = \frac{U}{|Z|} \tag{5-18}$$

式中，U为电路中总电压的有效值（V）；I为电路中电流的有效值（A）；Z为电路的阻抗（Ω）。

其中

$$|Z| = \sqrt{R^2 + X_L^2} \tag{5-19}$$

Z称为电路的阻抗，它表示RL串联电路对交流电的总阻碍作用。

提示

RL串联电路的阻抗Z取决于电路的参数R、L和电源频率f，而与总电压和电流的大小无关。

阻抗$|Z|$、电阻R和感抗X_L三者数值上的关系也可以用一个直角三角形表示，这个三角形称为阻抗三角形，如图5-11所示。阻抗三角形中，$|Z|$与R的夹角φ叫阻抗角，它就是总电压与电流的相位差。

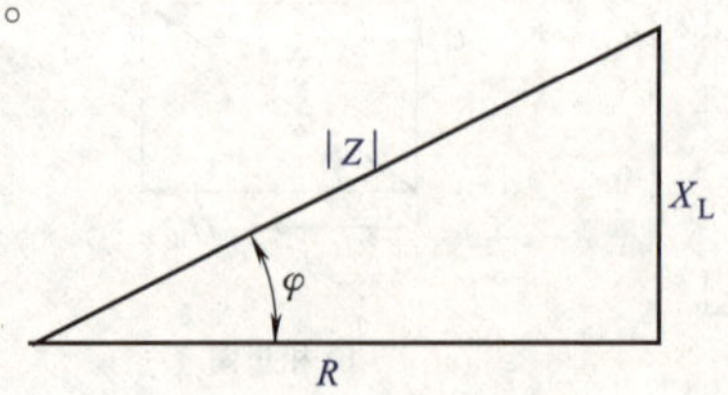

图5-11 阻抗三角形

提示

阻抗三角形只表示 $|Z|$ 、R 和 X_L 之间的数量关系，由于它们不是正弦量，所以阻抗三角形不是相量三角形。

练一练

在 RL 串联电路中，已知 $u=220\sqrt{2}\sin314t$ V，$R=300\Omega$，$L=1.65$H，则：电路的阻抗为________；电路中的电流为________。

5.4　交流电路的功率

话题引入

在供电设备中，为了向用户提高供电能力，应尽量提高功率因数，而在用户所需有功功率一定的情况下，发电机、变压器、输配电线等容量都可以相应减小，从而降低电网的投资。

5.4.1　电路的功率

在 RL 串联电路中，电阻是耗能元件，电感是储能元件，所以在 RL 串联电路中，既有有功功率，又有无功功率。

1. 有功功率

电路中的有功功率就是电阻 R 消耗的功率，其大小为

$$P=U_RI=I^2R=\frac{U^2}{R} \tag{5-20}$$

2. 无功功率

电路中的无功功率是反映电感线圈磁场能量交换规模的物理量，其大小为

$$Q=U_LI=I^2X_L=\frac{U^2}{X_L} \tag{5-21}$$

3. 视在功率

在交流电路中，总电压有效值与总电流有效值的乘积称为视在功率，它表示电源提供的总功率。视在功率用符号 S 表示，即

$$S=UI \tag{5-22}$$

视在功率的单位为伏安（V·A），常用单位还有千伏安（kV·A）。

将图 5-10c 中的电压三角形的各边乘以电流有效值 I，便可以得到功率三角形，如图 5-12 所示。

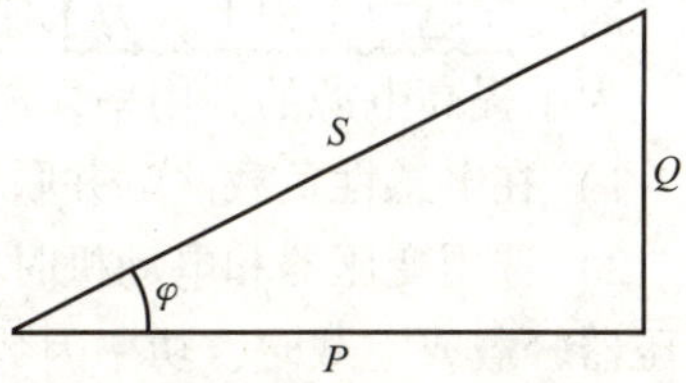

图 5-12　RL 串联电路的功率三角形

由功率三角形得

$$S=\sqrt{P^2+Q^2} \tag{5-23}$$

$$P=S\cos\varphi \tag{5-24}$$

$$Q=S\sin\varphi \tag{5-25}$$

式中，S 为视在功率（V·A）；P 为有功功率（W）；Q 为无功功率（var）。

提示

功率三角形适用于任何交流电路，其中 φ 角为电路的总电压和总电流的相位差。电路的有功功率表示电路中消耗的功率，视在功率则表示电源可能提供的功率。

练一练

在 RL 串联电路中，已知 $u=440\sqrt{2}\sin 314t$ V，$R=60\Omega$，$L=1.65$H。则电路的有功功率为________；无功功率为________；视在功率为________。

5.4.2 电路的功率因数

电路的有功功率与视在功率的比值称为功率因数，即

$$\cos\varphi=\frac{P}{S} \tag{5-26}$$

功率因数也可以由阻抗求得，即

$$\cos\varphi=\frac{R}{|Z|} \tag{5-27}$$

功率因数的大小是表示电源功率被利用的程度。因为任何发电机、变压器都会受到温度和绝缘问题的限制，使用时工作电压、电流必须在额定电压和额定电流范围以内，即在额定视在功率以内。

5.4.3 提高功率因数的方法

电路的功率因数越大，则表示电源所送出的电能转换为热能和机械能就越多，电源的利用率越高。在相同的电压下要输送相同的功率，功率因数越高，则电路中电流就越小，故电路中的损耗也越小。

因此在电力工程上，力求使功率因数提高到 0.9 ~ 0.95。

为了提高电源的利用率，需要提高功率因数，方法一般有：

1）在电感性负载两端并联一只电容量适当的电容器，进行无功补偿。

2）选用变压器和电动机时容量不宜过大，并尽量减少轻载和空载运行，因为电动机和变压器轻载或空载时，功率因数低；满载时，功率因数较高。

3）加快老旧设备及高耗能电器产品的更新换代。

想一想

1. 电压三角形与功率三角形的有何关系?
2. 电动机为什么需要无功功率?

提示

在实际电力系统中，并不要求功率因数提高到 1。因为这样做经济效果并不显著，反而会增加大量的设备投资。根据具体情况，通过经济技术比较，把功率因数提高到 0.9 ~0.95 即可。

技能训练

技能训练指导 5-1　单相电能表

单相电能表又称单相电度表，如图 5-13 所示，主要用来测量负载所消耗的电能。

【单相电能表的接线】　单相交流电能表的接线方法：单相电能表有专门的接线盒，接线盒内设有 4 个端钮。电压和电流线圈在电能表出厂时已在接线盒中连好。单相电能表共有 4 个接线桩，从左至右按 1、2、3、4 编号，配线时，只需按 1、3 端接电源，2、4 端接负载即可（少数也有 1、2 端接电源，3、4 端接负载的，接线时要参看电表的接线图）。进线 1 是相线，3 是零线，出线 2 是相线，4 是零线，如图 5-13b 所示。

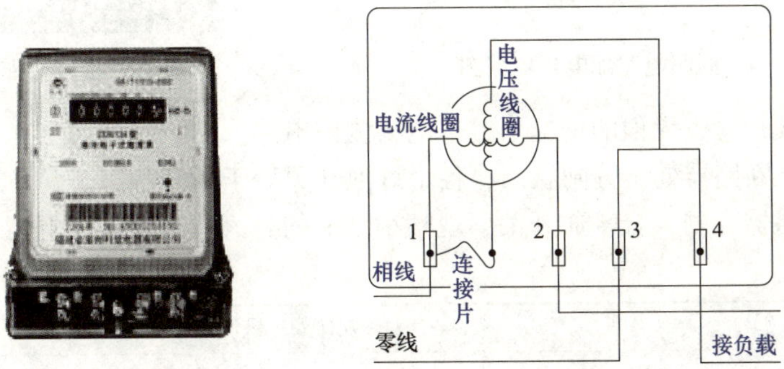

a) 电能表　　b) 接线图

图 5-13　单相电能表

【电能表的读数】　电能表面板最上方窗口显示电能表的六位数字，前面五位数是度数，第六位是在红色方框内显示，是小数。

如果用户上月电能表数为 16379. 4 度，本月电能表窗口显示是 16427. 3，两数相减，差则表示了该月用电量是 48 度电。

技能训练项目5-1　照明电路配电板的安装

【实训目标】

1）会单相电能表的安装和接线。

2）会小型配电板的配线与安装。

【实训器材】

单相电能表一只，普通开关、低压断路器、插座、灯泡等各2只，接线板（网孔板）一块，电工工具一套，导线若干。

【实训内容及步骤】

1）识别并检测元器件质量。

2）参照图5-14所示照明电路配电板电路原理图，在网孔板上设计各器件的位置，并布线，布线图可参考图5-15。

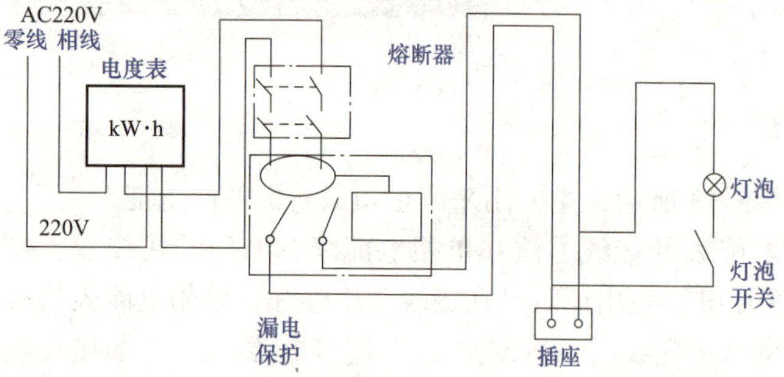

图5-14　照明电路配电板电路图

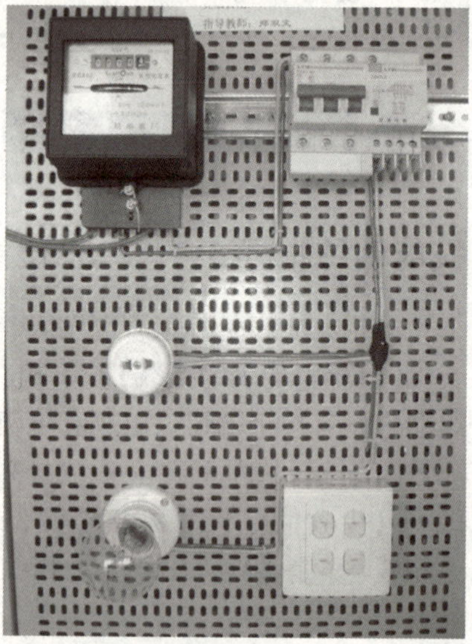

图5-15　照明电路配电板实物参照图

3）在指导教师检查无误的情况下，送电，测试电路：

a）确认低压断路器处于分闸状态，各个灯泡开关处于断开状态。

b）低压断路器合闸，合普通开关，观察小灯泡的亮灭情况，观察电能表的转动情况。

【自评互评】

姓名			互评人		
项目	考核要求	配分	评分标准	自评分	互评分
安装电路	1. 元器件安装规范 2. 电路装配整齐，美观	40	1. 错装、漏装、歪斜，每处扣1分 2. 电路装配不整齐、美观，扣1～8分		
电路测试	合上开关，电能表转动，灯泡能正常发光；断开开关，灯泡变暗，电能表停转	30	不符合要求，不给分		
		5	不能实现，扣5分		
测试功率	接入电炉，电能表转速加快	15	测量错误，每处扣5分		

（续）

姓名			互评人		
项目	考核要求	配分	评分标准	自评分	互评分
安全文明操作	工作台上工具排放整齐，严格遵守安全操作规程，符合“6S”管理要求	10	违反安全操作、工作台上脏乱、不符合“6S”管理要求，酌情扣 3～10 分		
合　计		100			
学生交流改进总结：					
教师签名：					

【思考与讨论】

1）图中电源总开关是采用空气断路器接入的，如果换成刀开关，应该怎么接线。

2）如果把灯泡换成 1000W 的电炉，单相电能表的转动情况会有什么变化。

思考与练习

5-1　正弦交流电的三要素是________、________、________。

5-2　已知正弦交流电压 $u=12\sqrt{2}\sin(100\pi t-60°)$ V，则该交流电压的最大值________、有效值________、角频率________、周期________、相位________和初相位________。

5-3　纯电容正弦交流电路中，电压有效值不变，当频率增大时，电路中电流将（　　）。

A. 增大　　B. 减小　　C. 不变　　D. 为零

5-4　在 RL 串联正弦交流电路中，电阻上的电压为 16V，电感上电压为 12V，则总电压为（　　）。

A. 28V　　B. 20V　　C. 4V　　D. 16V

5-5　请大家在中国工控网站（www. gongkong. com）查询什么是感抗和容抗？

5-6　请大家在中国工控网站（www. gongkong. com）查询什么是无功功率？

5-7　把一个电感 $L=0.35$H 的线圈，接到 $u=120\sqrt{2}\sin(100\pi t-60°)$ V 的电源上，试求：线圈的感抗，电流的有效值和电路的无功功率。

5-8　把 $C=10\mu$F 的电容器接到 $u=120\sqrt{2}\sin(100\pi t-60°)$ V 的电源上，试求：电容的容抗，电流的有效值和电路的无功功率。

5-9　已知某交流电路，电源电压 $u=100\sqrt{2}\sin\omega t$，电路的电流 $i=\sqrt{2}\sin(\omega t-60°)$，求电路的功率因数、有功功率和视在功率。

第6章 三相正弦交流电路

知识目标

1. 了解三相正弦交流电的产生过程
2. 能理解三相正弦交流电的供电方式
3. 了解三相正弦交流电的应用
4. 了解星形联结方式下线电压和相电压、线电流和相电流的关系
5. 了解三角形联结方式下线电压和相电压、线电流和相电流的关系

技能目标

1. 能识读三相交流电路
2. 会连接三相负载交流电路

6.1 三相正弦交流电源

话题引入

在工厂、实验室或需要安装大功率空调的场所，我们常见到图6-1所示的四孔插座。它与一般两孔、三孔插座不同之处，在于它引入的是三相正弦交流电。三相正弦交流电是由三个频率相同、相位互差120°、幅度大小相等的相电压组成的。当前，世界各国电力系统普遍采用三相交流电路，如有需要单相供电的地方，可以应用三相交流电中的一相。

图 6-1

6.1.1 三相正弦交流电的产生

三相交流电由三相交流发电机产生，图6-2a所示为三相交流发电机实物图。

三相交流发电机有三个绕组，可产生三相电源。图6-2b所示是三相交流发电机原理示意图，它主要由定子和转子构成。定子中嵌有三个完全相同且相互独立的绕组。在空间位置

上彼此相隔 120°，分别用 U1—U2、V1—V2、W1—W2 表示。U1、V1、W1 表示各相绕组的首端；U2、V2、W2 表示各相绕组的末端。每个绕组称为发电机的一相，分别称为 U 相、V 相和 W 相。

a)实物图

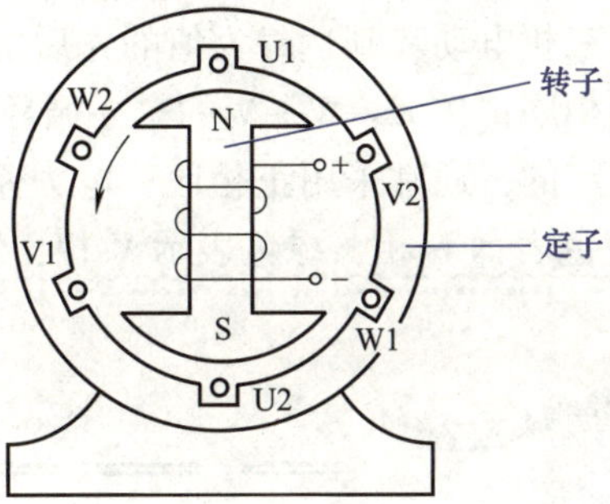

b)原理示意图

图 6-2　三相交流发电机

当转子在外加驱动力的作用下顺时针匀速旋转时，就相当于定子每相绕组以角速度 ω 逆时针旋转，作切割磁感线运动，从而产生感应电动势 e_U、e_V、e_W。由于三个绕组结构相同，在空间相差 120°的角度，因此，三个感应电动势 e_U、e_V、e_W 的频率相同、最大值相等、相位彼此相差 120°。

三相电动势的瞬时值表达式是

$$e_U = E_m \sin\omega t \tag{6-1}$$

$$e_V = E_m \sin(\omega t - 120°) \tag{6-2}$$

$$e_W = E_m \sin(\omega t - 240°) = E_m \sin(\omega t + 120°) \tag{6-3}$$

如果以 e_U 为参考正弦量，则三相对称电动势波形如图 6-3a 所示，相量如图 6-3b 所示。

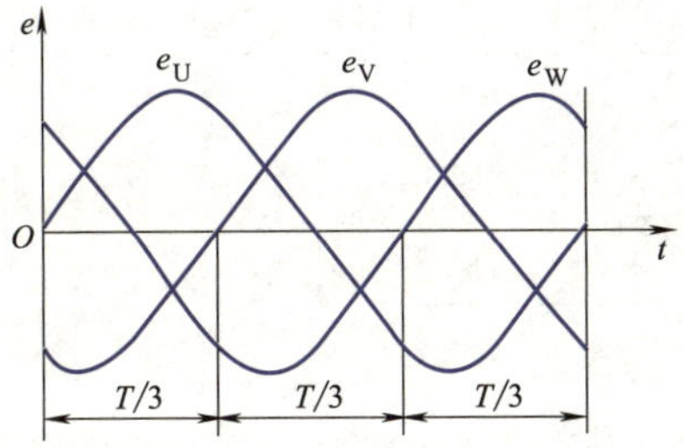

a) 波形图

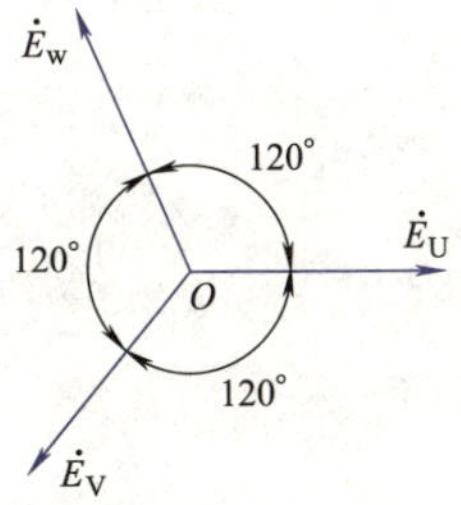

b) 相量图

图 6-3　三相电动势波形图与相量图

在电工技术和电力工程中，把这种有效值相等、频率相同、相位上相差 120°的三相电动势叫做对称三相电动势。供给三相电动势的电源叫做三相电源。

提示

相　序

通常把三相电动势到达最大值的先后次序，称做相序。按 U—V—W 的次序循环的相序称为正相序；按 U—W—V 的次序循环的相序称为逆相序。相序是由发电机电枢的旋转方向决定的，通常采用正相序。电力系统通常用不同的颜色来区别电源的 U、V、W 三相，黄色表示 U 相，绿色表示 V 相，红色表示 W 相。

练一练

对称三相电源中 V 相电动势的瞬时值表达式 $e_V = 220\sqrt{2}\sin(\omega t - 30°)$，则其它两相的瞬时值表达式为________________、________________。

6.1.2　三相正弦交流电的供电方式

三相电源有两种供电方式：三相四线制和三相三线制，在低压供电系统中常采用三相四线制供电，如图 6-4 所示。

三相交流发电机三相绕组的末端 U2、V2、W2 连接成一公共端点，叫做中性点，从中性点引出的输电线称为中性线，用 N 表示。从发电机三相绕组的首端 U1、V1、W1 引出的三根导线叫做相线（俗称火线），分别用 L1、L2、L3 表示，在工程中常用黄、绿、红三种颜色线来区分。

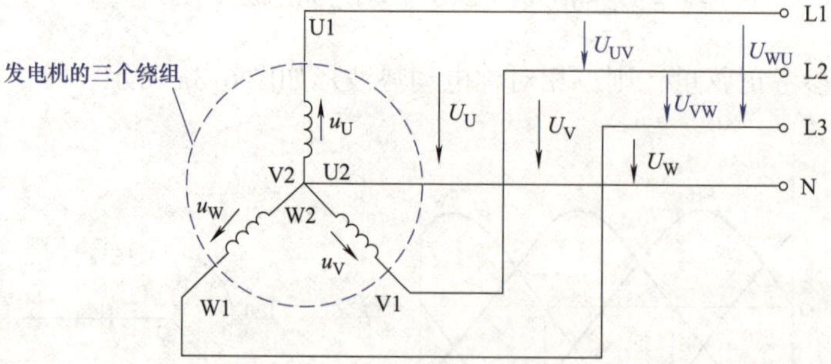

图 6-4　三相四线制供电

三相四线制供电系统可输送两种电压，即相电压与线电压。各相线与中性线之间的电压叫做相电压，分别用 U_U、U_V、U_W 表示；相线与相线之间的电压称为线电压，用 U_{UV}、U_{VW}、U_{WU} 表示。通常用 U_P 表示相电压，U_L 表示线电压。

提示

三相四线制供电系统的特点

1）有两组供电电压，即相电压和线电压。

2）三个相电压和三个线电压均为对称电压。

3）线电压的大小等于相电压的$\sqrt{3}$倍，即 $U_L=\sqrt{3}U_P$。

图 6-5 所示为三相四线制低压配电线路，接到动力开关上的是三根相线，它们之间的线电压 $U_L=380V$，接到照明开关上的是相线和中性线，它们之间的相电压 $U_P=220V$。

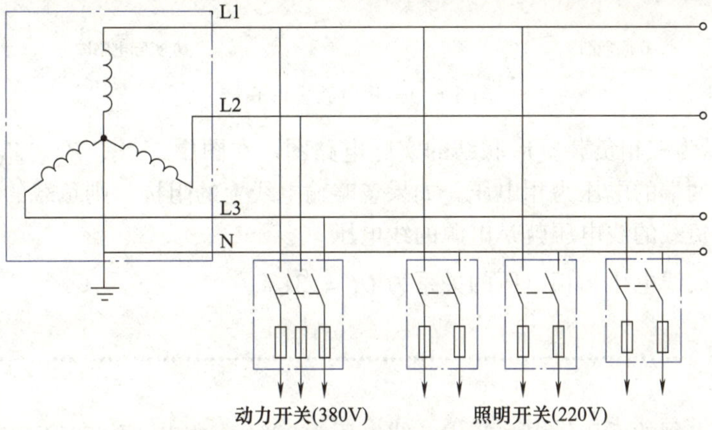

图 6-5　三相四线制低压配电线路

实践活动

认识低压供电线路

在老师或专业人员的带领下，认识我们生活周围低压配电线路，并分析此类配电线路的特点及安全性能。

*6.2　三相负载的连接方式

话题引入

在日常生活中，大多数家用电器如电灯、电视机、电冰箱等都是使用单相交流电，这类负载称为单相负载，它接在三相电源的任一相上都能工作。还有一类负载，它必须接在三相电源上才能正常工作，如三相异步电动机等，这种负载称为三相负载。三相负载可分为对称三相负载和不对称三相负载。各相负载的大小和性质相同、阻抗相等的叫对称三相负载，否则就叫不对称三相负载。三相负载的连接方式有星形（Y）联结与三角形（△）联结两种。

6.2.1 三相负载的星形联结

若将三相负载的始端 U1、V1、W1 分别接在电源的三根相线上，将各相负载的末端 U2、V2、W2 都接中性线，这种连接方式叫做三相负载的星形（Y）联结，如图 6-6a 所示。

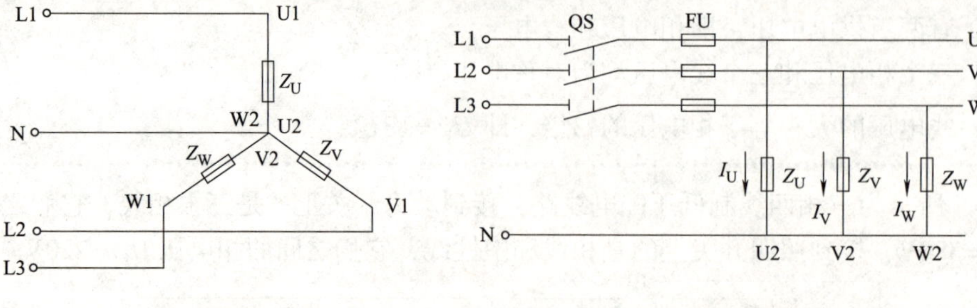

a) 原理图　　b) 实际电路图

图 6-6　三相负载星形联结

图 6-6b 所示为三相负载星形联结的实际电路图。在图中，Z_U、Z_V、Z_W 为各相负载的阻抗，每相负载两端的电压为相电压。如果忽略输电线上的阻抗，则负载的相电压等于电源的相电压；三相负载的线电压就是电源的线电压。

所以，负载的线电压与相电压的关系为 $U_L=\sqrt{3}U_P$。

提示

目前电力电网的低压供电系统中的线电压为 380V，相电压为 220V，常写作“电源电压 380V/220V”。

在负载作星形联结的三相交流电路中，流过各相负载的电流叫做相电流，流过每根相线的电流叫做线电流，用 I_U、I_V、I_W 表示其有效值，参考方向从电源到负载，如图 6-6b 中所示。由于每相负载都串在相线上，相线和负载通过的是同一个电流，所以各相电流等于各线电流，即 $I_L=I_P$。

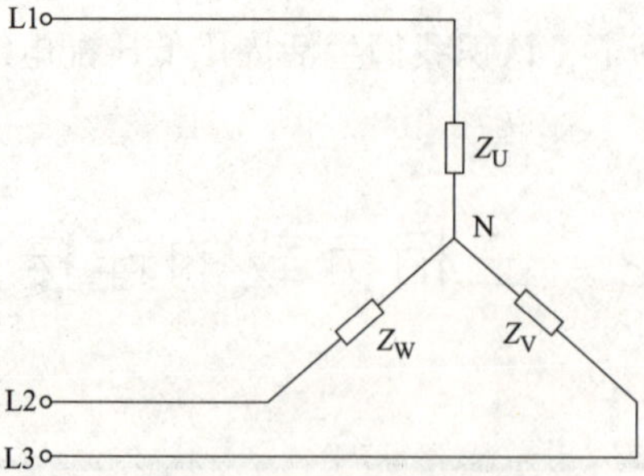

图 6-7　三相三线制供电

对称三相负载作星形联结时中性线上的电流为零，因此中性线可以不接，即对称星形联结负载可以接三相三线制供电线路，如图 6-7 所示。

如果是不对称星形负载，必须采用带中性线的三相四线制供电线路。居民小区的各家各户用电器不同，用电时间也不同，是典型的不对称负载。

小知识

中性线的作用

中性线是三相电路的公共回线，能保证三相负载成为三个互不影响的独立回路；不论各相负载是否平衡，均可承受对称的相电压；一相发生故障，可保证其它两相正常工作。中性线如果断开，这时负载中性点偏移将较大。此时，某一相负载承受的电压会低于额定电压，而另一相负载承受的电压会高于额定电压，会造成负载不能正常使用甚至损坏。因此，中性线要安装牢固，并且不允许在中性线上装开关和熔丝，防止断路！

6.2.2　三相负载的三角形联结

把三相负载分别接在三相交流电源的每两根相线之间的接法叫做三角形（△）联结，如图 6-8a 所示。

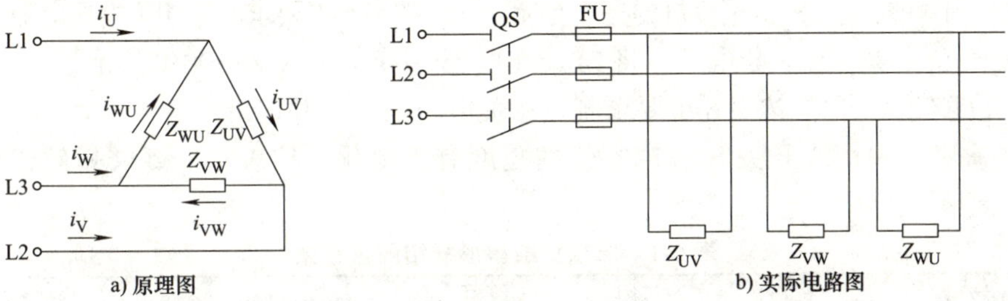

图 6-8　三相负载的三角形联结

图 6-8b 所示为三相负载三角形联结的实际电路图。在三角形联结中，由于各相负载是接在两根相线之间，因此，负载的相电压就是线电压，即 $U_L = U_P$。

当对称三相负载作三角形联结时，三个相电流和三个线电流都是对称的，且有 $I_L = \sqrt{3}I_P$ 的关系。

提示

三相交流电路，一般负载可以接成星形也可以接成三角形。在实际中应正确选择负载的联结方式，要根据三相负载铭牌上所标注的接线方法或额定电压选择所需接线方式，否则负载不能正常工作，有时也会产生严重不良后果。

技能训练

技能训练项目 6-1　三相负载的星形联结

【实训目标】

1）会三相负载星形联结的接线方法。

2）会测量负载作星形联结时的线电流、相电流、线电压和相电压。

【实训器材】 线电压为380V的三相交流电源；座式螺口灯头三个，螺口灯炮60W/220V三个；40W/220V一个；100W/220V一个；交流电流表（0-1A）四块；万用表一块；导线若干；小开关一个。

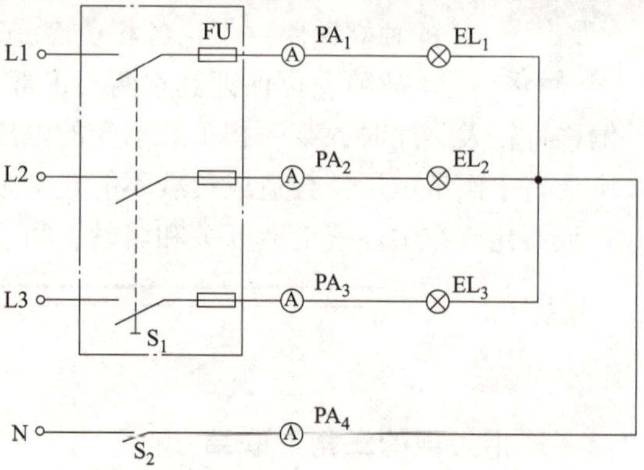

图6-9 三相负载星形联结实训电气原理图

【实训内容及步骤】按图6-9所示连接电路，点画线框内元件一般设计在实训台内部。实际操作时，只需将三个电流表分别与三相电源插孔正确连接即可。开关S_2的一端接中性线N插孔。螺口灯头的中心接点须连至电流表，以保证安全。EL_1、EL_2、EL_3选用60W灯泡，经指导老师检查无误后，完成以下任务：

1）闭合开关S_1、S_2，按表6-1要求测量相关电压电流，并记录。

2）断开中性线开关S_2，观察灯的亮度有无变化。按表6-1要求测量相关电压电流，并记录。

3）断开S_1、S_2，确认断电后，将EL_2、EL_3分别换上40W和100W灯泡。合上S_1、S_2，观察灯的亮度有无变化。按表6-1要求测量相关电压电流，并记录。

4）再次断开中性线开关S_2，观察灯的亮度有无变化。按表6-1要求测量相关电压电流，并记录。

表6-1 三相负载星形联结测量数据

测量数据 / 实训内容		线电压			相电压			线电流(相电流)			中性线电流
		U_{uv}	U_{vw}	U_{wu}	U_u	U_v	U_w	I_u	I_v	I_w	I_N
负载对称	有中性线										
	无中性线										
负载不对称	有中性线										
	无中性线										

【注意事项】

在技能训练前一定要做好用电保护措施，防止发生触电事故。

【自评互评】

姓名			互评人		
项目	考核要求	配分	评分标准	自评分	互评分
安装连线	按图纸要求正确连线	20	每发现一处错误扣3分		
万用表的使用	正确使用万用表测量各电压	20	操作错误，每处扣5分		
电流、电压的测量	按表6-2正确测量各电压、电流	50	测量结果错误，每处扣2分		
安全文明操作	工作台上工具排放整齐严格遵守安全操作规程，符合“6S”管理要求	10	违反安全操作、工作台上脏乱、不符合“6S”管理要求，酌情扣3~10分		
合计		100			
学生交流改进总结：					
教师签名：					

【思考与讨论】

1）在三相四线制电路中，为什么中性线上不允许安装熔断器?

2）根据表 6-1 中的数据分析三相负载作星形联结时中性线的作用?

思考与练习

6-1　对称三相交流电是指三个_________相等、_________相同，_________上互差 120°的三个_________的组合。

6-2　三相电源绕组的接法有_________和_________。

6-3　三相电路中的相电流是流过_________的电流，线电流是流过_________的电流。

6-4　判断：三相电源的三角形联结和星形联结方式中都有中性线。(　　)

6-5　判断：三相四线制供电线路中接负载对称时，可改为三相三线制而对负载无影响。(　　)

6-6　判断：三相负载作三角形联结时，总有 $I_L = \sqrt{3} I_P$。(　　)

6-7　判断：采用三相四线制供电时，$U_L = \sqrt{3} U_P$。(　　)

6-8　对称三相电路是指（　　）。

A. 三相电源对称的电路　　B. 三相负载对称的电路

C. 所有的三相电路　　D. 三相电源和三相负载都对称的电路

6-9　有一个相电压为 220V 的三相发电机和一组对称的三相负载。若负载的额定相电压为 380V，则三相负载应作（　　）联结。

A. 星形　　B. 三角形　　C. 并联　　D. 串联

6-10　三相四线制中，中性线的作用是（　　）。

A. 保证三相负载对称　　B. 保证三相功率对称

C. 保证三相电压对称　　D. 保证三相电流对称

6-11　请在网上查询三相四线制的中性线的作用是什么? 可参考中国工控网（www. gongkong. com）。

6-12　请在网上查询居民家中使用的均是单相用电器，为什么向小区或居民楼中送来的电源常是三相四线制? 可参考中国工控网（www. gongkong. com）。

第7章 用电技术

知识目标

1. 了解发电、输电和配电过程
2. 了解电力供电的主要方式和特点
3. 了解供配电系统的基本组成
4. 了解节约用电的方式方法
5. 了解保护接地、保护接零和漏电保护器的概念及应用

技能目标

会检查漏电保护断路器是否正常工作，遇漏电事故时，能正确操作。

7.1 电力供电与节约用电

话题引入

电能是迄今为止应用最广泛的能源，它可由其它形式的能转换而来，也可以方便地转换成其它形式的能，并具有便于输送、分配、使用、控制等优点，被广泛应用于现代工业、农业、交通运输业、科学研究、国防建设及人们日常生活中。

7.1.1 电力系统概述

电能是由发电厂生产的，一般要经过升压、输送、降压、分配等中间环节，然后送给用户使用。这些中间环节称为电力网（简称电网），由发电厂、电网和用户等组成的统一整体称为电力系统。

1. 电能的生产

电能生产就是把自然界的一次能源，如煤炭、天然气、水力、核能、石油、太阳能、风能、地热等转换成电能，发电厂是生产电能的工厂，目前主要有以下几类发电厂：

【水力发电厂】 简称水电厂或水电站，是利用水的落差和流量去推动水轮机旋转并带动发电机发电。

【火力发电厂】 简称火电厂或火电站，是通过煤、石油和天然气等燃料燃烧来加热水，产生高温高压的蒸汽，再用蒸汽来推动汽轮机旋转并带动发电机发电。

【核能发电厂】 通常称为核电站，是利用原子核裂变时释放出来的巨大能量来加热水，产生高温高压的水蒸气来推动汽轮机旋转并带动发电机发电。

除此之外，还有风力发电、太阳能发电、地热发电、潮汐发电等。

小知识

三峡水电站：世界最大的水电站

三峡工程全称为长江三峡水利枢纽工程，是迄今世界上最大的水利水电枢纽工程，具有防洪、发电、航运、供水等综合效益。三峡大坝全景图如图7-1所示。

图7-1 三峡大坝全景图

三峡水电站总装机量1820万千瓦，年发电847亿kW·h，相当于6.5个葛洲坝水电站和10个大亚湾核电站，每年为全国人均提供70kW·h电能，是世界上规模最大的水电站。

想一想

你都见过哪些电能生产设备？

2. 电力的输送和分配

发电厂发出的电压较低，一般在10kV左右，直接输送到远离电厂的城区、工业区很不经济，为了能将电能输送远些，并减少输电损耗，需要采用高压输电。如图7-2所示，在发电厂设置升压变电所，通过升压变压器将电压升高到110kV、220kV或500kV等高

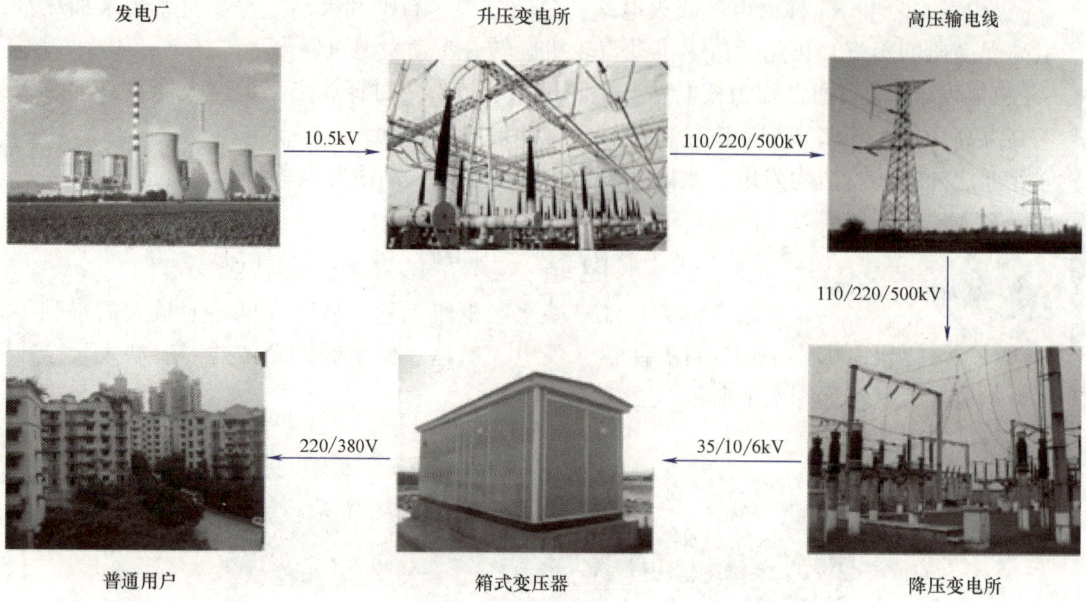

图 7-2　电力传输示意图

压，然后由高压输电线经过远距离传输，送到用电区，在用电区设置降压变电所，经过降压变压器降至低压，如 35kV、10kV 或 6kV，最后经配电线路分配到用电单位，再降压至 380/220V，供电给普通用户。

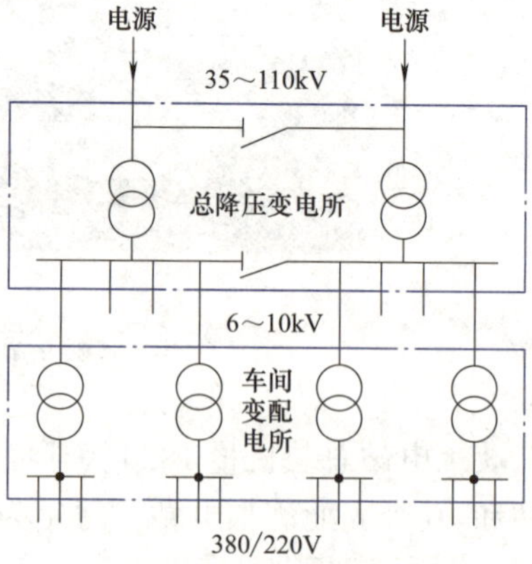

图 7-3　供配电系统示意图

3. 供配电系统的基本组成

如图 7-3 所示，供配电系统由总降压变电所（高压配电所）、高压配电线路、车间变配电所、低压配电线路及用电设备组成。

提示

大型工厂和某些负荷较大的大中型企业，往往采用 35～110kV 电源进线，先经过总降压变电所，将电源电压降至 6～10kV，然后经过高压配电线路把电能送到各车间变配电所，再将 6～10kV 的电压降至 380/220V，供给用电设备。

7.1.2　电力供电的主要方式

我国的低压配电系统，按接地形式的不同，分为 TN 系统、TT 系统、和 IT 系统三大类，最常见的是 TN 系统，它又分为 TN-C、TN-S 和 TN-C-S 三个系统。目前在生产生活广泛采用的是 TN-C 和 TN-S 系统。

【TN-C 系统】　为三相四线制供电方式，如图 7-4 所示。它是 N 线（中性线）和 PE 线

（专用保护线）共用的供电系统。N线与PE线合二为一，称为PEN线（保护中性线），设备的外壳接在PEN线上。PEN线兼有N线和PE线的功能，比较经济，可节省导线材料，但在安全要求较高以及要求抗电磁干扰的场所均不允许采用该系统。

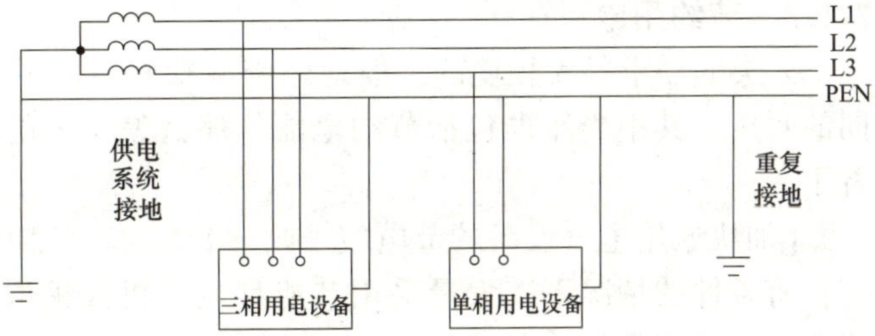

图7-4　TN-C系统

提示

在TN-C系统中，当发生单相电源碰壳故障时，泄漏电流将经设备外壳引至PEN线导入大地，此时，如有人触摸漏电设备外壳，由于工作接地电阻一般很小，约2～4Ω，而人身电阻相对较大（约1～2kΩ），因分流作用，流过人体的电流很小，不足以对人构成威胁。

【TN-S系统】　为三相五线制供电方式，如图7-5所示，它是把中性线N和专用保护线PE严格分开的供电系统，所有设备的外露可导电部分均与公共PE线相连。中性线N也称工作零线，当三条相线构成工作回路，漏电流回电网，PE线与相线构成保护回路，漏电流回大地。该系统多用于环境条件较差，对安全可靠性要求较高及用电设备对抗电磁干扰要求较严的场所。

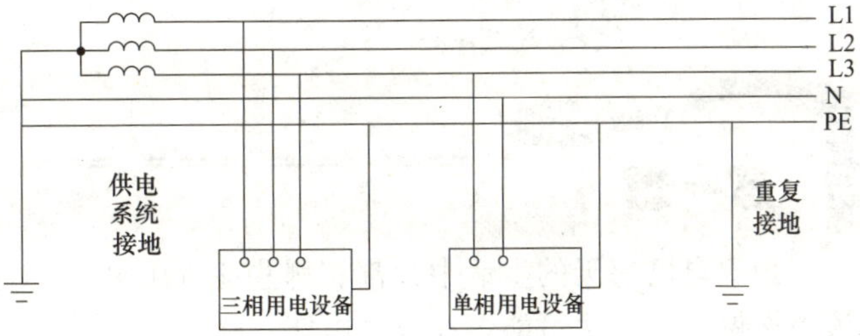

图7-5　TN-S系统

提示

我国20世纪80年代之前，交流低压供电系统基本上都采用TN-C系统，主要原因是这种供电方式较为经济。目前，在新建的住宅、工厂和商业设施中已普遍采用TN-S系统。

实践活动

调查一下，自己家里用的电能，是从什么地方送过来的，中间经过了哪些环节。

7.1.3 节约用电

人类的需求是无止境的，但地球资源却是有限的，因此“节能”已成为世界各国共同的呼声，其中当然也包括节约电能。那么怎样才能节约电能呢？主要从以下几个方面着手。

【加快通用电气设备的节电技术改造】 电动机耗电约占所有工业耗电的60%，因此应在有条件的情况下，大量采用节能型电动机并采取无功就地补偿，此外，尽快淘汰高能耗、功率因数低的老式电机。

【推广应用新技术、新产品】 照明应尽量采用节能灯具；推广远红外加热技术，提高加热效率；大量采用变频器控制风机、水泵类负载，节能效果显著；电焊机应安装空载自动断电装置；在交流接触器上安装节能消声器等。

【提高功率因数，节约电能消耗】 装设无功补偿设备，如在负载侧装设电容补偿柜、同步补偿器等，可减少电网中的无功电流，降低线路损耗；提高设备利用率，确保设备满载运行；电动机轻载或空载时，功率因数低，对于长时间轻载运行的电动机，可将三角形联结改为星形联结。

【合理选择设备，调整设备使用时间】 选购新设备时，要把高效、节能作为一项重要措施；根据生产实际情况，合理安排设备使用时间，错开用电高峰。

想一想

想想自己每天的生活中，都有哪些地方用电了，应该怎么做，才能尽可能多地节约电能。

7.2 用电保护

话题引入

在日常生活中所使用的家用电器都用单相交流电供电，即只有一根零线和一根相线，可为什么电冰箱插头（如图7-6所示）却有三个电极呢？其实多出来的那个电极接的是保护接地，下面我们就来了解用电保护的三种常见措施：保护接地、保护接零和漏电保护。

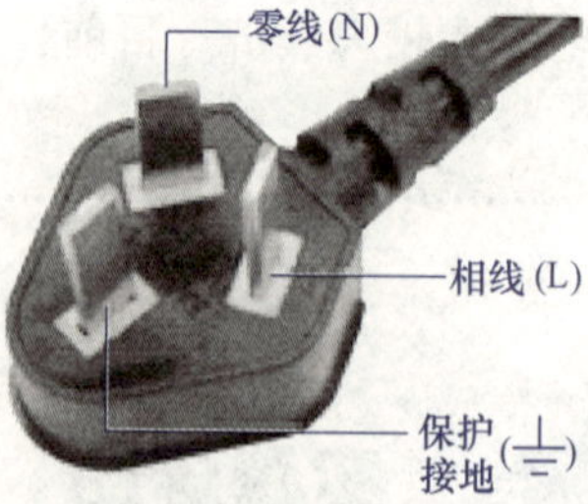

图7-6 三极插头

7.2.1 保护接地

保护接地是将电气设备的金属部分与

埋入地下的接地体可靠连接，如图 7-7 所示。通常接地体为角铁或钢管，接地电阻应≤4Ω。

保护接地适用于电源中性点不接地的供电系统。像矿山、井下等对连续供电要求较高、潮湿及有易燃易爆危险品的场所。

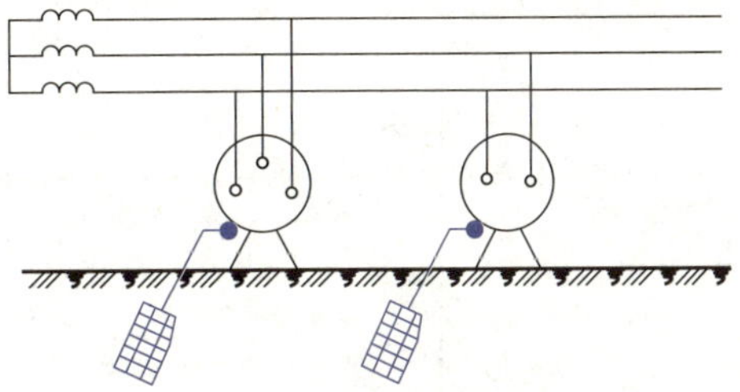

图 7-7　保护接地示意图

提示

变压器的中性线及外壳须采用保护接地措施。当电气设备因绝缘损坏产生漏电，人体触及带电外壳时，相当于与接地电阻并联。由于人体电阻远远大于接地电阻，流过人体的电流很小，从而保证了人体安全。

7.2.2　保护接零

保护接零适用于电源中性点直接接地的低压供电系统中。通常有两种情况：一种是在三相四线制中，用电设备的金属外壳与 PEN 线相连，如图 7-8a 所示；另一种是在三相五线制中，用电设备金属外壳与 PE 线相连，如图 7-8b 所示。前者只适用于一般场合，后者适用于对安全及对抗干扰要求较高的场合。

如果电气设备的某相绝缘损坏且碰壳时，就形成了该相与 PEN 或 PE 线之间的单相短路电流，将使电路中的保护电器动作或使该相的熔体熔断，从而切断电源，消除了人触电的危险。

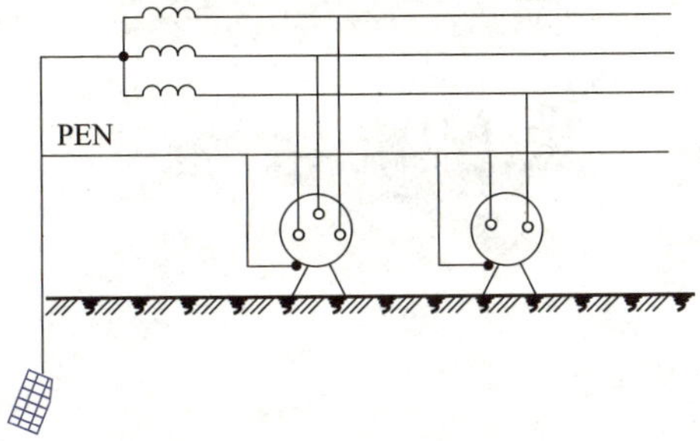

a) TH-C系统

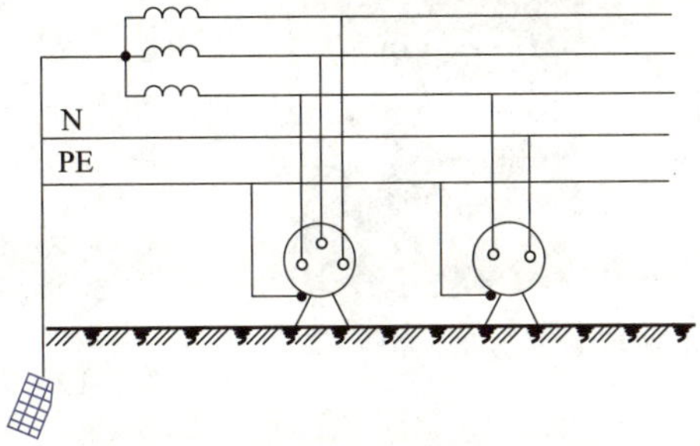

b) TH-S系统

图 7-8　保护接零示意图

提示

同一低压配电系统中，不允许有的设备采取保护接地，而有的设备采取保护接零。否则，当保护接地的设备发生单相接地故障时，保护接零的设备外壳将带上危险的电压。

7.2.3　漏电保护

在低压配电系统中，漏电保护是防止人身触电和设备事故的主要技术手段。常用漏电保护装置为漏电保护断路器。漏电保护断路器由漏电电流检测、放大和驱动跳闸机组成，其保

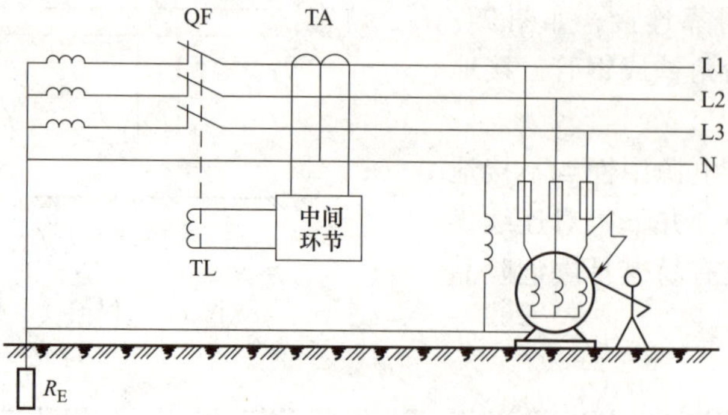

图 7-9　漏电保护原理示意图

护原理如图 7-9 所示：在被保护电路工作正常、没有发生漏电或触电的情况下，通过互感器 TA 一次侧三相电流的相量和等于零。此时 TA 二次侧不产生感应电动势，漏电保护装置不动作，系统保持正常供电。当被保护电路发生漏电或有人触电时，由于漏电电流的存在，通过 TA 一次侧各相负荷电流的相量和不再等于零，TA 二次侧线圈就有感应电动势产生，此信号经中间环节进行处理和比较。当达到预定值时，主开关分励脱扣器线圈 TL 通电，驱动主开关 QF 自动跳闸，迅速切断被保护电路的供电电源，从而实现保护。

漏电保护断路器外形如图 7-10 所示，除作漏电保护之用外，同时还具有过载保护和短路保护功能。

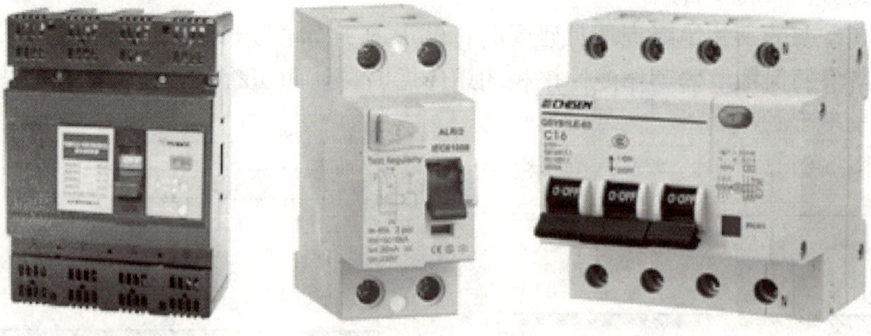

图 7-10　漏电断路器外形

提示

漏电保护断路器一般装在干燥、通风、清洁的室内配电盘上，并应垂直安装；在日常使用中，应每月检查一次试验按钮，看漏电保护断路器动作是否正常；使用中，如漏电保护动作，必须查明原因找出故障，严禁强行连续送电。

想一想

图 7-6 中电冰箱插头保护接地线起什么作用？

实践活动

参观发电厂

在专业人员的指导下，参观发电厂，了解电能的生产、输送和主要供电方式。

思考与练习

7-1　电力系统由发电厂、____________和用户组成。

7-2　TN 供电系统可分为____________、____________、____________三种方式。

7-3　你理解中的保护接地和保护接零是什么意思，二者的区别是什么？

7-4　将电气设备的金属外壳或构架同电网的零线相连接，这种保护方式是（　　）。

A. 保护接地　　B. 漏电保护　　C. 保护接零　　D. 过载保护

7-5　你知道漏电保护的原理是什么吗？

7-6　请大家在中国电力安全网站（www. csest. com）查询电力的生产、输送和分配过程。

7-7　请大家在中国电力设备网站（www. cepee. com）查询供配电系统的组成。

第8章 常用电器

知识目标

1. 了解常见照明灯具、新型电光源及其应用
2. 了解单相变压器的基本结构和相关参数
3. 理解变压器的工作原理及变流比、变压比的概念
4. 了解变压器的外特征、损耗及效率
5. 了解三相交流异步电动机的基本结构、转动原理和铭牌参数
6. 理解三相异步电动机机械特性的含义
7. 了解常用低压电器的结构、工作原理和应用场合

技能目标

1. 会根据照明需要合理选用灯具及根据工作场合合理选用低压电器
2. 能使用绝缘电阻表测试变压器和异步电动机绕组间及绕组对铁心的绝缘电阻

8.1 照明灯具

话题引入

在19世纪电灯问世之前，人们普遍使用的照明工具是煤油灯或蜡烛。这虽已冲破黑夜的束缚，但仍未能把人类从黑夜的限制中彻底解放出来。在各种各样的电灯发明出来后，世界才大放光明，人类赢得更多时间为社会创造更多财富。

8.1.1 常用照明灯具

1. 白炽灯

【外形】 白炽灯是使用最普遍的电光源，一般有插口和螺口两种，外形如图8-1a所示。

【结构及接法】 白炽灯的结构如图8-1b所示，它的灯丝由钨丝制成，灯丝绕成单螺旋状或双螺旋状。白炽灯电路接法如图8-1c所示，使用时应注意将相线通过开关接到灯头的中心接点上。

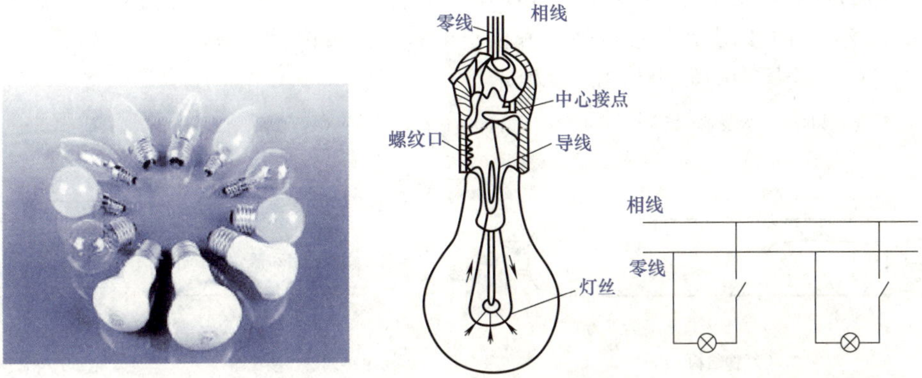

a)外形　　b) 结构　　c) 接线图

图 8-1　白炽灯

【特点及适用场合】 白炽灯的结构简单、价格低廉、使用方便，但是它的发光效率较低，只能将约 5% ~10% 的电能转化为光能，使用寿命较短，且耐震性较差。因此，对于需长期照明的地方，应选用效率更高的节能灯。

小知识

为什么把白炽灯换成节能灯属于低碳行动？

我国大部分地区发电都是采用火力发电，就是用煤燃烧产生的热能来发电，这样就会排出 CO_2。使用节能灯可以减少耗能，自然就减少了煤的燃烧，也就等同于减少了 CO_2 的排放。

2. 荧光灯

【外形】 荧光灯外形如图 8-2 所示，传统的荧光灯套件主要由灯管、电感式镇流器、辉光启动器和灯架等部分组成。目前，市场上较多采用的是由灯管、灯架和电子式镇流器构成的荧光灯套件。电子式镇流器与电感式镇流器相比，有价格便宜、体积小、启辉快、接线简单等优点。

a) 荧光灯外形　　b) 电感式镇流器　　c) 电子镇流器

图 8-2　荧光灯及镇流器外形

【结构及接法】 灯管结构如图8-3a所示，灯管两端分别装有一组灯丝与灯脚相连。灯管内抽成真空，再充以少量惰性气体氩和微量的汞，灯管内壁涂有一层荧光粉。

荧光灯的接线原理图如图8-3b、c所示。

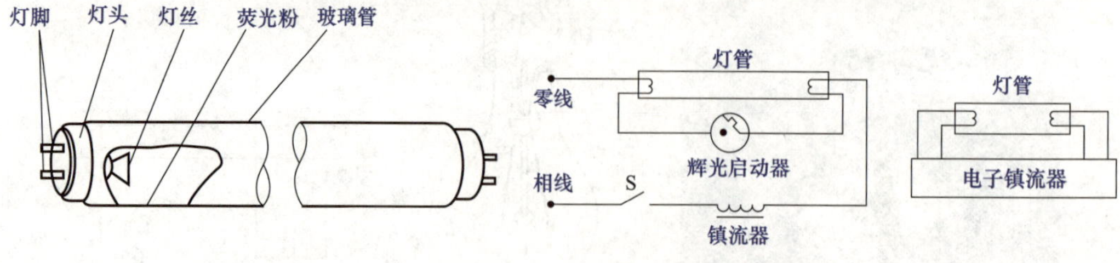

a) 灯管结构　b) 电感式套件接线图　c) 电子式套件接线图

图8-3　结构及接法

【特点及适用场合】 与白炽灯相比，荧光灯的发光效率高、使用寿命长、光色好，缺点是功率因数比较低，还存在频闪效应（灯光随电流的周期性变化而频繁闪烁），适用于需要照度高的室内场所（例如教室、办公室和轻工车间），但不适合有转动机械的场所照明。

3. 碘钨灯

【外形及结构】 碘钨灯外形如图8-4所示，其结构如图8-5所示，主要由石英玻璃管制成，两端装有与外电源连接的电极，并用灯丝贯穿整个石英管，灯丝中间用等距离的灯丝支架支持。

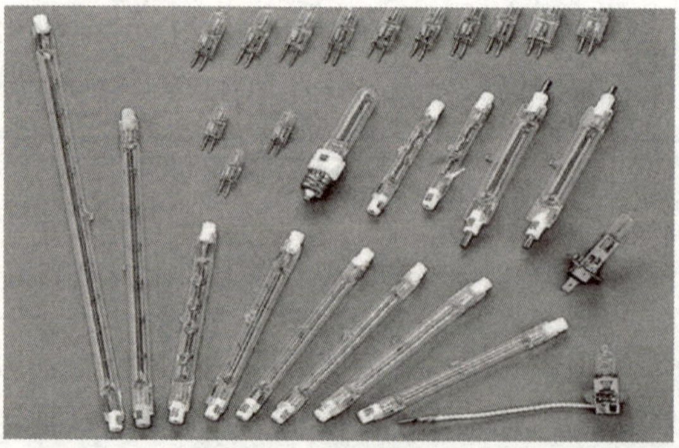

图8-4　碘钨灯

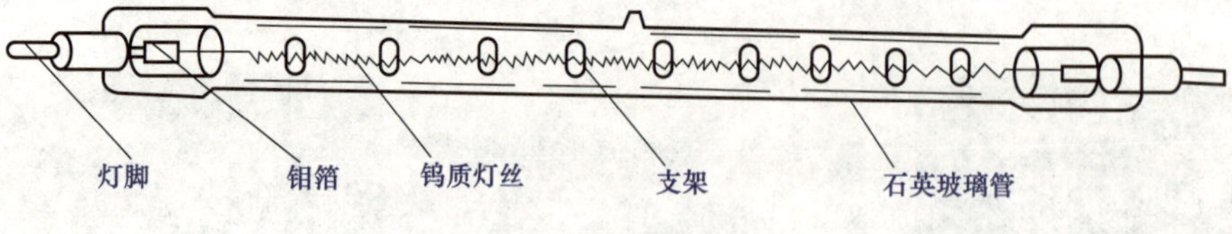

图8-5　碘钨灯结构

【特点及适用场合】 与白炽灯比较，光效提高30%，寿命增长50%，具有体积小、功率大、能够瞬时点燃、可调光等特点。但卤钨灯的耐震性差，安装时灯管必须保持水平（倾角不得大于4°）否则容易将灯管烧坏，这种灯多用于较大空间、要求高照度的场所。

4. 高压钠灯

【外形及结构】 高压钠灯的外形如图8-6a所示，结构如图8-6b所示。

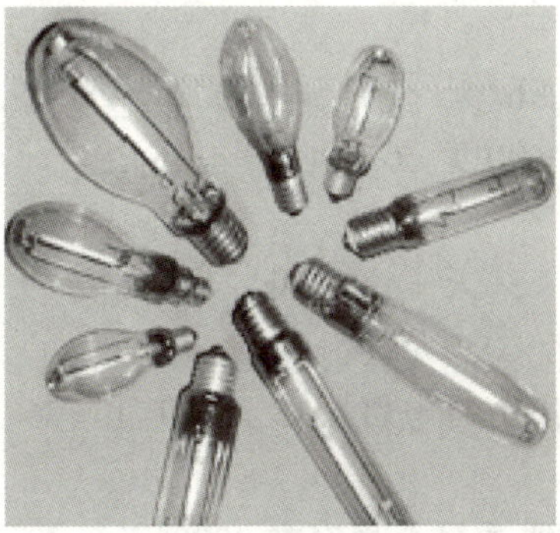

a) 外形

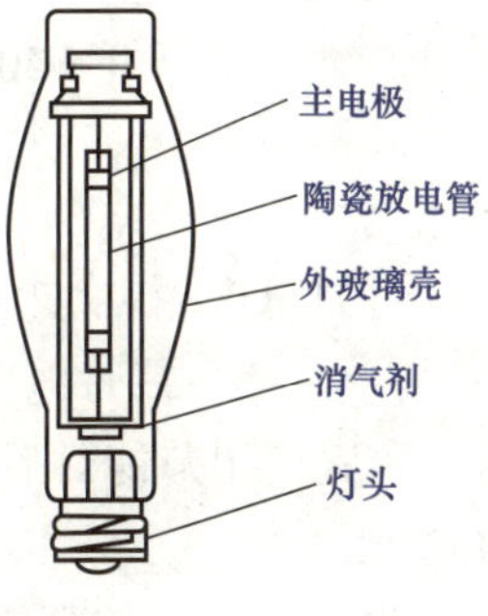

b) 结构

图8-6 高压钠灯的外形和结构

【特点及适用场合】 高压钠灯的发光光谱集中在人眼比较敏感的区间，且寿命长，具有光效高、紫外线辐射小、透雾性能好、可任意位置点燃、耐震等特点，但显色性差，启动时间也较长。它广泛用于道路照明，与其它光源混光后，可用于照度要求较高的高大空旷的场所照明。

8.1.2 新型电光源

1. 节能灯

节能灯外形如图8-7所示。为了使用和安装方便，将其灯管弯曲成H、U、W等形状，使灯管由带状发光变成局部集中发光。节能灯具有光效高（是普通灯泡的5倍），节能效果明显（即一只7W的紧凑型节能灯的亮度相当于一只40W的白炽灯的亮度，节电率高达80%），寿命长（是普通灯泡的8倍），体积小，使用方便等优点。

图8-7 节能灯外形

提示

节能灯使用时不能频繁地开与关，否则会缩短其使用寿命。在需要调光的场合也不宜使用。

小知识

某家庭按使用15只灯泡计算电费

普通灯泡电费：

15只灯×40W/只×5h/天×30天=90000W·h=90度

每月电费=90度×0.5元/度=45元

节能灯的电费：

15只灯×8W/只×5h/天×30天=18000W·h=18度

每月电费=18度×0.5元/度=9元

比较：这个家庭使用节能灯后每月可以节省电费：45元－9元=36元，一年就可以节省电费432元。

多说一句：由于白炽灯的高能耗，欧盟委员会规定在2009年至2012年逐步淘汰白炽灯，推广使用节能灯。面对全球淘汰白炽灯的浪潮，我国也在积极行动，逐步淘汰白炽灯，加快推广节能灯。

2. 金属卤化物灯

金属卤化物灯外形如图8-8所示，灯内充入钠、铊、铟、镝、钪等金属卤化物。它具有光效高，光色好的特点，常用于体育活动室及电视转播现场照明。

3. 氙灯

氙灯外形如图8-9所示，是一种充有高气压氙气的大功率的气体放电灯，功率可以从一万瓦到几十万瓦，高压氙气放电时能产生很强的白光，接近连续光谱，和太阳光十分相似，故有“人造小太阳”之美称。氙灯的工作温度很高，仅靠自然冷却不行，需要强迫冷却，或者用风冷、水冷。它适于广场、公园、体育场、大型建筑工地、露天煤矿、机场等地方的大面积照明，一般工厂照明中不用。

图8-8　金属卤化物灯外形

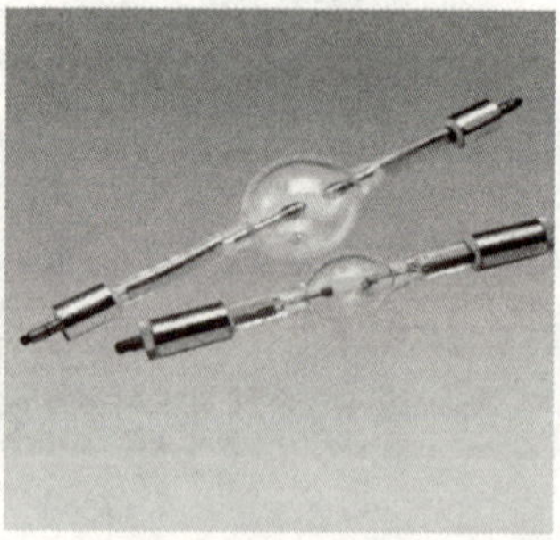

图8-9　氙灯外形

4. LED灯

LED即半导体发光二极管，LED灯是用高亮度白色发光二极管作光源，其外形如图8-10所示，作为第四代电光源，被称为“绿色照明光源”，属于冷光源，发热量低，可以安全触摸，自身对环境没有任何污染，与白炽灯、荧光灯相比，节电效率可以达到90%以上。

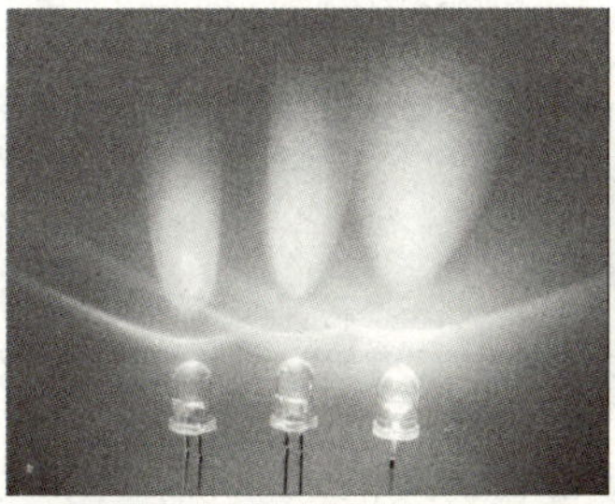

a) 单只LED

b)LED交通信号灯

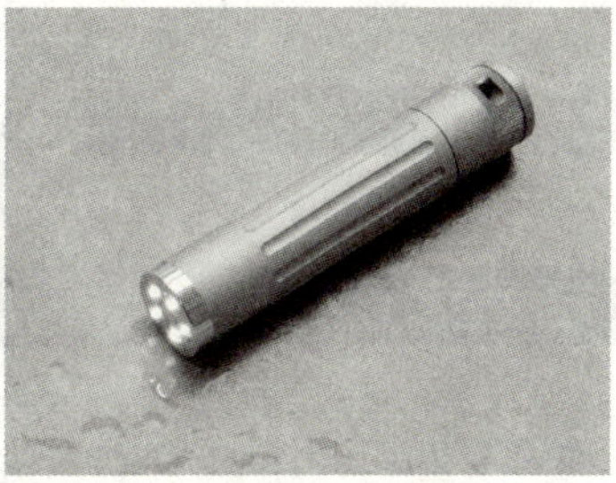

c) LED手电筒

图 8-10 LED 灯外形

小知识

LED 灯与节能灯比较

	LED 灯	节能灯
节能	约为节能灯的 1/4 ~ 1/2，白炽灯的 1/10	白炽灯的 1/5
寿命	可达 10 万小时以上可以工作在高速状态	普通节能灯约为 8000h，但频繁开关时灯丝就会发黑，寿命减损快
发热	90% 的电能转化为可见光，基本上用不着考虑散热	光效是白炽灯的 5 倍以上，但仍需考虑散热问题。
材料	固态封装，不怕振动	玻璃制品，易碎，怕振动
环保	没有汞污染，没有频闪；没有红外和紫外的成分，没有辐射污染，组件容易拆装，不用专门厂家回收	部分有汞污染，不便回收。节能灯中的电子镇流器会产生电磁干扰
价格	价格贵	相对低廉

想一想

工厂车间内的照明，你认为应该推荐哪几种灯具？

实践活动

寻找电光源

每组 3 ~ 5 人，在专业人员的指导下，搜寻我们周围能见到的各种电光源，观察并记录，了解它们的外形、使用场合及特点。

8.2 变 压 器

话题引入

发电厂生产出来的电能为了便于运输并减小线路损耗，一般都变换成高压电，但工厂的机电设备及家用电器通常只需要380V或220V的低压电，完成电压变换使命的设备叫做变压器，它对电能的经济输送、灵活分配和安全用电具有重要意义。

8.2.1 变压器概述

变压器是一种静止的电气设备，它根据需要可以将一种交流电压和电流等级转变成同频率的另一种电压和电流等级。它在电气测试、控制和特殊用电设备上有广泛的应用。

电力系统中使用的变压器称作电力变压器，它可分为升压变压器、降压变压器、配电变压器和厂用变压器等，它是电力系统中的重要设备。由交流电功率 $P=\sqrt{3}UI\cos\varphi$ 可知，如果输电线路输送的电功率 P 及功率因数 $\cos\varphi$ 一定，电压 U 越高时，线路电流 I 越小，则输电线路上的压降损耗和功率损耗也就越小；同时还可以减小输电线的截面积，节省材料，达到减小投资和降低运行费用的目的。由于发电厂的交流发电机受绝缘和工艺技术的限制，通常输出电压为10.5kV或16kV，而一般高压输电线路的电压为110kV、220kV、330kV或500kV，因此需用升压变压器将电压升高后送入输电线路。当电能输送到用电区后，为了用电安全，又必须用降压变压器将输电线路上的高电压降为配电系统的配电电压，然后再经过降压变压器降压后供电给用户。

另外，变压器的用途还很多，如测量系统中使用的仪用互感器，可将高电压变换成低电压或将大电流变换成小电流，以隔离高压和便于测量；用于实验室的自耦调压器，则可任意调节输出电压的大小，以适应负载对电压的要求；在电子线路中，除了电源变压器外，变压器还用来耦合电路、传递信号、实现阻抗匹配等。

为了达到不同的使用目的并适应不同的工作条件，变压器可以从不同的方面进行分类。

1）按用途分类：变压器可以分为电力变压器和特种变压器两大类。特种变压器根据不同系统和部门的要求，提供各种特殊电源和用途，如电炉变压器、整流变压器、电焊变压器、仪用互感器、试验用高压变压器和调压变压器等。

2）按铁心结构分类：变压器可分为壳式变压器和心式变压器。

3）按相数分类：变压器可分为单相、三相和多相变压器。

尽管变压器的种类繁多，但它们都是利用电磁感应原理制成的。

8.2.2 变压器的基本结构

【外形及符号】 单相变压器外形如图8-11a所示，文字符号为T，图形符号如图8-11b所示。

【结构】 变压器由闭合铁心和套在铁心上的线圈（绕组）构成，铁心和线圈是变压器的基本组成部分。

a）铁心：变压器的磁路部分。为了减小铁心内部的涡流损耗和磁滞损耗，铁心一般采用磁导率高而又相互绝缘的硅钢片（0.35~0.5mm厚）叠制而成。变压器根据铁心的结构

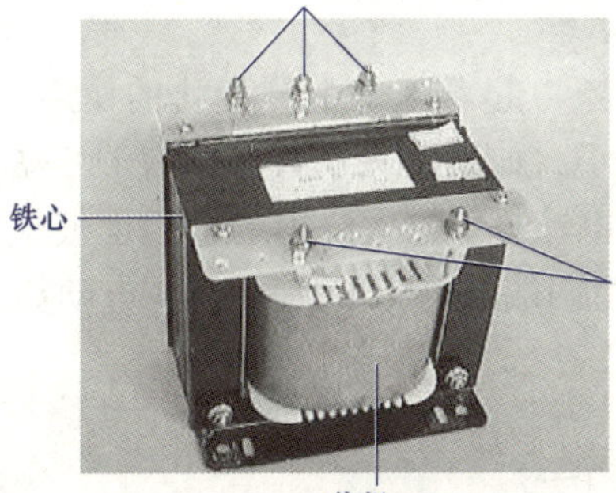

a) 外形

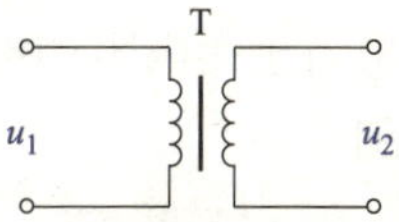

b) 电气符号

图 8-11 变压器的外形和图形符号

形式不同可分为心式变压器和壳式变压器两大类。分别如图 8-12 和图 8-13 所示。

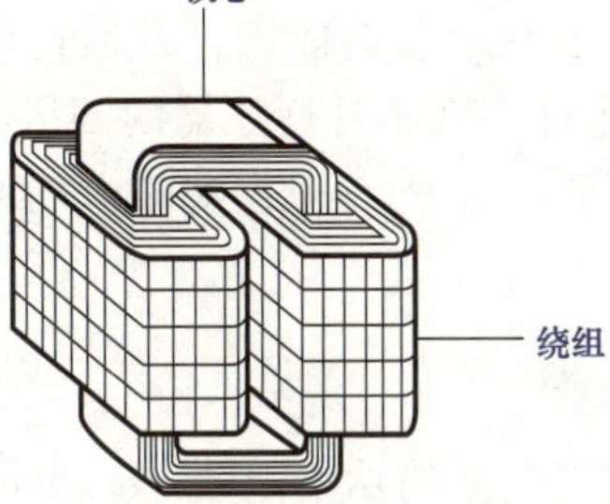

图 8-12 心式变压器

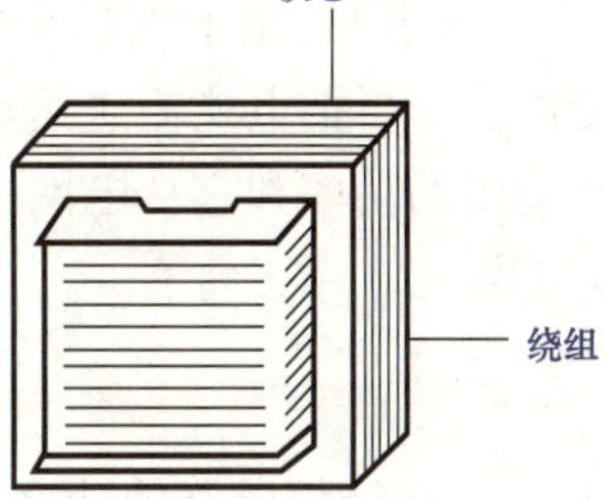

图 8-13 壳式变压器

b）绕组（线圈）：变压器的线圈通常称为绕组，它是变压器中的电路部分，一般用漆包圆铜线绕制而成，绕组与绕组及绕组与铁心之间都是互相绝缘的。与电源相连的绕组叫一次绕组，与用电设备连接的绕组称为二次绕组。

8.2.3 单相变压器的基本工作原理

在一般情况下，变压器的损耗和漏磁通都是很小的。在将它们都忽略不计的情况下，分析变压器的电压变换作用和电流变换作用。

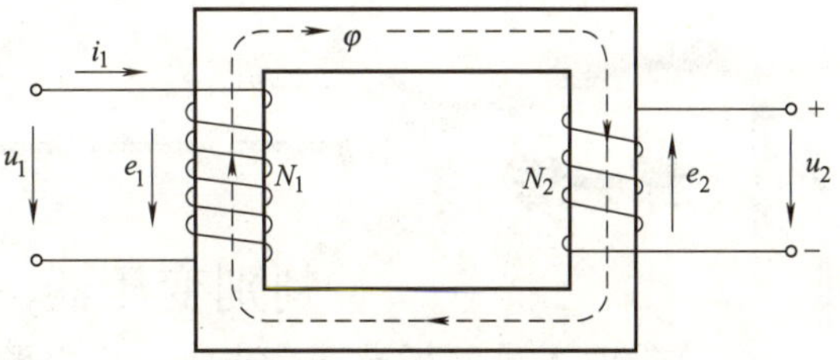

图 8-14 变压器的工作原理

【变换交流电压】 如图 8-14 所示，在变压器的一次绕组接入交流电源，则在一次绕组中就有交流电流流过，交变电流将在铁心中产生交变磁通，这个变化的磁通经过闭合磁路同时穿过一次绕组和二次绕组，可认为穿过一、二次绕组的交变磁通相同，因而这两个绕组中的每匝线圈所产生的感应电动势相等。设一次绕组的匝数为 N_1，二次绕组的匝数是 N_2，穿过它们的磁通是 φ，那么，一、二次绕组中产生的感应电动势分别为

$$e_1 = -N_1\frac{\Delta\varphi}{\Delta t};\ e_2 = -N_2\frac{\Delta\varphi}{\Delta t}$$

由此可得电动势有效值与匝数的关系为

$$\frac{E_1}{E_2}=\frac{N_1}{N_2} \tag{8-1}$$

在一次绕组中，根据楞次定律，感应电动势 e_1 起着阻碍电流变化的作用，与加在一次绕组两端的电压 U_1 相平衡。一次绕组的电阻很小，如果略去不计，则有 $U_1\approx E_1$。二次绕组相当于一个电源，感应电动势 E_2 相当于电源的电动势。二次绕组的电阻也很小，略去不计，二次绕组就相当于无内阻的电源，因而二次绕组两端的电压 U_2 等于感应电动势 E_2，即 $U_2\approx E_2$，因此得到

$$\frac{U_1}{U_2}\approx\frac{E_1}{E_2}=\frac{N_1}{N_2}=k \tag{8-2}$$

式中，k 称为变压比。

可见，变压器一、二次绕组的端电压之比等于一、二次绕组的匝数比。当 $k>1$ 时，$U_1>U_2$，为降压变压器；$k<1$ 时，$U_1<U_2$，为升压变压器。改变 k 值就可获得不同的 U_2，从而达到电压变换的目的。

【变换交流电流】 由上面的分析知道，变压器能从电网中获得能量，并通过电磁感应进行电压变换后，再把电能输送给负载。根据能量守恒定律，在不计变压器内部损耗的情况下，变压器输出的功率和它从电网中获得的功率相等，即 $P_1=P_2$。根据交流电功率的公式 $P=UI\cos\varphi$ 可得

$$U_1I_1\cos\varphi_1=U_2I_2\cos\varphi_2$$

式中，$\cos\varphi_1$ 是一次绕组电路的功率因数；$\cos\varphi_2$ 是二次绕组电路的功率因数；φ_1 和 φ_2 通常相差很小，在实际计算中可以认为它们相等，因而得到：

$$U_1I_1\approx U_2I_2 \tag{8-3}$$

即

$$\frac{I_1}{I_2}\approx\frac{N_2}{N_1}=\frac{1}{k}$$

可见：变压器工作时，一、二次绕组中的电流跟绕组的匝数成反比。变压器的高压绕组匝数多而通过的电流小，可用较细的导线绕制；低压绕组匝数少而通过的电流大，应当用较粗的导线绕制。

练一练

判别变压器一次、二次绕组

在专业人员的指导下，选取一个电源变压器，如图 8-15 所示，用万用表测量各接线端之间电阻值，因为家用电器电源变压器通常为降压变压器，所以测得电阻值小的一组是二次绕组，电阻值大的一组为一次绕组。如电阻为无穷大，说明两个接线端不属于同一个绕组。

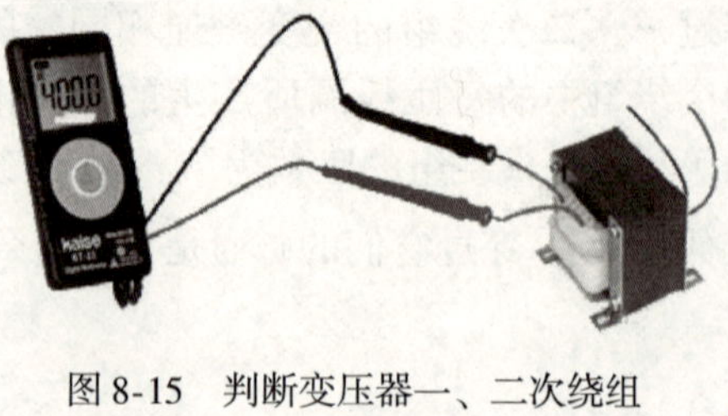

图 8-15　判断变压器一、二次绕组

8.2.4　变压器的参数

1. 额定值

生产厂商所拟定的变压器满负荷运行情况叫做额定运行，额定运行的条件叫变压器的额定值。这些额定值都会标在变压器的铭牌上。

【额定容量 S_N】 表示在额定使用条件下变压器的输出能力，用视在功率表示。

【额定电压 U_{1N}和 U_{2N}】

a）一次绕组的额定电压 U_{1N}：加在一次绕组上的正常工作电压值。

b）二次绕组额定电压 U_{2N}：变压器空载时，一次绕组加上额定电压后，二次绕组两端的电压值。

【额定电流 I_{1N}和 I_{2N}】 指根据变压器允许发热的条件而规定的满载电流值。变压器的额定电流值取决于变压器的构造和所用材料，使用变压器时一般不能超过其额定电流值。

2. 损耗

变压器的损耗包括铁损 P_{Fe}（变压器铁心中的磁滞损耗和涡流损耗称为铁损耗）和铜损 P_{Cu}（线圈导线电阻通电产生的损耗），即

$$P = P_{Fe} + P_{Cu} \tag{8-4}$$

3. 效率

变压器的效率也就是变压器的输出功率 P_2与输入功率 P_1的百分比，即

$$\eta = \frac{P_2}{P_1} \times 100\% \tag{8-5}$$

提示

变压器的效率较高，大容量变压器的效率可达到 98% ~99%，小容量变压器的效率约为 70% ~80%。

4. 变压器的外特性

变压器的外特性是指变压器的一次电压 U_1 和负载功率因数 $\cos\varphi$ 都一定时，二次电压 U_2 随二次电流 I_2 变化的关系，一般用电压变化率 $\Delta U\%$ 表示，其定义为变压器空载时二次端电压 U_{2N}和有载时二次端电压 U_2之差与 U_{2N}的百分比，即

$$\Delta U\% = \frac{U_{2N} - U_2}{U_{2N}} \times 100\% \tag{8-6}$$

提示

电压变化率是变压器的主要性能指标之一，人们总希望电压变化率越小越好。对于电力变压器，一般在 5% 左右。

小知识

电焊机

电焊机外形如图 8-16 所示，它是靠电弧放电的热量来融化焊条和金属以达到焊接金属的目的，实际上是一种特殊的降压变压器。电焊变压器是通过降低焊接电压（一般为 25～30V），来获得较大的焊接电流（50～500A），从而产生很强的电弧放电。

图 8-16　电焊机外形

想一想

如何识别一台标识为 220V/28V 的电源变压器，哪两根线是 220V 电源进线？

实践活动

寻找变压器

每组 3～5 人，在专业人员的指导下，寻找我们周围能见到的各种变压器，观察并记录，了解它们的外形、使用场合及作用。

8.3　交流电动机

话题引入

电动机是一种将电能转换成机械能的电磁装置，其工作原理基于电磁感应定律。交流电动机是目前使用最多的一类电动机，其中三相笼型异步电动机由于结构简单、价格低廉、坚固耐用、使用维护方便，在工业、农业及其它各个领域中都获得了广泛的使用。

8.3.1　三相笼型异步电动机的结构

三相笼型异步电动机外形如图 8-17 所示，其结构如图 8-18 所示，主要由定子（固定部分）和转子（旋转部分）两部分组成。

图 8-17　三相笼型异步电动机外形

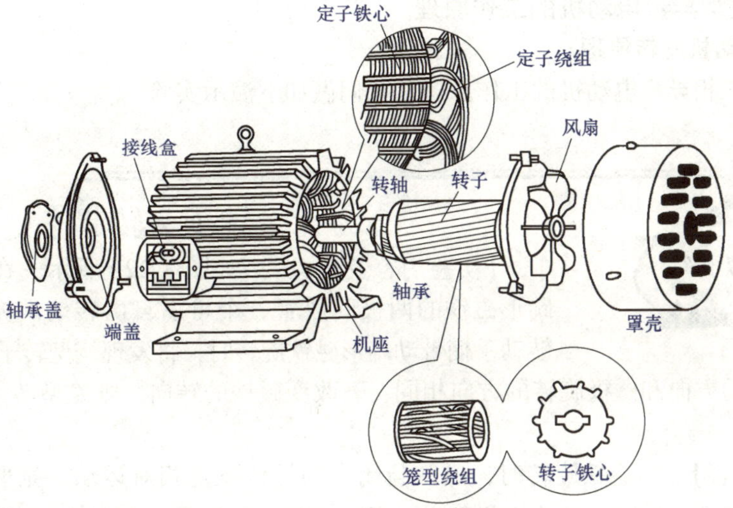

图8-18 三相笼型异步电动机的结构

【定子】 由定子铁心、定子绕组和机座三部分组成。定子铁心是电动机磁通的通路，外形如图8-19所示，槽内嵌放三相定子绕组。定子绕组中通入三相交流电，为电动机产生旋转磁场。三相绕组的结构完全对称且独立绝缘，每相绕组有两个引出线端，一个叫首端，分别标为U1，V1，W1；另一个叫末端，分别标为U2，V2，W2，如图8-20所示，定子三相绕组的6个出线端都引至接线盒内，根据需要接成星形（Y）或三角形（△）。

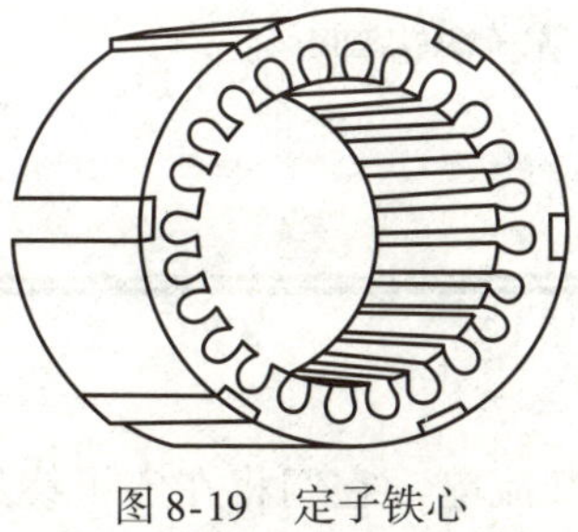

图8-19 定子铁心

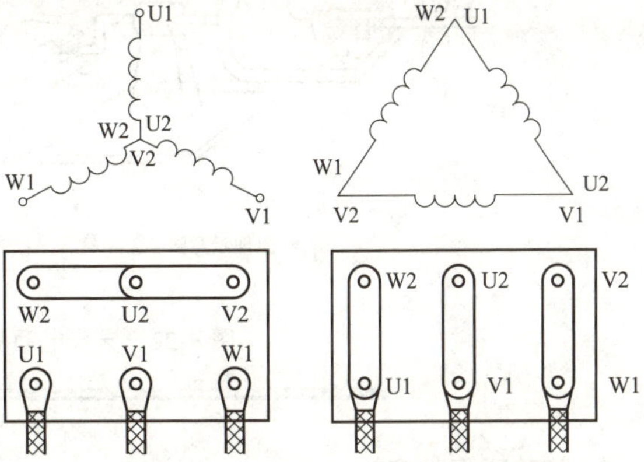

a) 星形联结　　b) 三角形联结

图8-20 三相异步电动机的定子绕组连接

机座通常为铸铁件，作用是固定定子铁心和绕组，并通过两侧的端盖和轴承来支承转子，同时可保护整台电动机的电磁部分和散热。

【转子】 由转子铁心、转子绕组和转轴三部分组成，其中，转子绕组用来切割定子旋转磁场，产生感应电动势，其外形如图8-21所示，形状酷似鼠笼，笼型异步电动机因此得名。

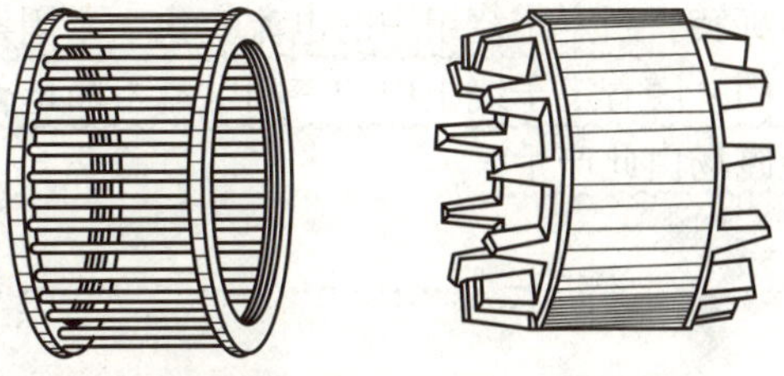

a) 铜排转子　　b) 铸铝转子

图8-21 笼型转子

8.3.2　三相笼型异步电动机的工作原理

1. 模拟电动机旋转原理

为了说明三相异步电动机的工作原理，我们做如下演示实验。

课堂实验

为什么转子会转起来

【实验内容及现象】　如图 8-22a 所示，在装有手柄的蹄形磁铁的两极间放置一个可以自由转动的笼型转子，当转动手柄带动蹄形磁铁旋转时，将发现笼型转子也跟着旋转，且转子转动的方向和磁极旋转的方向相同；若改变磁铁的转向，则笼型转子的转向也跟着改变。

【现象解释】　当磁铁旋转时，磁铁与闭合的导体发生相对运动，笼型转子切割磁力线而在其内部产生感应电动势和感应电流，如图 8-22b 所示。感应电流又使导体受到一个电磁力的作用，于是笼型转子就沿磁铁的旋转方向转动起来，这就是异步电动机的基本原理。

【结论】　欲使异步电动机旋转，必须有旋转的磁场和闭合的转子绕组。

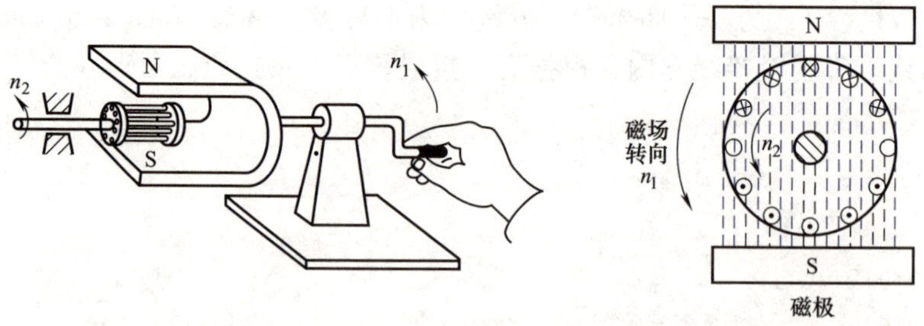

a) 原理示意图　　b) 转子旋转原理图

图 8-22　异步电动机工作原理图

2. 旋转磁场的产生

在定子三相绕组中分别通入三相等幅、互差 120°电角度的交流电，它们将在定子绕组中分别产生相应的磁场，并最终合成一个随电流变化的合成磁场。该磁场的方向按顺时针方向旋转，当定子绕组中的电流变化一个周期时，合成磁场也按电流的相序方向在空间旋转了一周。随着定子绕组中的三相电流不断地作周期性变化，产生的合成磁场也不断地旋转，旋转磁场由此产生。

提示

要改变电动机的转向，只要将三根电源线中的任意两根对调即可。

3. 转子旋转原理

由本节“课堂实验”可知：定子绕组中通入三相正弦交流电就会产生旋转磁场，于是静止的转子绕组与旋转磁场之间就有了相对运动，转子导体切割旋转磁场的磁力线，就产生感应电动势。因为转子绕组是闭合的，所以转子绕组中便有电流流过。转子绕组中的电流一旦产生，立即受到旋转磁场的电磁力的作用，于是转子在电磁转矩的作用下，沿着旋转磁场的方向转起来。

8.3.3　三相笼型异步电动机的参数

每台电动机的机座上都装有一块铭牌，如图 8-23 所示。铭牌上标注有该电动机的主要性能和技术数据，这是选择、安装、使用和修理三相异步电动机的重要依据。

三相异步电动机

型 号	Y132M-4	额定功率	7.5kW	额定频率	50Hz
额定电压	380V	额定电流	15.4A	接 法	△
额定转速	1440r/min	绝缘等级	E	定 额	连续
温 升	80℃	防护等级	IP44	重 量	55kg

年　　月　　编号　　　　××电机厂

图 8-23　三相异步电动机的铭牌

【型号】　Y 为电动机的系列代号，132 为基座至输出转轴的中心高度（mm）M 为机座类别（L 为长机座，M 为中机座，S 为短机座），4 为磁极数。

【额定功率】　指电动机在规定的环境温度下，在额定运行时电极转轴上输出的机械功率值。

【额定电压】　指电动机在额定运行时定子绕组上应加的线电压值。一般规定电动机的电压不应高于或低于额定值的 5%。

【额定电流】　指电动机在额定电源电压下，输出额定功率时，流入定子绕组的线电流。

【额定频率】　指电动机所接的交流电源每秒钟内周期变化的次数，我国规定标准电源频率为 50Hz。

【额定转速】　指电动机在额定工作情况下运行时每分钟的转速。

【绝缘等级】　指电动机绕组所用绝缘材料按它的允许耐热程度规定的等级，这些级别为：A 级，105℃；E 级，120℃；B 级，130℃；F 级，155℃；E 级，180℃。

【接法】　三相电动机定子绕组的连接方法有星形（Y）和三角形（△）两种。

【防护等级】　表示三相电动机外壳的防护等级，其中 IP 是防护等级标志符号，其后面的两位数字分别表示电动机防固体和防水的能力。

【定额】　分连续、短时、断续三种：连续是指电动机连续不断的输出额定功率而温升不超过铭牌允许值；短时表明电动机不能连续使用，只能在规定的较短时间内输出额定功率；断续表示电动机只能短时输出额定功率，但可多次断续重复起动和运行。

提示

在选择电动机时，除看铭牌外，还要关注一个重要性能指标——机械特性。电动机的机械特性是指电动机的转速与电磁转矩之间的关系，有软特性和硬特性两种。所谓“硬”的机械特性，是指当负载转矩在一定范围内变换时，转速的变化很小。反之，所谓机械特性很“软”，是指在负载转矩变化时引起的转速变化较大。三相交流异步电动机具有较硬的机械特性。

实践活动

分析三相电动机铭牌参数

每组3～5人，在专业人员的指导下，选取某一生产机械的三相异步电动机，读取电动机铭牌参数并记录，分析电动机的相关参数。

小知识

电动机迎来节能风潮

节能减排在中国已成风潮，电动机系统的用电量约占全国用电量的60%，节能空间巨大。我国电动机系统装备由于设计、选型匹配不尽合理等原因，其能源利用效率约比国外低20%以上，每年约有6成的电动机在低于设计额定负荷60%的负荷状态下运行，导致高达30%的电能被浪费掉。因此，电动机节能已被国家相关部门列为“十一五”十大节能工程之一，其目标是到2010年将中小型电动机的效率从87%提升到90%～92%。

8.4 常用低压电器

话题引入

凡是对电能的生产、输送、分配和使用起控制、调节、检测、转换及保护作用的电工器械均可称为电器。工作在交流1000V或直流1200V及以下电路中的电器都属于低压电器。

8.4.1 熔断器

【外形及符号】 熔断器外形及图形符号如图8-24所示，文字符号用FU表示。

【用途】 熔断器是一种使用广泛的过载和短路保护电器，其主体是用低熔点金属丝或

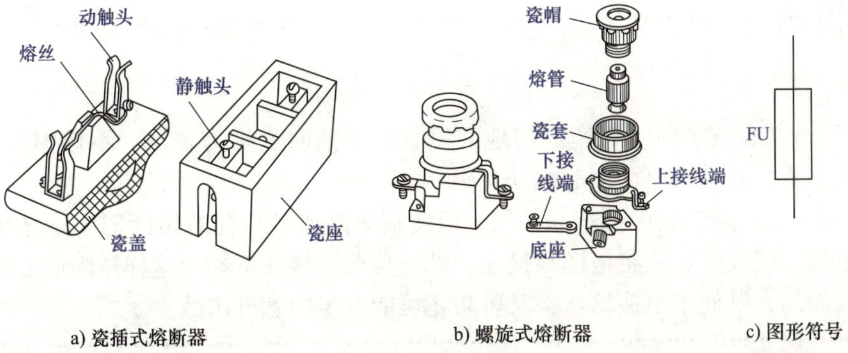

图 8-24　熔断器

金属薄片制成的熔体，串联在被保护的电路中。它是根据电流的热效应原理工作的，在正常情况下，熔体相当于一根导线；当发生短路或过载时，电流很大，熔体因过热会迅速熔化，从而在设备和线路被损坏前分断电路而起到保护作用。

提示

选择熔断器时注意事项

1）对于电炉和照明等电阻性负载，熔断器可用作过载保护和短路保护，熔体的额定电流应稍大于或等于负载的额定电流。

2）电动机的起动电流很大，熔体的额定电流应考虑起动时熔体不能断而选得较大，因此对电动机只宜用作短路保护而不能用作过载保护。熔体的额定电流应不小于电动机额定电流的 1.5 ~2.5 倍。

8.4.2　电源开关

1. 刀开关

【外形及符号】　常用的刀开关有开启式负荷开关，又叫胶盖闸刀开关，外形如图 8-25a 所示，是一种手动电器，其文字符号为 QS，图形符号如图8-25b所示。

【用途】　这种开关结构简单，价格低廉，安装、使用、维修方便，广泛用作照明电路和小容量（5.5kW 及以下）动力电路不频繁起动的控制开关。

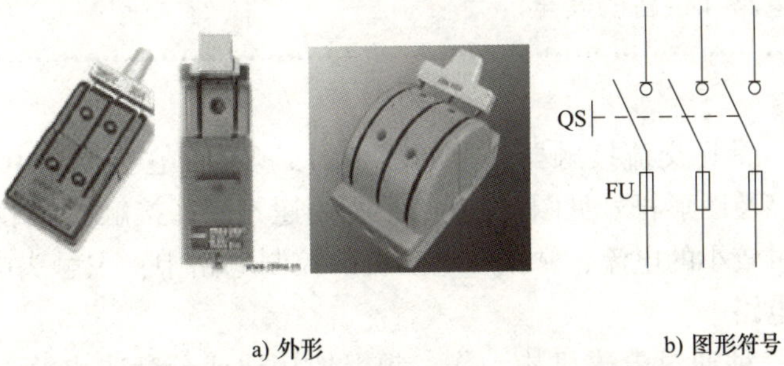

图 8-25　开启式负荷开关

提示

使用开关注意事项

1）刀开关在安装时，底座应与地面垂直，手柄向上推为合闸，不得倒装或平装，以避免由于重力自动下落而引起误动合闸。

2）刀开关一般与熔断器串联使用，以便在短路或过负荷时熔断器中熔体熔断，自动切断电源。接线时，应将电源线接在上端，负载线接在下端，这样拉闸后刀开关的刀片与电源隔离，既便于更换熔丝，又可防止可能发生的意外事故。

2. 转换开关

【外形及符号】 转换开关又名组合开关，外形如图 8-26a 所示，其内部包含三对静触片、三对动触片，通过转动手柄，即可完成三组触片（点）之间的开合或切换。它的文字及图形符号如图 8-26b 所示。

【用途】 转换开关也属于手动控制电器，可作为电源引入开关，或作为 5.5kW 以下电动机的直接起动、停止、反转和调速等。

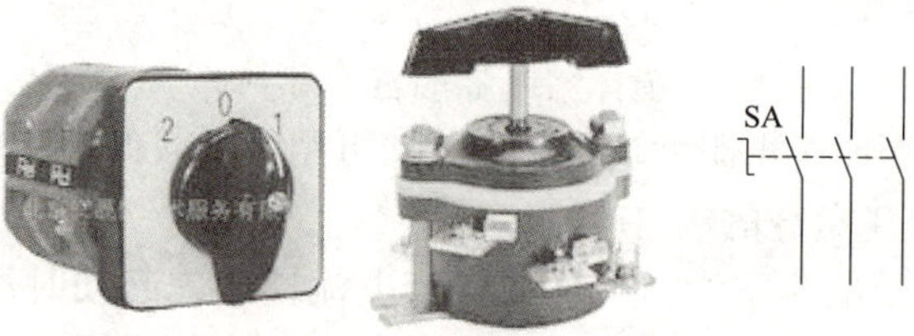

a) 外形　　b) 图形符号

图 8-26　转换开关

提示

使用转换开关注意事项

转换开关本身不带过载和短路保护装置，在它所控制的电路中，必须另外加装保护装置，才能确保电路和设备的安全。

8.4.3　交流接触器

【外形及符号】 常见交流接触器外形如图 8-27a 所示，它主要由电磁机构和触头系统两部分组成，其文字及图形符号见图 8-27b。根据用途不同，接触器的触头分主触头和辅助触头。辅助触头通过较小的电流，常接在电动机的控制电路中；主触头能通过较大的电流，常接在电动机的主电路中。

【作用】 它是一种通过电磁机构动作，频繁地接通或分断主电路的远距离操纵电器，广泛应用于电动机控制、电热设备、小型发电机、电焊机和机床电路上。

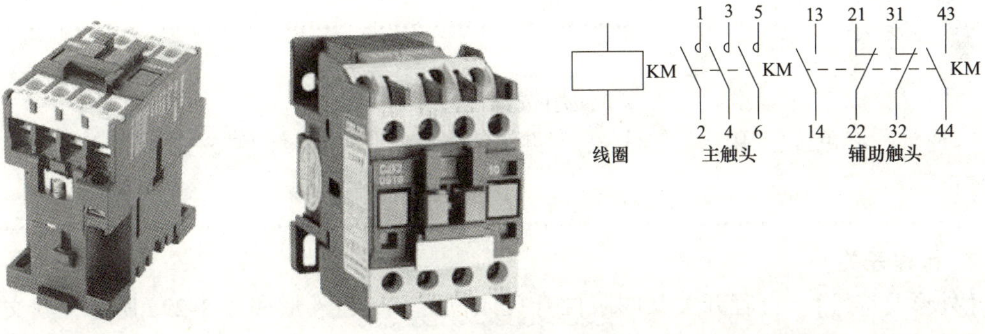

a) 外形　　b) 图形符号

图 8-27　常见交流接触器

提示

使用接触器注意事项

交流接触器线圈电压必须与控制电源电压一致，常用的电压有交流 110V、220V、380V 等。交流接触器主触头额定电流应大于被控制电路的最大工作电流。

8.4.4　主令电器

主令电器是指在电气自动控制系统中用来发出信号指令的电器。它的信号指令将通过继电器、接触器和其它电器的动作，接通和分断被控制电路，以实现对电动机和其它生产机械的远距离控制。目前在生产实际中应用最广的主令电器有按钮和行程开关等。

1. 按钮

【外形及符号】　按钮又叫按钮开关或控制按钮，其外形如图 8-28a 所示，它主要由按钮帽、复位弹簧、动断（常闭）触点、动合（常开）触点等组成，其文字及图形符号如图 8-28b 所示。

a) 外形　　b) 图形符号

图 8-28　常见按钮

【用途】　按钮是一种手动且一般可以自动复位的电器。它只能短时接通或分断 5A 以下的小电流电路，向其它电器发出指令性的电信号，控制其它电器动作，不能直接用它控制主电路的通断。

提示

使用按钮注意事项

通常，红色按钮用于“停止”、“断电”或“事故”，绿色按钮用于“起动”或“通电”。

2. 行程开关

【外形及符号】 行程开关又叫限位开关或位置开关，外形如图 8-29a 所示，其文字及图形符号如图 8-29b 所示。

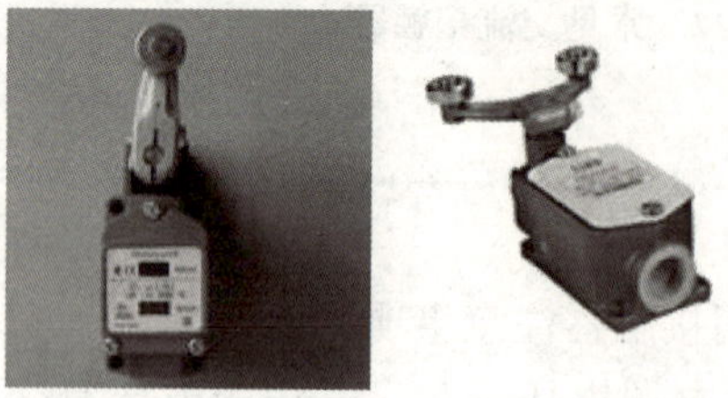

a) 外形

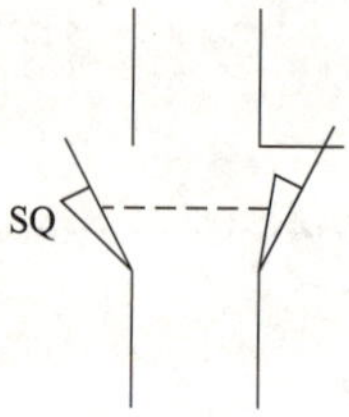

b) 图形符号

图 8-29 行程开关

【作用】 行程开关是靠生产机械的某些运动部件与它的传动部位发生碰撞，令其内部触头动作，分断或切换电路，从而限制生产机械行程、位置或改变其运动状态，指令生产机械停车、反转或变速等。

练一练

按钮触头的测试

如图 8-30 所示，将万用表转换开关置于蜂鸣器档，用红、黑表笔测试按钮的任意两个触头。如果按钮未动作时，蜂鸣器响；而按下按钮时，蜂鸣器不响，则该对触头为按钮的常闭触头；反之，则为常开触头。如果前后两次，蜂鸣器都不响，表明这两个触头不是一组。

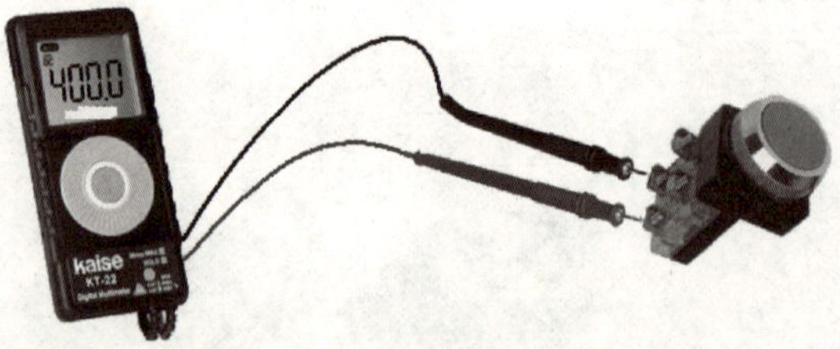

图 8-30 按钮触头测试

8.4.5 热继电器

【外形及符号】 热继电器外形如图 8-31a 所示，文字与图形符号如图 8-31b 所示。目前使用最普遍的是双金属片式热继电器。电动机正常运行时，热继电器不会动作。当电动机发生过载且电流超过一定值时，热继电器内两种膨胀系数不同且粘在一起的金属片由于热效应，向膨胀系数小的一侧弯曲，由弯曲产生的位移带动其触头动作，从而控制电路切断电动机的工作电源。

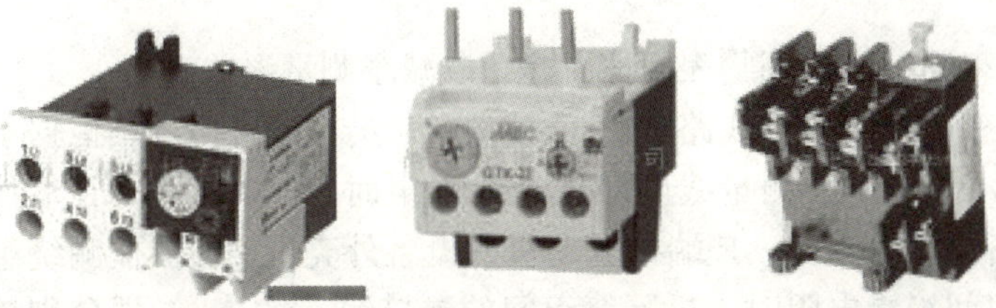

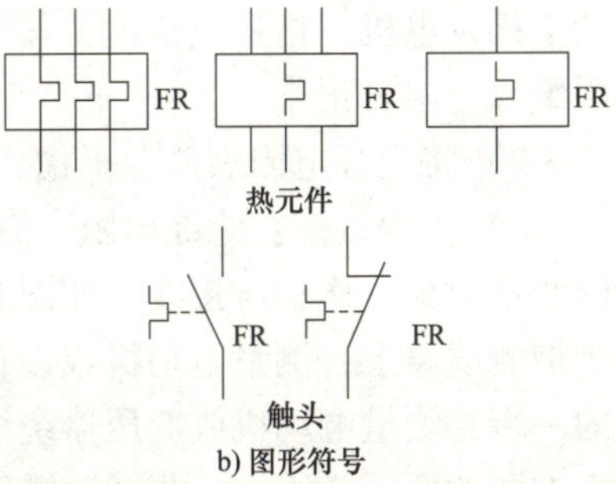

图 8-31　常见热继电器

【作用】 对连续运行的电动机和其它用电设备进行过载保护，以防止电动机因过热而烧毁的控制电器。

提示

通过调节旋钮使热继电器的工作电流等于或略大于电动机的实际工作电流。选择过小会造成电路频繁跳闸；选择过大则起不到“过载保护”作用。

* 技 能 训 练

技能训练指导 8-1　绝缘电阻表的使用

绝缘电阻表又称兆欧表或摇表，外形如图 8-32 所示，是一种高值电阻测量仪表。一般用来检验电气设备和器材的电气绝缘程度。

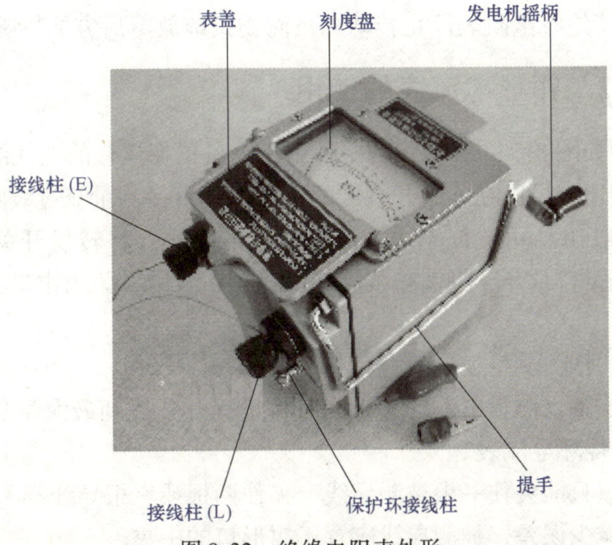

图 8-32　绝缘电阻表外形

绝缘电阻表的使用方法：

1）绝缘电阻表使用前首先进行开路、短路实验。在绝缘电阻表不接任何被测物时，转动手摇发电机，指针应指向“∞”；当瞬间短路“L”和“E”端子时，指针指向“0”，说明绝缘电阻表正常。

2）将绝缘电阻表放置平稳、牢固，将被测物表面擦干净，以减小测量误差。

3）正确接线：绝缘电阻表有三个接线柱：线路（L）、接地（E）、屏蔽（G）。根据不同测量对象，作相应接线，如图8-33所示。测量线路对地绝缘电阻时，E端接地，L端接于被测线路上；测量电动机或设备绝缘电阻时，E端接电动机或设备外壳，L端接被测绕组的一端；测量电动机或变压器绕组间绝缘电阻时先拆除绕组间的连接线，将E、L端分别接于被测的两相绕组上；测量电缆绝缘电阻时E端接电缆外表皮（铅套）上，L端接线芯，G端接芯线最外层绝缘层上。

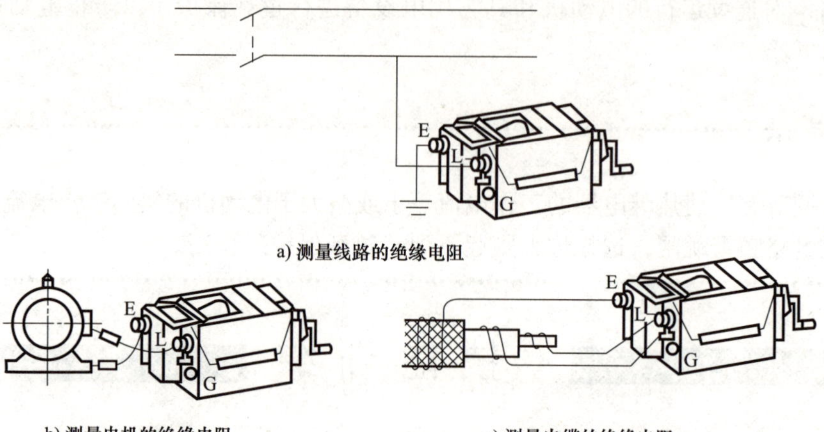

a) 测量线路的绝缘电阻

b) 测量电机的绝缘电阻

c) 测量电缆的绝缘电阻

图8-33　绝缘电阻表的接法

4）依顺时针方向由慢到快摇动手柄，直到转速达120r/min左右，应保持手柄的转速均匀、稳定，一般转动1min，待指针稳定后读数。

5）测量完毕，待绝缘电阻表停止转动和被测物接地放电后方能拆除连接导线。

技能训练指导8-2　钳形电流表的使用

钳形电流表外形如图8-34a所示，是一种用于测量正在运行的电气线路中交流电流大小的仪表。与万用表相比，可以在不断开电源的情况下，直接测量流过线路的电流。

使用时，如图8-34b所示，首先估计被测电流的大小，将转换开关调至需要的测量档位；然后握住手柄使钳口张开，将被测载流导线置于钳口中，关闭钳口，直接从屏幕上读出被测电流值即可。

使用钳形电流表时要注意：

1）使用时如无法估计测量电流的大小，应将量程开关拨到最大量程档上，再逐步降低到合适的量程，以免烧坏电流表。

2）测量时，钳口只能夹住一根被测导线，夹住两根或三根导线都不能正确检测电流。

3）测量时，为减少误差，被测导线应置于钳形口的中央。

a) 外形

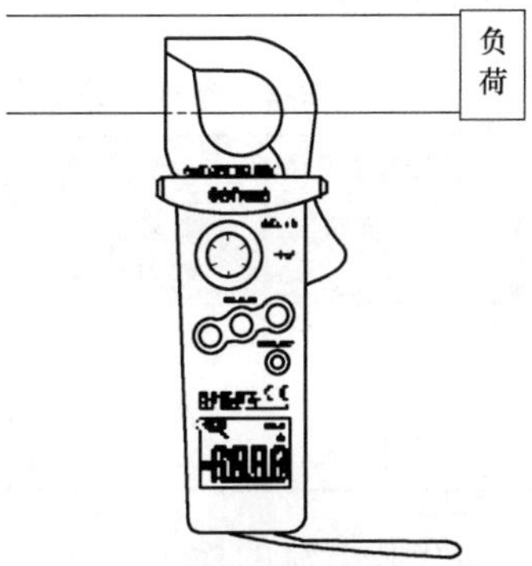

b) 使用方法

图 8-34　钳形电流表外形和使用方法

4）为提高测量精度，在条件允许的情况下，可将被测导线多绕几圈，再放入钳口进行测量。此时实际电流应是仪表读数除以放入钳口中的导线圈数。

技能训练项目 8-1　三相异步电动机测试及试运行

【实训目标】

1）会测试三相异步电动机绕组间及绕组对地（机座）的绝缘电阻。

2）学会测试三相异步电动机的起动电流和空载电流。

【实训器材】

通用电工工具一套、三相交流电源一台、三相笼型交流异步电动机一台、万用表一块、钳形电流表一块、绝缘电阻表一块。

【实训内容及步骤】

1）电动机绕组直流电阻的检测：用万用表测量电动机各绕组直流电阻值的大小，将所测得值记入表 8-1。

表 8-1　电动机绕组直流电阻检测记录

万用表型号规格	测试结果/Ω		
	U 相绕组	V 相绕组	W 相绕组

2）电动机绝缘电阻的检测：打开电动机接线盒，取下定子绕组接线盒中的绕组连接片，如图 8-35 所示，用绝缘电阻表分别测量电动机各绕组对地（绕组对机座）和各绕组之

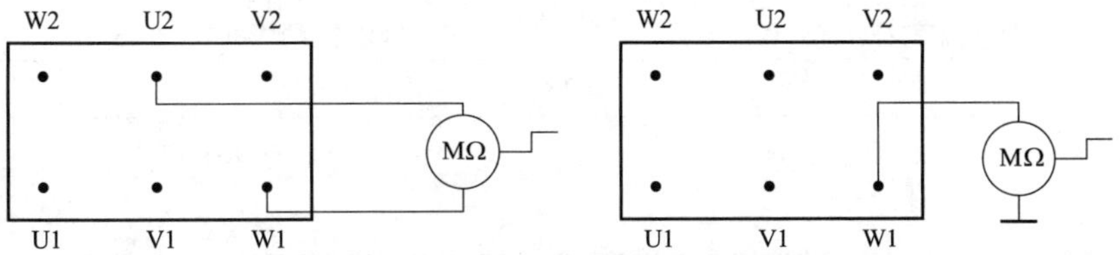

图 8-35　用绝缘电阻表测量电动机的绝缘性能

间的绝缘电阻，将结果记入表 8-2 中。

表 8-2　电动机绝缘电阻检测记录

绝缘电阻表型号规格	对地绝缘电阻/MΩ			绕组间绝缘电阻/MΩ		
	U 相绕组对地	V 相绕组对地	W 相绕组对地	U 相绕组与 V 相绕组	U 相绕组与 W 相绕组	V 相绕组与 W 相绕组

3）电动机起动电流和空载电流的检测：根据实验电动机铭牌数据和电源电压，确定电动机定子绕组采用的连接方式，接好定子绕组。按图 8-36 连接线路，合上电源开关 QS，在起动电动机时用钳形电流表测量起动电流，待电动机转速稳定后，再用钳形电流表测量电动机每相的空载电流，并将结果记录在表 8-3 中。

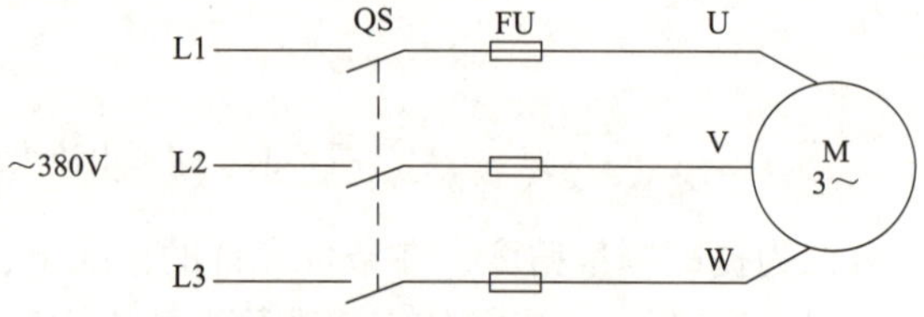

图 8-36　三相异步电动机直接起动电路

表 8-3　电动机起动电流和空载电流的检测记录

起动电流	空载电流		
I/A	I_U/A	I_V/A	I_W/A

【自评互评】

姓名			互评人		
项目	考核要求	配分	评分标准	自评分	互评分
实训电路的连接	1. 电路连接正确，器件布局合理。 2. 走线横平竖直、没有尖角 3. 导线连接处没有裸露部分	10	1. 电路连接错误一处，扣 2 分 2. 走线不合要求扣 2～3 分 3. 器件布局不合理扣 2 分		
仪器、仪表的选择和使用	仪器、仪表选择合理，使用正确	25	1. 仪器、仪表选择不合理，每处扣 2 分 2. 仪器、仪表使用不正确，每处扣 2 分		
绝缘电阻的测量	正确测量三相电动机绕组对地之间的绝缘电阻，各相绕组之间的绝缘电阻	25	测量结果错误，每处扣 5 分		
起动电流和空载电流的测量	正确测量三相电动机的起动电流和空载电流	30	测量结果错误，每处扣 10 分		
安全文明操作	工作台上工具排放整齐，严格遵守安全操作规程，符合“6S”管理要求	10	违反安全操作、工作台上脏乱、不符合“6S”管理要求，酌情扣 3～10 分		
合计		100			

学生交流改进总结：

教师签名：

【注意事项】

1）摇动绝缘电阻表时“L”和“E”端子有较高的直流电压，注意安全，以防触电。

2）绝缘电阻表测完绝缘电阻之后，不能马上拆线，必须放电，否则会影响人身安全。

3）一般 500V 以下的中小型电动机最低应具有 0.5MΩ 的绝缘电阻。无论是对地（机座）绝缘电阻还是相间绝缘电阻只要大于 0.5MΩ，电动机就可安全使用。

【思考与讨论】

1）三相笼型异步电动机从星形联结变换到三角形联结时，起动电流和空载电流将怎样变化？

2）三相笼型异步电动机三相绕组中，任意一相首尾端接反，会出现什么结果？

思考与练习

8-1　铁心是变压器的__________路部分，线圈是变压器的__________路部分。

8-2　三相异步电动机主要是由__________和__________组成。

8-3　一台 50Hz 的单相变压器，如接在直流电源上，其电压大小和铭牌电压一样，试问此时会出现什么现象？

8-4　一台理想变压器一次绕组匝数 $N_1=1200$ 匝，二次绕组的匝数是 $N_2=600$ 匝，若通过二次绕组中的电流是 $I_2=4\mathrm{A}$，求一次绕组中的电流 I_1？

8-5　试从物理意义上分析，若减少变压器一次侧线圈匝数（二次线圈匝数不变）二次线圈的电压将如何变化？

8-6　试解释下列铭牌。

三相异步电动机		
型号　Y132M-4	额定功率　7.5kW	额定频率　50Hz
额定电压　380V	额定电流　15.4A	接　　法　△
额定转速　1440r/min	绝缘等级　E	定　　额　连续
温　　升　80℃	防护等级　IP44	重　　量　55kg
年　月　编号	××电机厂	

8-7　试述熔断器的额定电流和熔体额定电流的不同之处。

8-8　热继电器在电路中主要起什么作用？

8-9　请在中国变压器网站查询（www.bianya.org）变压器有哪些主要部件，它的主要作用是什么？

第9章 三相异步电动机的基本控制电路

知识目标

1. 了解三相异步电动机直接起动控制电路的组成和工作原理
2. 了解三相异步电动机点动控制电路的组成和工作原理
3. 了解三相异步电动机连续控制电路的组成和工作原理
4. 了解三相异步电动机正、反转控制电路的组成和工作原理

技能目标

1. 会进行点动与连续运行控制电路配电板的配线及安装
2. 会进行接触器互锁正反转控制电路配电板的配线及安装

9.1 三相异步电动机的单向运转控制

话题引入

图9-1所示为一塔吊，相信大家都不陌生，几乎所有的建筑工地上都会出现它的身影。

图9-1 塔吊

塔吊可以提升和下放物体，可以吊着物体前后移动，并可以吊着物体做水平360°旋转，方便地把建筑材料运送到工地的任意地方。那么，塔吊的各种运动是怎么实现的呢？其实塔吊的动力来自电动机。塔吊的各种运动就是通过对电动机的各种控制来实现的。

9.1.1　直接起动控制电路

小容量电动机在对控制条件要求不高的场合，可以用开启式开关（胶盖闸刀开关）、封闭式负荷开关（铁壳开关）等简单控制装置直接起动，控制电路如图9-2所示，其工作原理如下：

【起动】　合上隔离开关QS→主电路接通→电动机M通电运转。

【停止】　断开隔离开关QS→主电路断开→电动机M断电停转。

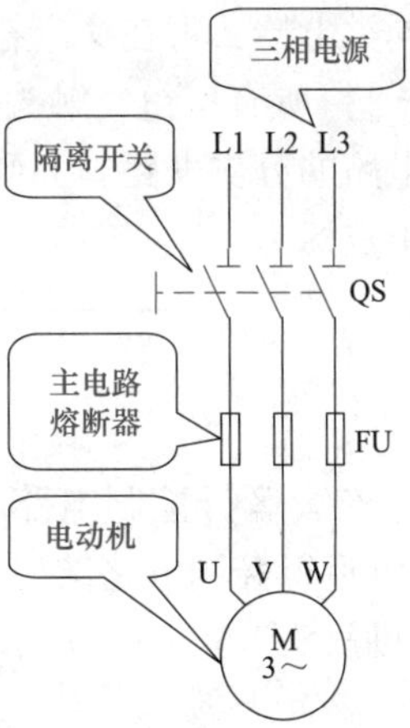

图9-2　直接起动控制电路

9.1.2　点动运行控制电路

点动运行控制电路结构如图9-3所示，其工作原理简述如下：

【起动】　按下动合按钮SB→控制电路通电→接触器线圈KM通电→接触器动合主触头KM闭合→主电路接通→电动机M运转。

【停止】　松开动合按钮SB→控制电路分断→接触器线圈KM断电→接触器动合主触头KM分断→主电路断开→电动机M停转。

可见，按下按钮，电动机运转；松开按钮，电动机停转，这种控制就叫点动控制，它能实现电动机短时转动，常用于家用食品搅拌器、机床的对刀调整和电动葫芦等场合。

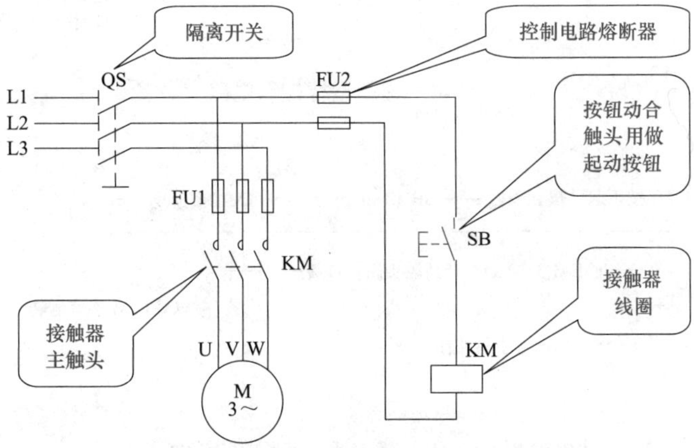

图9-3　点动运行控制电路

小知识

电气控制电路图的特点

1）电气控制电路可分为主电路和控制电路。主电路包括从电源到电动机的电路，是强电流通过的部分，一般画在原理图的左边。控制电路是通过弱电流的电路，一般由按钮、电器元件的线圈、接触器的辅助触头、继电器的触头等组成，画在原理图的右边。

2）同一电器元件的各部件可以不画在一起，但需用同一文字符号标出。若有多个同类电器，可在文字符号后加上数字序号，如KM1、KM2等。

3）所有按钮、触头（点）均按没有外力作用和没有通电时的原始状态画出。控制电路的分支电路，原则上按照动作先后顺序排列，两线交叉连接时的电气连接点须用黑点标出。

9.1.3 连续运行控制电路

连续运行控制电路结构如图9-4所示，与点动控制相比，就是多了停止按钮和起自锁作用的辅助触头KM（3-4）。该电路的工作原理如下。

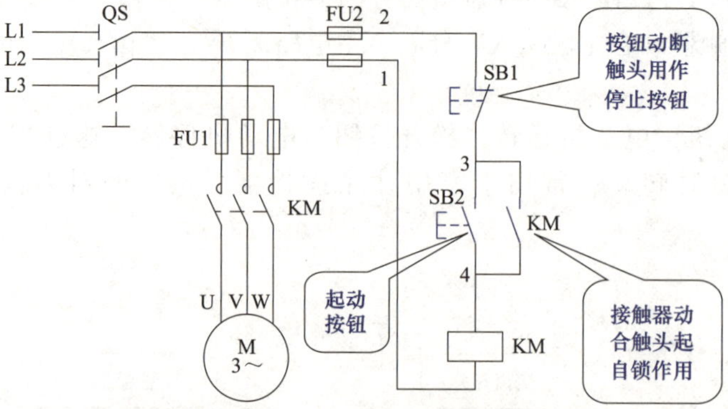

图9-4 连续运行控制电路

【起动过程】

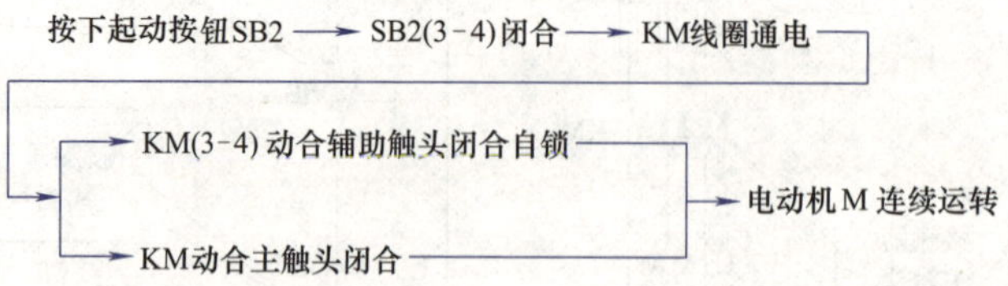

【停止过程】

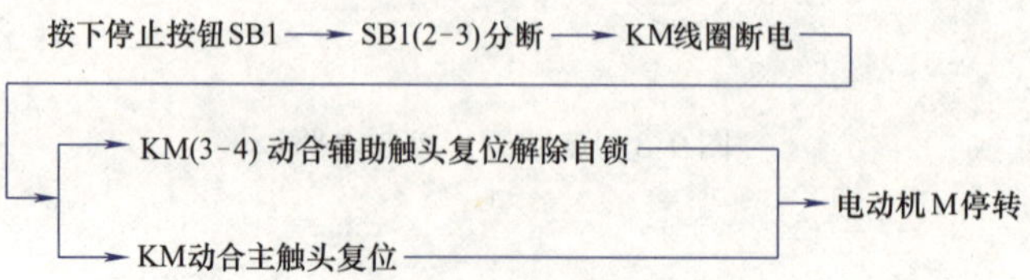

提示

该电路中，当起动按钮SB2松开后，接触器KM的线圈通过其动合触头KM（3-4）的闭合使电路仍继续保持通电，从而保证电动机的连续运转。这种控制方式称自锁或自保。起动自锁作用的辅助动合触头称自锁触头。

9.1.4 电动机的过载保护电路

电动机在运行中如果负载过重，频繁起动或频繁正、反转，电源缺相，都将使电动机绕组因通过电流增大而过热，导致线圈绝缘老化甚至烧毁电动机，因此需要在电路中加装专门的过载保护（又名过热保护）装置。在众多的过载保护装置中，应用最广的是热继电器，装有热继电器保护装置的电路如图9-5所示。

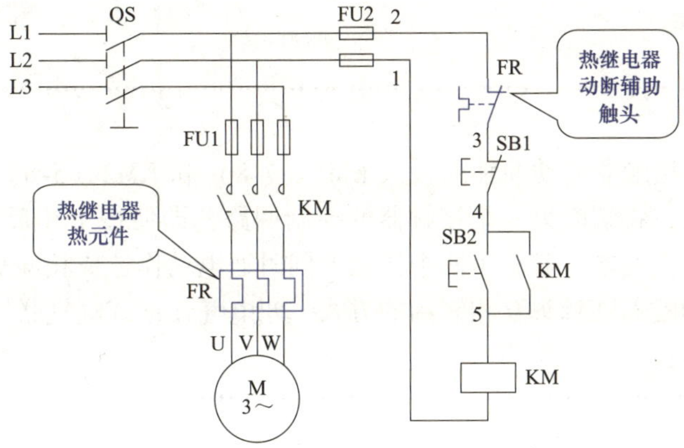

图9-5 带过载保护的连续运行控制电路

图中，热继电器FR的热元件串联在主电路中，它的动断触头FR(2-3)串联在控制电路中。电动机在运行过程中，由于过载或其它原因使电路供电电流超过允许值时，热元件因通过电流增大而温度升高，热继电器动作，串联在控制电路中的动断触头FR(2-3)分断，接触器线圈断电，释放主触头，切断主电路，使电动机停转，从而起到过载保护作用。

提示

由于热继电器的热惯性较大，即使热元件流过几倍于额定值的电流，热继电器也不会立即动作。因此电动机短时间过载时，热继电器不会动作，只有在电动机长期过载时，热继电器才会动作。

9.2 三相异步电动机的正、反转控制

话题引入

在生产实际中，不少生产机械，例如吊车、刨床等都需要上下、左右等两个方向的运动，这就要求拖动它的电动机必须能实现正、反转控制。对于三相异步电动机来说，要改变电动机的转向只要将电动机三根电源线中的任意两根对调（改变电源相序）即可实现电动机的反转，本节介绍电动机的正反转控制电路。

【电路结构】 如图 9-6 所示，电路由两个同型号、同规格的接触器 KM1 和 KM2 构成正、反转控制装置，其中接触器 KM1 为正转接触器，控制电动机 M 正转；接触器 KM2 为反转接触器，控制电动机 M 反转。在控制电路中有正转起动按钮 SB2、反转起动按钮 SB3 和一个停止按钮 SB1。

提示

在图 9-6 中，接触器的动断辅助触头 KM1（7-8）和 KM2（5-6）保证了其中任何一个接触器通电后，将切断另一个接触器的控制回路，即使按下相反方向的起动按钮，另一个接触器也无法通电，避免了两个接触器同时通电动作造成相间短路故障。这种利用两个接触器的动断辅助触头互相制约的方式，叫电气互锁或电气联锁，起互锁作用的动断触头叫互锁触头。

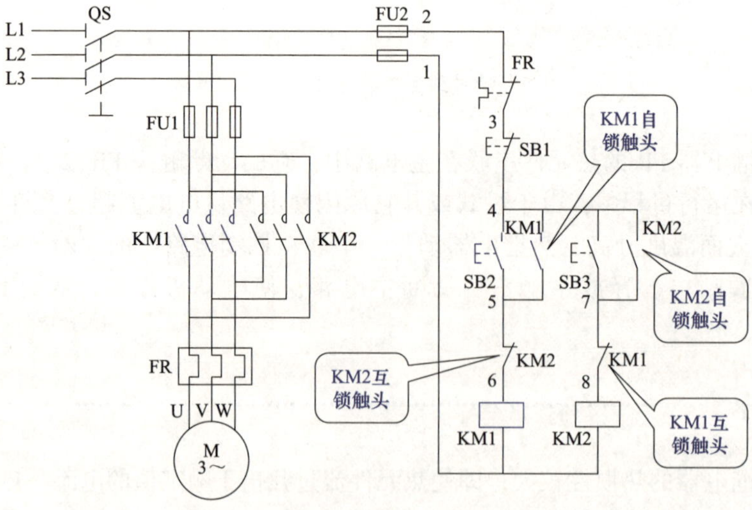

图 9-6 接触器互锁正反转控制电路

【工作原理】

a）正转：

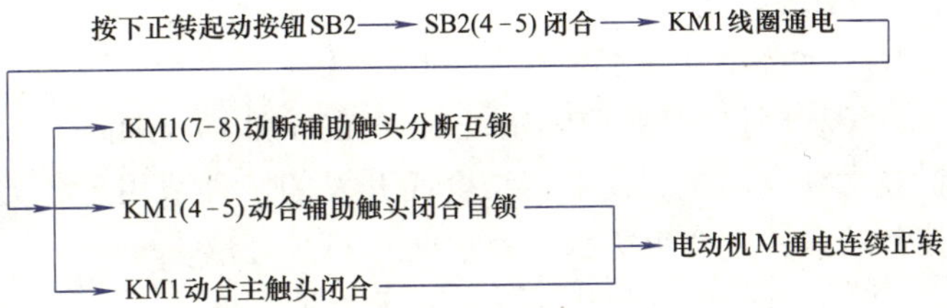

b）停止：

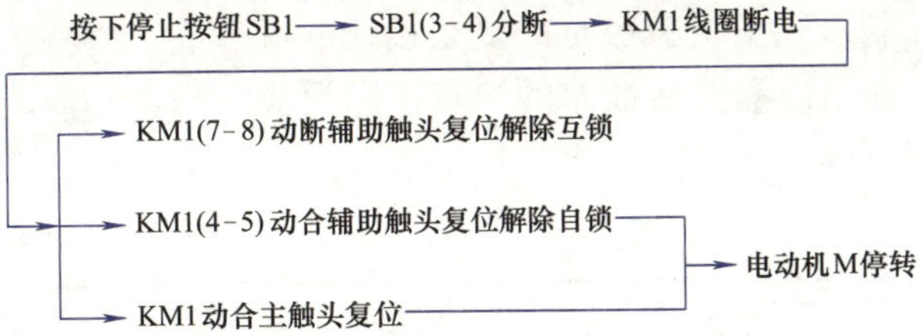

c）反转：

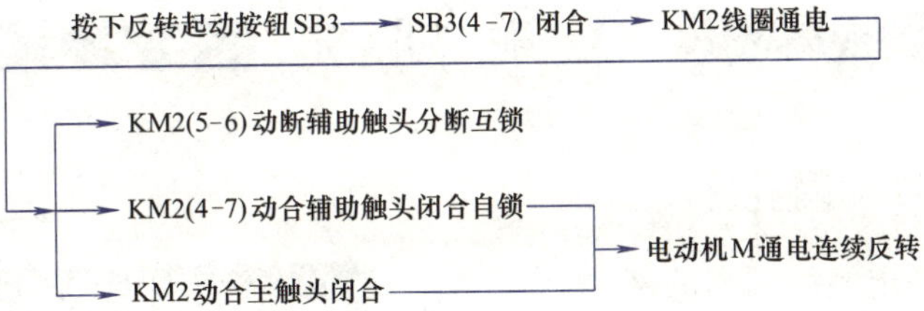

提示

该电路只能实现“正→停→反”或者“反→停→正”控制，即若电动机处于正转状态要反转时必须先按停止按钮 SB3，再按反转起动按钮 SB2，方可使电动机反转。

想一想

生活中哪些电器产品中有电动机，它们工作时是点动、连续还是正反转运转？

练一练

试着设计一个点动和连续结合的控制电路，使电动机既能实现点动运行又能实现连续运行。

小知识

PLC

可编程序控制器（Programmable Logical Controller）简称PLC，是计算机技术和自动控制技术相结合而开发的一种适用于各类工业环境的自动控制装置，图9-7所示即为常见的PLC外形。在PLC出现之前，要制作一个自动化系统，一般要使用成百上千个继电器，而现在，只要在PLC模块基础上进行简单的编程就可以实现同样的功能。PLC克服了继电—接触器控制系统中机械触点的复杂接线、可靠性低、功耗高、通用性和灵活性差的缺点，广泛应用于现代工业控制领域。

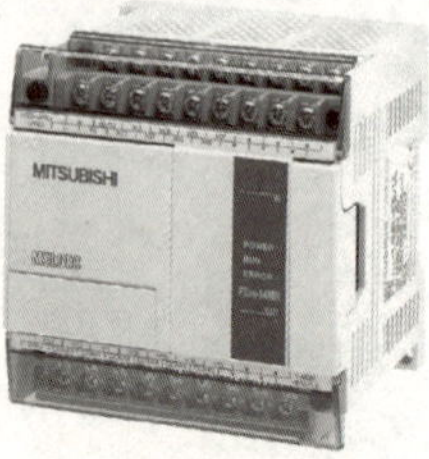

图9-7　PLC外形

技能训练

技能训练指导9-1　网孔板

网孔板是由按一定规律排列的网孔组成的常用低压电器安装板，如图9-8所示。

实训时，根据实训内容选择所需要的各种元件、器件和部件，按照电气原理图在网孔板上布局并安装，完成电路连接，实现电路功能。实训课结束后将所有的元件、器件和部件从网孔板上拆下，集中保管，为下次实训做准备。

使用网孔板的实训场所，可以进行不同课程，多个项目的教学和实训，方便灵活，经济实用。

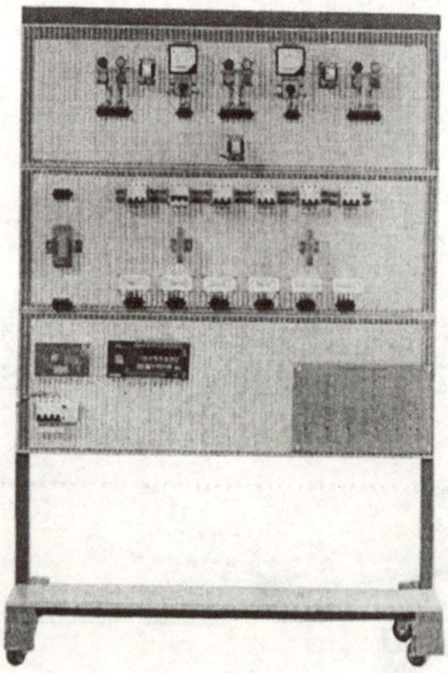
图9-8　网孔板

技能训练项目9-1　三相异步电动机点动、连续及正反转运转控制电路的配线及安装

【实训目标】

1）会进行电动机单向点动和连续运转控制电路的配线及安装。

2）会进行电动机正、反转运转控制电路的配线及安装。

【实训器材】

常用电工工具，一套；万用表，一块；导线，若干；低压断路器，一个；按钮，三个；交流接触器两个、热继电器一个、三相异步电动机一台等。

【实训内容及步骤】

1）三相异步电动机点动运转控制电路的配线及安装。

按照图9-3所示电路结构，完成电路的连接，安装布线图如图9-9所示。检查无误并由指导教师允许后，合上开关QS通电试行，观察电动机运行情况：按下按钮SB，电动机运转，松手后电动机停止转动，实现点动运转控制。

2）三相异步电动机连续运转控制电路的配线及安装。

按照图9-5所示电路结构，完成电路的连接，安装布线图如图9-10所示。检查无误并由指导教师允许后，合上开关QS通电试行，观察电动机运行情况：按下按钮SB2，电动机运转，松手后电动机继续运转，只有按下按钮SB1电动机才停止运转，实现连续运转控制。

3）三相异步电动机正反运转控制电路的配线及安装。

按照图9-6所示电路结构，完成电路的连接，安装布线图如图9-11所示。检查无误并由指导教师检查允许后，合上开关QS通电试行，观察电动机运行情况：按下按钮SB2电动机正向运转，按下按钮SB1电动机停转，再按下按钮SB3电动机反转。

【注意事项】

1）每个元件的安装位置应整齐、匀称、间距合理、便于布线及元件的更换。

2）走线横平竖直、整齐合理、分布均匀，变换走向时应垂直。

3）紧固各元件时要用力均匀，紧固程度要适当，接点不得松动。

4）在进行电气接线时要保证电源开关是断开的。

5）控制电路试运行过程中，如发现故障应立即断开电源，分析故障原因，排除故障后再送电运行。

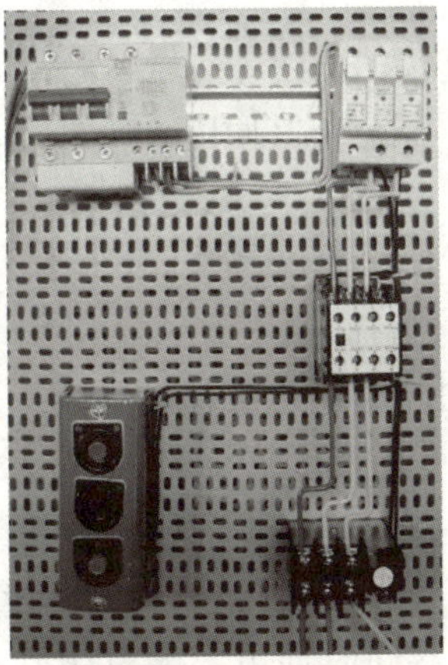

图9-9　点动运行控制电路布线图

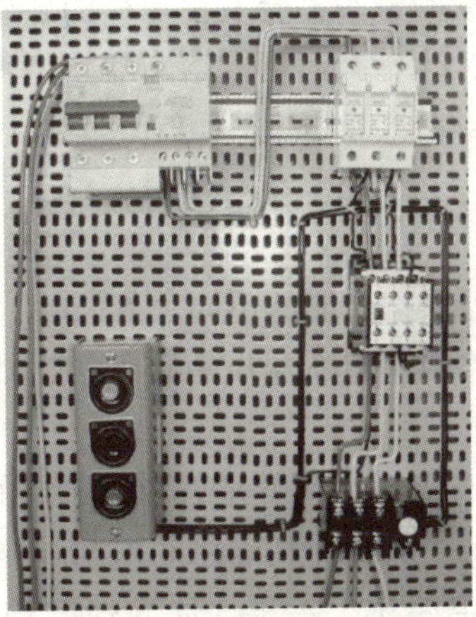

图9-10　连续运转控制电路布线图

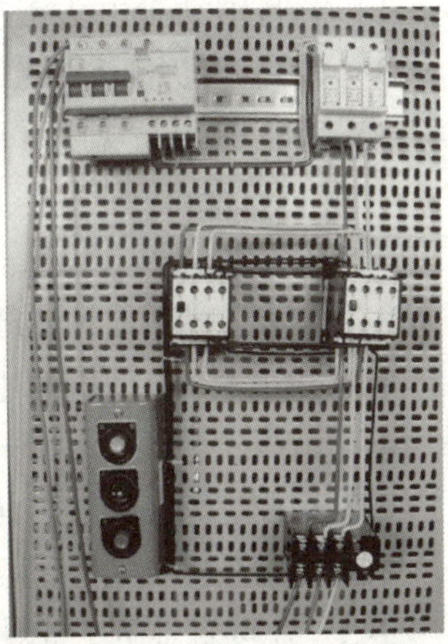

图9-11　正、反转控制电路布线图

【自评互评】

姓名			互评人		
项目	考核要求	配分	评分标准	自评分	互评分
仪器、仪表的选择和使用	仪器、仪表选择合理，使用正确	10	仪器、仪表选择、使用不正确，每处扣2分		
实训电路的连接	1. 电路连接正确，器件布局合理。 2. 走线横平竖直、没有尖角 3. 导线连接处没有裸漏部分	20	1. 电路连接错误，每处扣2分 2. 走线不合要求扣2~5分 3. 器件布局不合理扣2~5分 4. 导线连接处有裸漏部分，每处扣1分		
点动控制	电动机点动运转功能正常	10	电动机不能实现点动运转控制，酌情扣5~10分		
连续控制	电动机连续运转功能正常	20	电动机不能实现连续运转控制，酌情扣10~20分		
正反转控制	电动机的正反转控制功能正常	30	电动机不能实现正、反转控制，酌情扣10~30分		
安全文明操作	工作台上工具排放整齐严格遵守安全操作规程符合“6S”管理要求	10	违反安全操作、工作台上脏乱、不符合“6S”管理要求，酌情扣3~10分		
合计		100			

学生交流改进总结：

教师签名：

【思考与讨论】

1）若自锁动合触头错接成动断触头，会发生怎样的现象？

2）线路中已用了热继电器，为什么还要装熔断器？是否重复？

3）实验中如发现按下正（或反）转按钮，电动机转向不变，试分析其原因。

思考与练习

9-1　说明熔断器和热继电器保护功能的不同之处。

9-2　在交流电动机的主电路中用熔断器作短路保护，能否同时起到过载保护作用？为什么？

9-3　试述“自锁”、“互锁”的含义，并举例说明各自的作用。

9-4　简述电动机按钮互锁正、反转控制电路的控制过程。

9-5　在接触器正反转控制电路中，若正、反向控制的接触器同时通电，会发生什么现象？

9-6　分析图9-12中各控制电路按正常操作时会出现什么现象？若不能正常工作加以改进。

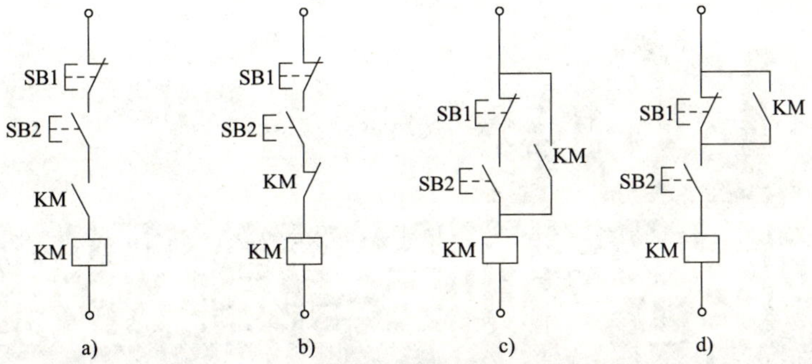

图 9-12　题 9-6 图

9-7　图 9-13 为两台三相异步电动机同时起停和单独起停的单向运转控制电路。(1) 说明各文字符号所表示的元器件名称。(2) 说明 QS 在电路中的作用。(3) 简述该电路工作原理。

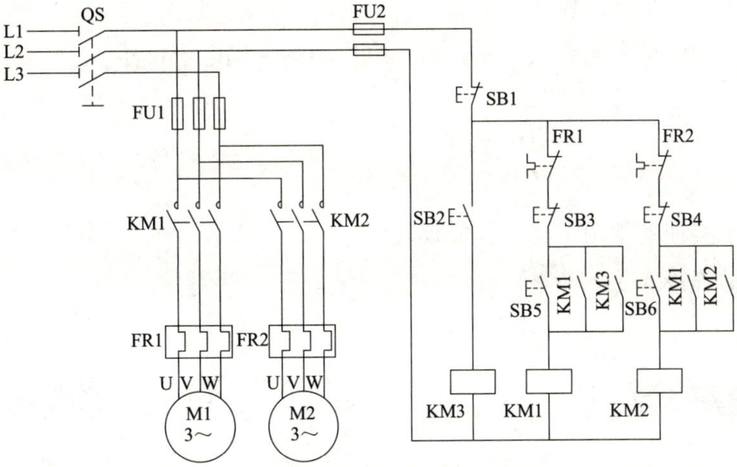

图 9-13　题 9-7 图

第10章 认识电子实训室与基本技能训练

知识目标

1. 了解电子实训室的组成及功能
2. 了解焊接工具和材料的使用
3. 了解低压电源、信号发生器、示波器和毫伏表等常用电子仪器

技能目标

1. 能识别电子实训室常用工具及仪器仪表
2. 掌握基本的焊接要领

10.1 电子实训室简介

话题引入

每个学校都有自己的电子实训室，其设备配置不尽相同，但基本配置大同小异，主要包括：实训台、交流电源、直流电源、万用表、示波器、函数信号发生器、交流毫伏表、工具及原材料等。

图10-1所示为一个可供近三十人同时进行实训教学的电子技能实训室，每台实训装置大致可分为：金属活动框架、实训电源台、实验元件盒等三大部分。

1. 主要功能特性

一般能按照模拟与数字电路模块的教学与实验实训要求，完成电子元器件识别与检测、电路板焊接、电子产品装配、电子产品调试、PCB板图的设计等实训项目。

2. 主要技术参数

【实训电源台】 由两路相互独立、对称的实验电源和仪表组成，可同时满足两人在同一实训台上完成不同的实训内容，便于实训考核，装置采用单相电源供电，并配有带漏电保护的断路器、熔断器以确保使用安全。

图 10-1　电子技能实训室

【实训电源每路配置】　一组可调的直流电源 0～24V/2A，并带有过载、短路软保护功能；一组 3～24V 交流电源，可分档调节，带过载、短路保护；一组 ±5V、±12V 开关稳压直流电源；一只数字电压表（DC 30V），一块数字电流表（DC 2000mA）；多路单相电源插座，可以供扩展设备、仪表时使用。

3. 电子实训室安全操作规程

1）学生实训前必须做好准备工作，按规定时间进入实训室，到达指定的工位，未经同意，不得私自调换。

2）不得穿拖鞋以及携带食物进入实训室，不得在室内喧哗、打闹、随意走动，未经允许，不得动用实训设备。

3）室内的任何电器设备，未经验电，一般视为有电，不准用手触及，任何接、拆线都必须切断电源后方可进行。

4）设备使用前要认真检查，如发现不安全情况，应停止使用并立即报告老师，以便及时采取措施；电器设备安装检修后，须经检验后方可使用。

5）实践操作时，思想要高度集中，操作内容必须符合教学内容，不准做任何与实训无关的事。

6）要爱护实训工具、仪表、电子电气设备和公共财物，凡在实训过程中损坏仪器设备者，应主动说明原因并接受检查，填写报废单或损坏情况报告表。

7）保持实训室整洁，每次实训后要清理工作场所，做好设备清洁和日常维护工作。

10.2　焊接与拆焊技术

话题引入

图 10-2 所示为技术人员在修理电脑主板。在修理过程中，技术人员一般都要使用电子

仪器先检查电路，之后根据检查结果更换元件。下面我们就来学习在电子产品的装配及维修中最基本的焊接与拆焊技术。

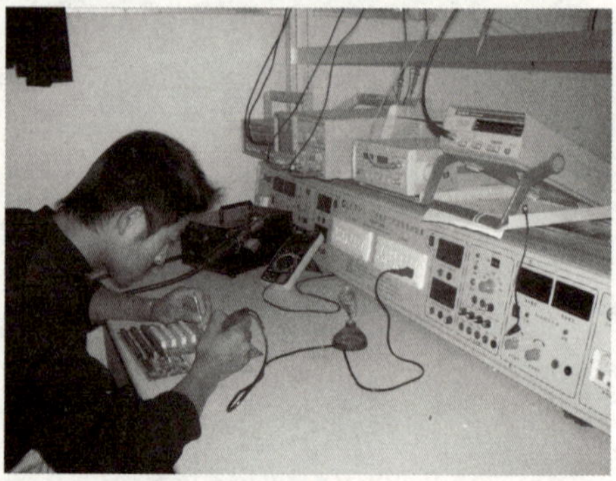

图 10-2　技术人员在维修电脑主板

现代焊接技术有手工烙铁焊、浸焊、波峰焊和再流焊等，其中最基本的就是手工烙铁焊。

1. 焊料与焊剂

【焊料】 焊料作用就像胶水一样，能将元器件固定粘在电路板上，一般采用称为共晶焊锡的锡铅合金，如图 10-3 所示。此种焊料具有熔点低、流动性好、对元器件和导线的附着力强、机械强度高、导电性好、不易氧化、抗腐蚀性好、焊点光亮美观等特点。

【焊剂】 焊剂即助焊剂，对焊接起辅助作用，通常是以松香为主要成分的混合物，如图 10-4 所示。在焊接温度下，焊剂可增强焊料的流动性，并具有良好的去表面氧化层的特性。

图 10-3　焊锡丝

图 10-4　助焊剂

提示

通常我们使用的焊料是含松香芯（助焊剂）的焊锡丝，所以在使用时不需要另外涂抹助焊剂。

2. 焊接工具

焊接加热工具较多，最常见、最方便的手工焊接加热工具是电烙铁。电烙铁的种类很多，从结构上可分为内热式和外热式两种，外形如图 10-5 所示。从容量上分，有 20W、25W、

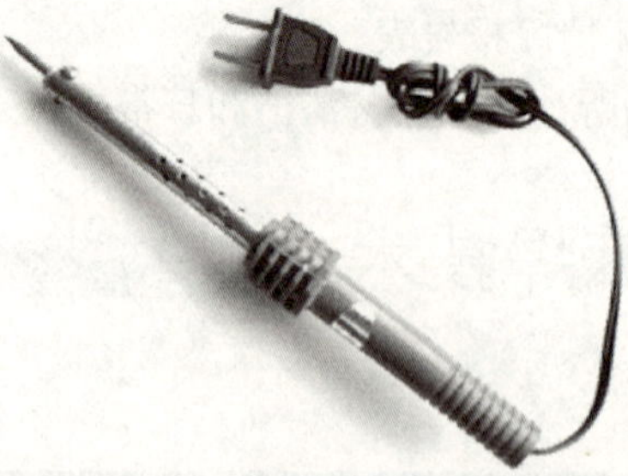

a) 内热式

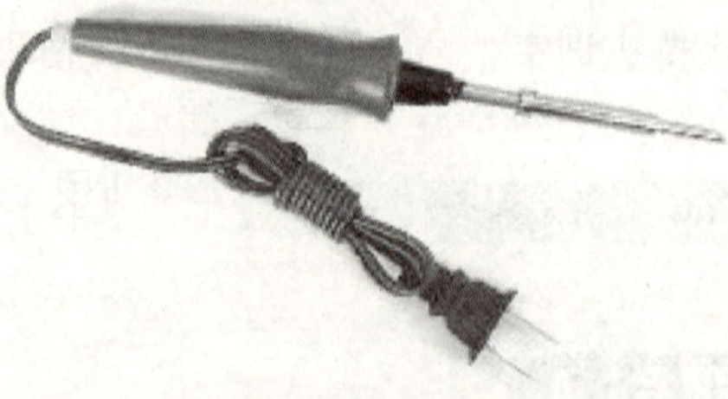

b) 外热式

图 10-5　电烙铁

35W、45W、75W、100W 以至 500W 等多种规格。根据电烙铁的功能又可分为恒温式、调温式、双温式、带吸锡功能式及无绳式等。

提示

焊接时可根据焊接对象来选择电烙铁的类型和功率。电烙铁的功率越大，使焊料和元器件达到焊接温度所需的时间越短，通常选用 25 ~ 30W 内热式电烙铁；当焊接体积较大的元器件时，应选用功率较大的外热式电烙铁。

3. 焊接技术

【烙铁拿法】 如图 10-6 所示，电烙铁有三种握法：反握法、正握法和握笔法，其中握笔法操作灵活方便，被广泛使用。

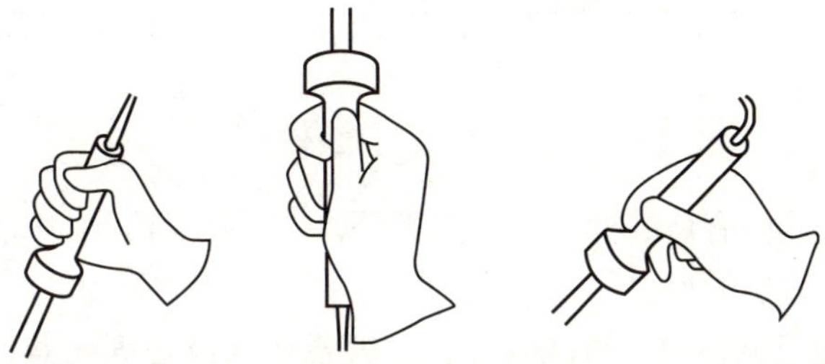

a) 反握法　　b) 正握法　　c) 握笔法

图 10-6　电烙铁的拿法

【焊接方法】 电烙铁焊接通常采用如图 10-7 所示的五工步施焊法。

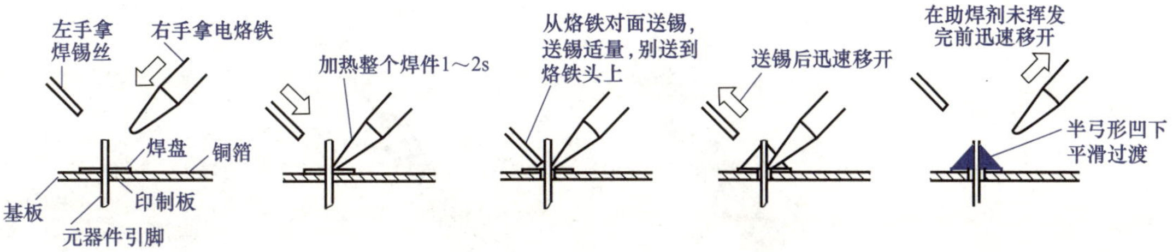

a) 准备　　b) 加热　　c) 送焊锡　　d) 移开焊料　　e) 移开烙铁

图 10-7　五工步施焊法

提示

1）烙铁头与焊料分居于被焊工件两侧。

2）加热时烙铁头不要向焊件施加压力或随意挪动。

3）注意：送锡量要适中，不要把焊锡丝送到烙铁头上。

4）焊完移去焊料后，迅速移去烙铁，否则将留下不良焊点。

小知识

波 峰 焊

波峰焊是一种适用于大批量焊接单面印刷电路板的自动焊接技术，波峰焊技术是将熔融的液态焊料，借助离心泵的作用，在焊料槽液面形成特定形状的焊料波。当由传送装置送来的待焊接 PCB 板经过焊锡槽时，PCB 板与焊料在特定的角度和一定的浸入深度的情况下与焊料波峰接触，而实现焊点焊接的过程，图 10-8 所示为工厂中使用的波峰焊机。

图 10-8 波峰焊机

4. 拆焊技术

拆焊方法较多，常用的有烙铁拆焊、吸锡器拆焊、专业工具拆焊和热风工作台拆焊等，这里只介绍烙铁拆焊和吸锡器拆焊。

【烙铁拆焊】 用电烙铁拆焊电阻、电容、二极管和三极管等元器件时，只要在电烙铁熔化一个焊点的同时，用镊子从电路板反面将元器件的该引脚拉出即可。

【吸锡器拆焊】 吸锡器是专门用于拆焊的工具，分不带发热器件的吸锡器和自带发热器件的吸锡器（吸锡电烙铁）两种，外形如图 10-9 所示。方法都是先加热需拆焊的焊点，待焊点上锡熔化，将吸锡嘴套入需拆焊元器件引脚，按吸锡按钮，利用瞬时强大的吸力将熔化的锡吸走。

a) 不带发热器件

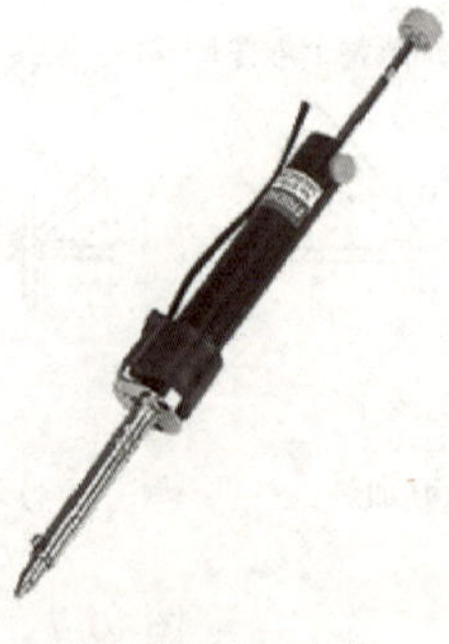

b) 带发热器件

图 10-9 吸锡器

想一想

你见过有人使用电烙铁吗？他们在干什么？

练一练

准备好电烙铁和焊锡丝，再准备些细铁丝或铜丝，用电烙铁将铁丝或铜丝焊接成立方体或其它形状，练习一下焊接技术。

小知识

无铅焊接

铅（Pb），是一种有毒的金属，对人体有害，并且对自然环境有很大的破坏性，出于环境保护的需要，特别是 ISO 14000 质量认证体系的导入，世界大多数国家开始禁止在焊接材料中使用含铅的成分，比如欧美国家在 2006 年 7 月 1 日起全面实行电子产品无铅化，禁止生产或销售使用有铅材料焊接的电子生产设备。中国也同样在 2006 年 7 月 1 日起要求投放市场的国家重点监管目录内的电子产品不能含有铅的成分，即实行无铅焊接（Leadfree）。

无铅焊接所用的焊料是一些合金混合物，其熔点比传统焊锡（62% 锡 + 38% 铅）高。

10.3　常用电子仪器

话题引入

电子仪器是电子技术实验及电子产品设计与维修中不可或缺的工具，下面我们就了解几种常用的电子仪器。

1. 函数信号发生器

函数信号发生器又称为信号源，主要用来产生一个频率（0.2Hz ~ 2MHz）与幅度均可调的电压信号，如正弦波、方波、三角波、脉冲波、单次脉冲或 TTL 电平等。常见函数信号发生器外形如图 10-10 所示，具体使用方法见第 13 章技能训练。

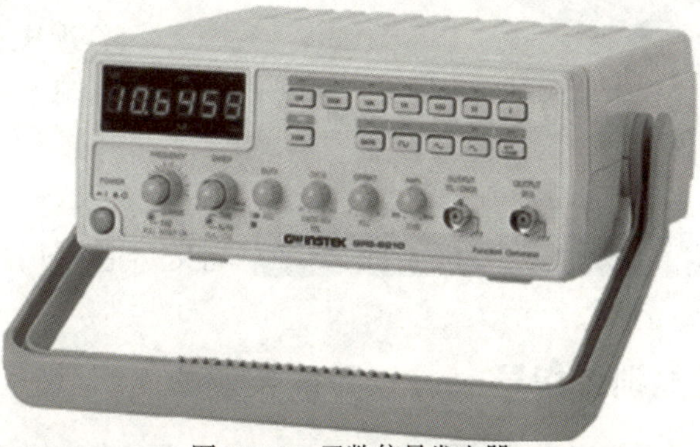

图 10-10　函数信号发生器

2. 示波器

示波器是一种用途广泛的电子测量仪器，能直接显示电信号的波形，主要用于观察电信号随时间变化的波形，定量测量波形的幅度、周期、频率、相位等参数。常见示波器外观如图 10-11 所示，具体使用方法见第 12 章技能训练。

3. 毫伏表

毫伏表是一种交流电压表，它具有灵敏度高，测量频率范围宽以及输入阻抗高等特点，主要用于测量频率范围在 20Hz ~ 1MHz、电压范围在 100μV ~ 300V 的正弦交流电压有效值及交流电压放大器的增益。常见毫伏表外形如图 10-12 所示，具体使用方法详见第 13 章技能训练。

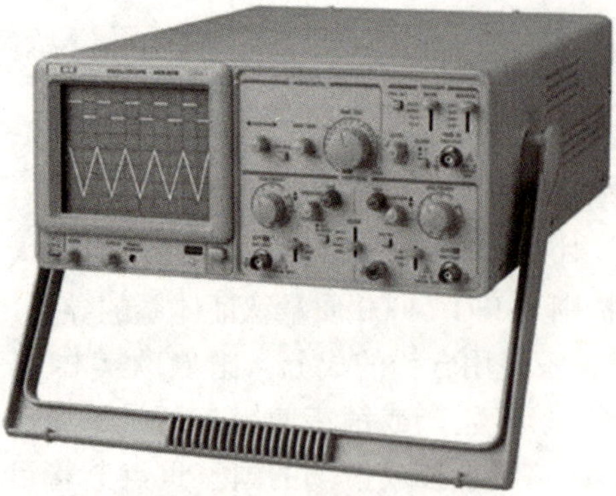

图 10-11　双轨迹示波器

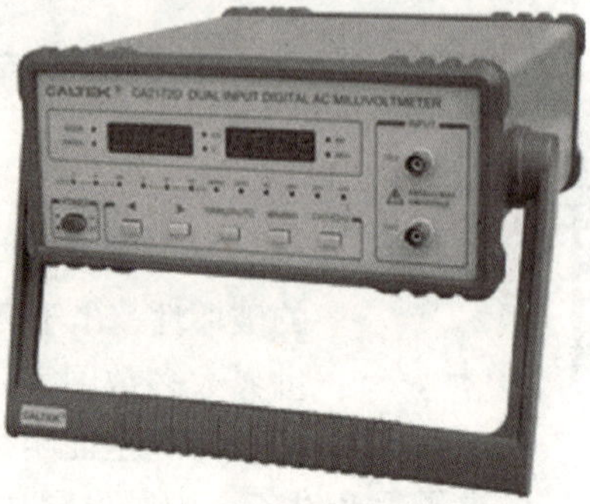

图 10-12　毫伏表

提示

毫伏表的刻度表示的是正弦有效值，对于非正弦信号电压有效值，如三角波、方波电压，读数要作修正。

想一想

毫伏表与万用表都可以测电压，那么它们一样吗？

实践活动

参观电子产品生产企业

在专业人员的指导下参观电子产品生产企业，了解电子产品的生产过程及各种工具、仪器仪表。

技 能 训 练

技能训练指导 10-1　万能实验板

万能实验板如图 10-13 所示，主要用来做一些简单的电子电路。在万能实验板上布满了用来插装和焊接电子元器件的小孔，孔与孔之间采用标准孔距（2.54mm），集成电路可直接插入焊接，且孔与孔之间是绝缘的。

万能实验板有正、反两面。正面又叫安装面，用来进行电路布局和插装电子元器件，如图 10-13a 所示；反面又叫焊接面，在焊接面上，每个孔都带有焊盘，用来固定电子元器件和进行电路连接，如图 10-13b 所示。

a) 安装面

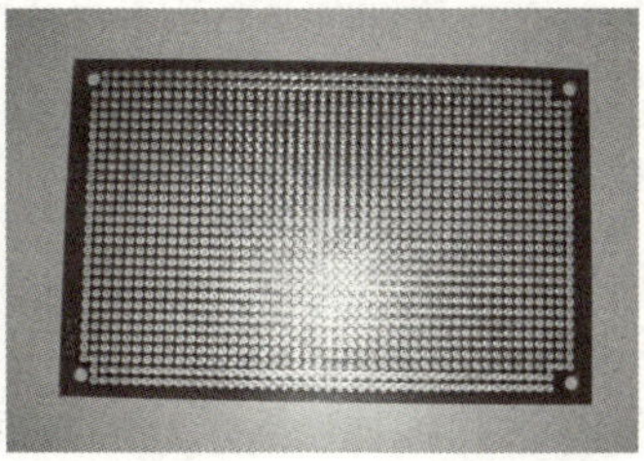

b) 焊接面

图 10-13　万能实验板外形

技能训练指导 10-2　电烙铁的使用及焊接要求

【电烙铁使用注意事项】

a）新电烙铁使用前要对烙铁头搪锡，具体方法是：先用砂布（纸）或锉刀除去烙铁头表面氧化层，再将烙铁加热到刚熔化焊锡时，蘸上助焊剂，然后将焊锡丝放在烙铁头上给烙铁头均匀地镀上锡，这样烙铁头就不易被氧化。在使用中，应使烙铁头保持清洁。

b）用海绵来收集锡渣和锡珠及氧化物，其湿度以用手捏刚好不出水为宜。

c）电烙铁不宜长时间通电而不使用，这样容易使烙铁芯加速氧化烧断，缩短其寿命，同时也会使烙铁头因长时间加热而氧化，甚至被“烧死”不再“吃锡”。

【焊接注意事项】

a）焊接前应观察各个焊点（铜皮）是否光洁、氧化等，如果有杂物要用毛刷清理干净再进行焊接，如有氧化现象要加适量的助焊剂，以增加焊接强度。

b）在焊接元器件时，要看准焊接点，以免线路焊接不良引起短路。

c）在焊接后要认真检查元器件焊接状态，周围焊点是否有残锡、锡珠、锡渣等。

【对焊接点的基本要求】

a）焊点要有足够的机械强度，保证被焊件在受振动或冲击时不致脱落、松动。

b）焊点大小适中，无漏、假、虚、连焊，具有良好导电性。

c）焊点表面要光滑、圆润、干净、无毛刺。

技能训练项目 10-1　手工焊接与拆焊

【实训目标】

1）学会常见电子元器件的手工插装技术。

2）能焊接和拆焊常见电子元器件。

【实训器材】

万能实验板一块，各种电阻、电容、二极管、三极管、集成电路等电子元器件若干，斜口钳、电烙铁、吸锡器、烙铁架各一个，焊锡丝、导线、助焊剂若干。

【实训内容及步骤】

1. 焊接训练

对各种元器件进行引脚成型、插装和焊接，元器件的布置参考图 10-14。

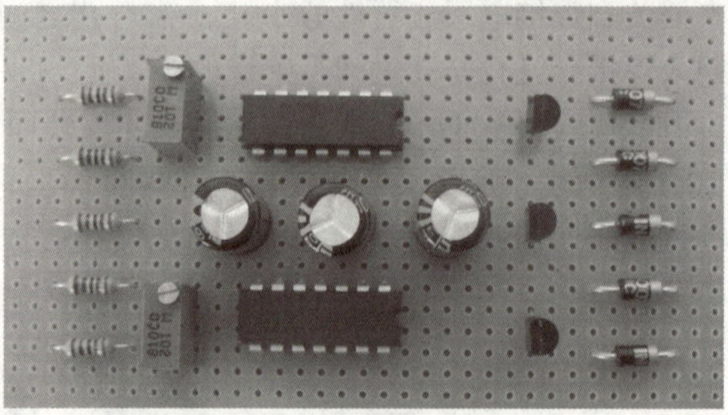

图 10-14　电子元器件的焊接技能训练

1）元器件引线成型。所有的元器件在安装时，首先要根据工艺要求对其引脚进行整形后才能安装。图 10-15a 是引线的标准成型方法，要求引线打弯处距元器件根部大于 2mm，半径 r 大于元器件直径的两倍，元器件根部和插孔的距离 R 大于元器件直径；图 10-15b 是垂直插装时的成型形状，一般在电路板元器件密度较大时采用，要求 h、A 均大于 2mm，R 大于元器件直径。

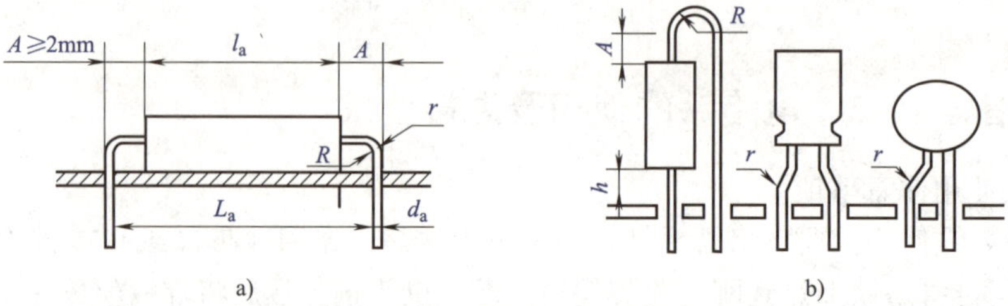

图 10-15　元器件的成型与插装

2）插装与焊接。元器件成型后，进行手工插装并焊接。如图 10-16 所示，以电阻为例进行介绍。

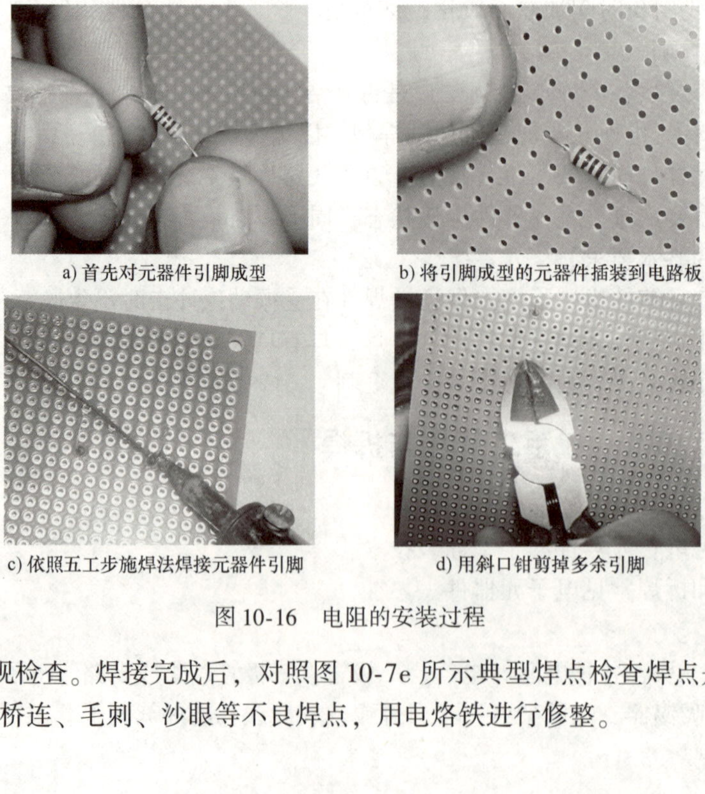

a) 首先对元器件引脚成型　b) 将引脚成型的元器件插装到电路板

c) 依照五工步施焊法焊接元器件引脚　d) 用斜口钳剪掉多余引脚

图 10-16　电阻的安装过程

3）焊点外观检查。焊接完成后，对照图 10-7e 所示典型焊点检查焊点是否良好，如出现虚焊、漏焊、桥连、毛刺、沙眼等不良焊点，用电烙铁进行修整。

2. 拆焊训练

1）像电阻、二极管等引脚少的元器件，如图 10-17 所示，采用烙铁拆焊。

a) 用一只手捏住待拆卸电阻，同时用烙铁加热电阻焊点，在焊锡熔化的瞬间，用手拉出电阻引脚　b) 拆卸掉一个引脚的电阻　c) 拆卸下来的电阻

图 10-17　烙铁拆焊

2）像集成电路这类引脚多的元器件，用吸锡器进行拆卸法如图 10-18 所示。

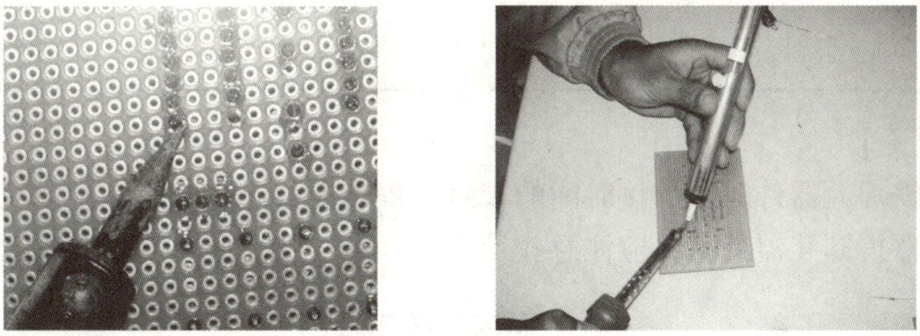

a) 将吸锡器压下，并用烙铁加热集成块焊点　b) 待焊锡完全熔化时，将吸锡嘴套在焊盘上

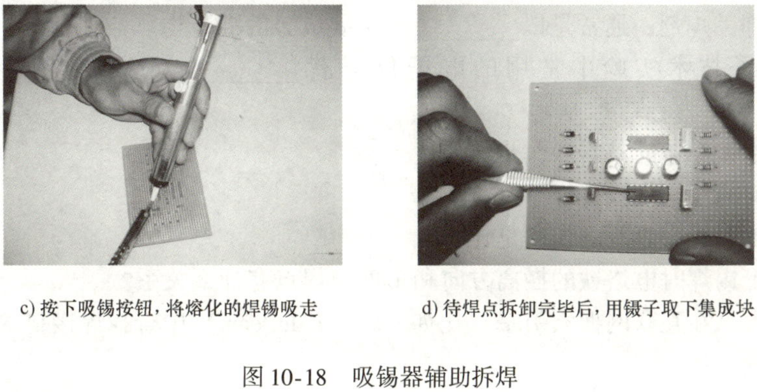

c) 按下吸锡按钮，将熔化的焊锡吸走　d) 待焊点拆卸完毕后，用镊子取下集成块

图 10-18　吸锡器辅助拆焊

【注意事项】

1）电烙铁工作时要放在特制的烙铁架上，以免烫伤他人或烫坏其它物品。

2）焊接过程中烙铁头多余的焊锡要用吸水海绵来收集，不能随意甩掉，以免伤及他人。

3）使用斜口钳修剪引脚时，电路板应压低朝向地面，以免引脚溅入眼睛造成伤害。

【自评互评】

姓名			互评人		
项目	考核要求	配分	评分标准	自评分	互评分
元器件引线成型	元器件引线加工尺寸及成型符合工艺要求	10	不符合工艺要求，每处扣1分		
元器件插装	元器件插装横平竖直、整齐、均匀。	10	不符合工艺要求，每处扣1分		
元器件焊接	焊点符合工艺要求	40	不符合工艺要求，每处扣1分		
元器件拆焊	1. 电路不能有烫伤或划伤 2. 焊盘上的焊锡要清理干净，并露出插件孔	30	电路有烫伤或划伤，每处扣5分，其余不符合要求，每处扣1分		
安全文明操作	工作台上工具排放整齐，严格遵守安全操作规程，符合“6S”管理要求	10	违反安全操作、工作台上脏乱、不符合“6S”管理要求，酌情扣3～10分		
合计		100			

学生交流改进总结：

教师签名：

【思考与讨论】

1. 用电烙铁焊元器件时，焊接时间的长短对焊点质量有什么影响？

2. 用吸锡器拆卸元器件时，应注意些什么？

思考与练习

10-1　手工焊接一般采用锡铅合金作为焊料，其中含锡量约________，含铅量约________焊剂即助焊剂，通常是以________为主要成分的混合物。

10-2　电子技术实验中常用的电子仪器有________________、________________和________________。

10-3　电烙铁焊接的基本操作步骤是什么？

10-4　如何使用电烙铁拆焊。

10-5　手工锡焊中焊剂的作用是什么？

10-6　手工锡焊时电烙铁的撤离方向和角度与焊点有什么关系？

10-7　请大家在互联网搜索引擎（比如 www. baidu. com）中查找焊接技术视频资料及常用电子仪器资料。

第11章 常用半导体器件

知识目标

1. 了解二极管的结构、符号、特性和主要参数
2. 了解稳压管、发光二极管、光敏二极管及变容二极管的实际应用
3. 了解三极管的结构、符号、特性和主要参数
4. 了解晶闸管的结构、符号和特性

技能目标

1. 会用万用表判别二极管的极性和好坏，并合理应用
2. 会用万用表判别三极管的类型、引脚及好坏

11.1 半导体二极管

话题引入

如图11-1所示，2008年北京举行奥运会，当夜色中水立方呈现在大家面前的时候，相信所有的人都为之震撼。它的色彩变化幻妙幻彩，无与伦比，但是你知道吗？水立方采用的照明设备就是半导体二极管中的一类——发光二极管。

图11-1 水立方夜景

自然界中的物质，按导电能力强弱的不同，可分为导体、绝缘体和半导体3大类。金、银、铜、铝等金属材料是良导体，塑料、陶瓷、橡胶等材料是绝缘体，而半导体是导电能力介于导体和绝缘体之间的物质，常用的半导体材料有锗（Ge）和硅（Si）。半导体器件就是用经过特殊加工且性能可控的半导体材料制成的，半导体二极管便是其中最基本、最简单的一类，下面我们将

学习二极管的相关知识。

11.1.1　二极管的基本特征与分类

【基本特征】　半导体二极管简称二极管。常见的二极管外形如图 11-2a 所示，它有两个电极，一端称为正极（阳极），一端称为负极（阴极），二极管也由此得名。二极管的文字符号为 VD，图形符号如图 11-2b。

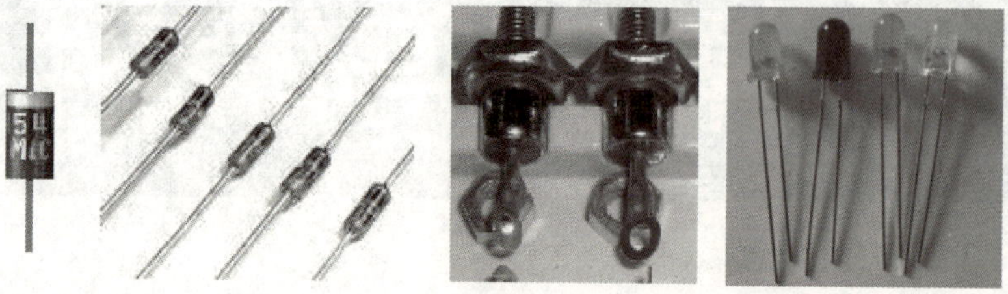

a)

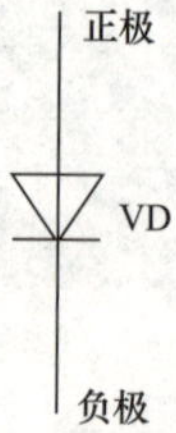

b) 二极管电气图形及文字符号

图 11-2　常见的二极管外形

【分类】　按材料来分，最常用的有硅管和锗管两种；按用途来分，有普通二极管、整流二极管、稳压二极管等多种；按结构来分，有点接触型、面接触型和平面型等多种。

谁发明了半导体二极管

1947 年，美国贝尔实验室率先发明了半导体锗二极管，开创了人类的半导体文明时代。1957 年，我国的北京电子管厂也自主生产出单晶锗，而后由中国科学院应用物理研究所研制出锗二极管。

11.1.2　二极管的特性

二极管的最主要特性是单向导电性，要认识这一特性可动手做一做下面的实验。

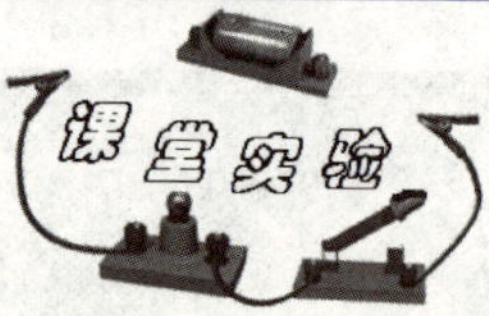

二极管单向导电实验

【实验内容及现象】

如图 11-3a 所示，二极管正极接电源的正极，二极管负极接电源的负极（称二极管外加正偏电压或二极管正偏），

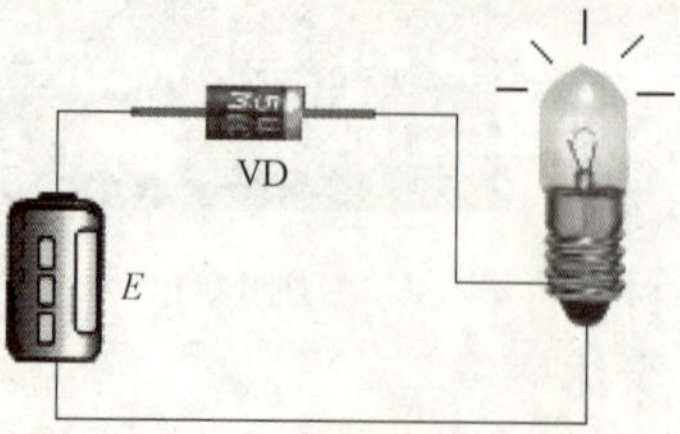

a) 正偏导通

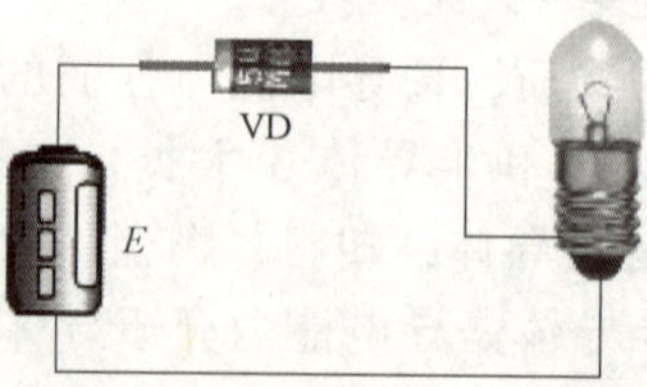

b) 反偏截止

图 11-3　二极管单向导电实验

此时灯亮，表明有较大的电流通过二极管，二极管导通。

如图 11-3b 所示，二极管正极接电源的负极，二极管负极接电源的正极（称二极管外加反偏电压或二极管反偏），此时灯不亮，表明无电流通过二极管，二极管截止。

【实验结论】 二极管加正向电压时导通，加反向电压时截止，即正偏导通，反偏截止。

在上述实验中，二极管正偏时导通，反偏时截止，这一导电特性称为二极管的单向导电性。

除此之外，在使用二极管时还需要注意以下特性：

1）正向电压只有大于某一值时二极管才能导通，这个电压值称为死区电压 V_T。通常硅管约为 0.5V，锗管的为 0.2V。

2）导通后二极管两端电压稳定，硅管约为 0.6～0.7V，锗管约为 0.2～0.3V。

3）二极管能承受一定量的反向电压，即在到达某一反向电压值前，都能保持不导通状态。当达到一定极限值（定义为反向击穿电压）后，二极管反向电流就突然急剧增加，这一现象称为反向击穿。

提示

普通二极管反向击穿后，反向击穿电流将导致二极管热击穿而损坏。二极管被击穿后，一般不能恢复性能，所以在使用二极管时，反向电压一定要小于反向击穿电压。

11.1.3　二极管的主要参数

二极管的参数是合理选择和使用二极管的重要依据，因此了解并掌握以下二极管的主要参数是非常重要的。

【最大整流电流 I_F】 是指二极管长期工作时，允许通过的最大正向平均电流值。在实际使用时，要注意流过二极管的最大电流不能超过这个数值，否则二极管会因过热而损坏。

【最高反向工作电压 U_{RM}】 是指二极管在正常工作时所能承受的最高反向电压值。通常以二极管反向击穿电压的一半作为二极管最大的反向工作电压，使用中如果超过此值，二极管就有发生反向击穿的可能。

11.1.4　特殊二极管

除了具有单向导电性外，一些经过特殊工艺加工的二极管还具有某些特殊功能，常见的有以下几类。

【稳压管】 稳压二极管，简称稳压管，其图形符号如图 11-4a 所示，是一种特殊的面接触型半导体硅二极管，它工作在反向击

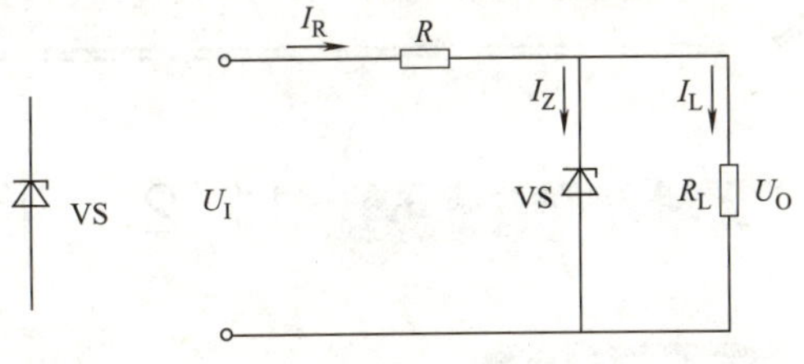

a) 图形符号　　b) 典型应用电路

图 11-4　稳压二极管的电路符号和典型应用电路

穿区，是具有稳压作用的一类特殊二极管，广泛应用于稳压电源和限幅电路中。

【发光二极管】 发光二极管简称LED，外形和电气图形符号如图11-5所示，是一种光发射器件，它把电能直接转化成光能。目前市场上发光二极管的颜色有红、橙、黄、绿、蓝等多种颜色。

发光二极管因其工作电压低（1.5～3V）、工作电流小（5～10mA）、体积小、可靠性高、耗电省和寿命长等优点，广泛用于计算机、电视机、音响设备、仪器仪表中的电源和信号的指示电路中。

【光敏二极管】 光敏二极管是一种实现光能与电能转换的器件，它能在反向偏置状态下将收到的光信号转换成电信号，在实际应用中，主要用来接收可见光或红外线，外形和图形符号如图11-6所示。

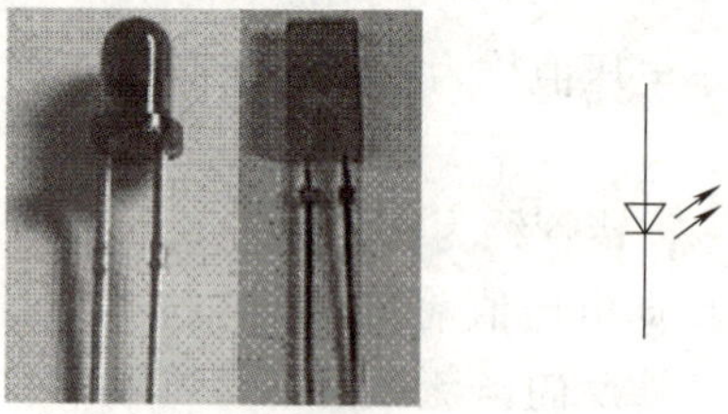

a) 外形　　b) 图形符号

图11-5　发光二极管

a) 外形　　b) 图形符号

图11-6　光敏二极管

光敏二极管广泛应用于遥控、报警及光电传感器中。另外，当制成大面积的光敏二极管时，能将光能直接转换为电能，称为光电池。

【变容二极管】 变容二极管是利用二极管内部极间电容可变的原理制成的半导体器件，在高频调谐、通信等电路中作可变电容器使用。

变容二极管被广泛应用于谐振电路中。例如，在电视机中使用它作为调谐回路的可变电容器，实现电视频道的选择。在高频电路中，变容二极管作为变频器的核心元器件，是信号发射机中不可缺少的器件。

想一想

生活中，你都在什么地方见过二极管？

11.2 半导体三极管

话题引入

1947年12月23日，美国的贝尔实验室里，3位科学家——巴丁、布莱顿和肖克莱在紧

张地做着用半导体晶体把声音信号放大的实验。他们意外发现，在他们发明的器件中可用一部分微量电流去控制另一部分大得多的电流，即电流产生了“放大”效应。这个器件就是三极管。这一伟大的发明使这 3 位科学家荣获了 1956 年诺贝尔物理学奖。之所以说三极管的发明伟大，是因为它是组成放大电路的核心器件，我们生活中的收音机、电视机、扩音机等都离不开它。

半导体三极管也称晶体三极管，简称三极管，是另一类应用十分广泛的半导体器件，它可以用来放大微弱的电信号或作为无触点开关使用，是放大电路的核心器件之一。

11.2.1 三极管的基本特征与分类

【基本特征】 常见的三极管外形如图 11-7 所示，它有三个引脚，分别代表三个电极，即发射极（E）、基极（B）和集电极（C），三极管也由此得名。三极管的文字符号为 VT，电气符号分两种，一种是 NPN 三极管，一种是 PNP 三极管，如图 11-8 所示，图中箭头表示发射极电流方向。

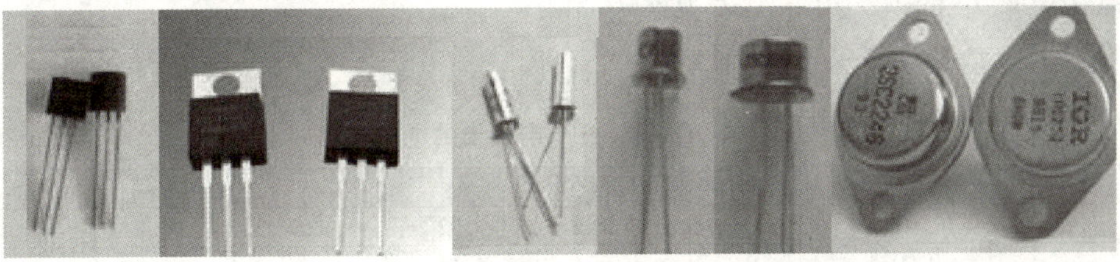

图 11-7 常见三极管

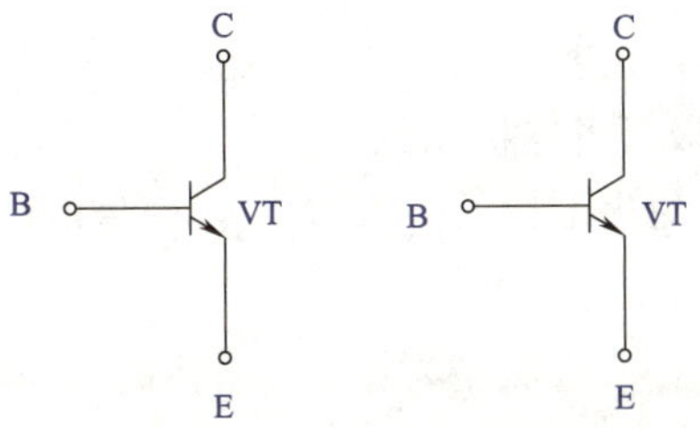

a) NPN型 b) PNP型

图 11-8 三极管的电气图形及文字符号

【分类】 按三极管所用半导体材料来分，有硅管和锗管两种；按三极管的导电极性来分，有 PNP 型和 NPN 型两种；按功率大小来分，有小功率管、中功率管和大功率管；按频率来分，有低频管和高频管；按结构工艺来分，有合金管和平面管；按用途来分，有放大管和开关管等。另外，按三极管的封装材料来分，有金属封装、塑料封装。根据耗散功率不同，其体积和封装形式也不同，中、小功率管多采用塑料封装，大功率管采用金属封装。

11.2.2 三极管的电流放大作用

放大是对模拟信号最基本的处理，而三极管是放大电路的核心器件。它是一种电流控制器件，可以实现电流的放大，下面通过实验来说明三极管的电流放大作用。

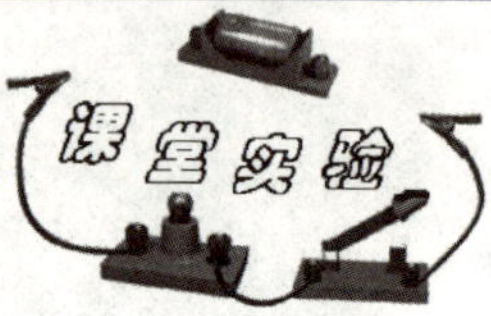

三极管电流放大实验

【实验内容及现象】

连接如图 11-9 所示电路，V_{BB}是基极电源，通过基极电阻 R_B 和电位器 RP 将正向电压加到基极和发射极之间（发射结），使发射结有正向偏置电压 U_{BE}。集电极电源 V_{CC}通过集电极电阻 R_C 将电压加到集电极与发射极之间，以提供集-射极间（集电结）电压 U_{CE}。实验电路中，V_{CC} 电压应高于 V_{BB}，即发射结正偏，集电结反偏。

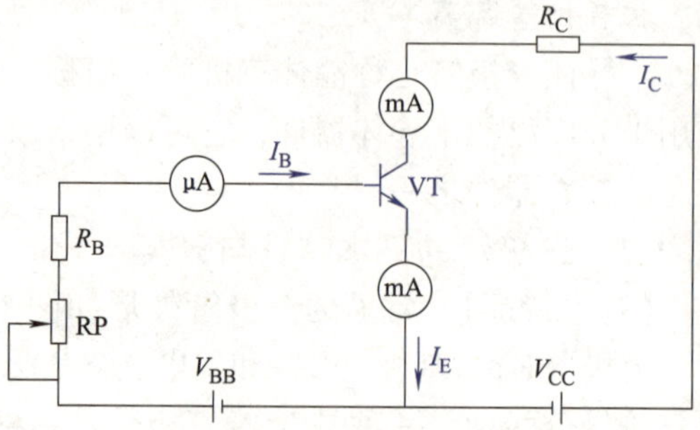

图 11-9　三极管的电流放大作用实验电路

电路接通后，流过三极管各极的电流分别为 I_B、I_E、I_C。

实验中，改变电位器 RP 的阻值，就会改变基极电流 I_B 的值，用电流表观察 I_C 和 I_E 的值，具体测量结果见表 11-1。

表 11-1　三极管三个电极上的电流数据　（mA）

项目	1	2	3	4	5	6	7
I_B	0.0035	0	0.01	0.02	0.03	0.04	0.05
I_C	−0.0035	0.01	0.56	1.14	1.14	2.33	2.91
I_E	0	0.01	0.57	1.16	1.17	2.37	2.96

分析上述数据可得以下结论：

1）电流分配关系：三极管各电极间的电流分配关系满足：$I_E = I_B + I_C$。

2）基极电流 I_B 变化引起集电极电流 I_C 变化，但集电极与基极电流之比保持不变，为一常数，设为$\bar{\beta}$，即

$$\bar{\beta} = \frac{I_C}{I_B} \tag{11-1}$$

$\bar{\beta}$ 称为直流电流放大系数。

3）基极电流有一微小的变化量 ΔI_B时，集电极电流就会有一个较大的变化量 ΔI_C，且 ΔI_B与 ΔI_C之比保持不变，为一常数 β，即

$$\beta = \frac{\Delta I_C}{\Delta I_B} \tag{11-2}$$

β 称为交流电流放大系数。

对于多数三极管估算时可认为$\bar{\beta} = \beta$。

【实验结论】　三极管基极电流 I_B 的微小变化使集电极电流 I_C 发生了更大的变化，也就是说基极电流 I_B 的微小变化控制了集电极电流 I_C 较大的变化，实现了电流放大的作用。

提示

1）三极管的电流放大作用，实际上是用较小的基极电流信号去控制集电极的大电流信号，是以小控大的作用，而不是能量的放大。

2）三极管的放大作用需要一定的外部条件，即：发射结加正向偏置电压，集电结加反向偏置电压，使 $V_C > V_B > V_E$（如果是用 PNP 管做实验，应使 $V_C < V_B < V_E$）。

11.2.3　三极管的特性

三极管的特性主要表现为三种工作状态，即截止、放大和饱和状态。

【截止】　当三极管发射结和集电结均为反向偏置时，集电极和发射极之间呈现很大的电阻，这时的三极管在电路中相当于一个断开的开关。这种状态称为截止。

【放大】　当三极管发射结正偏、集电结反偏时，三极管具有电流放大作用，i_C 受 i_B 控制，只要 i_B 有一个微小的变化，i_C 将按比例发生较大的变化，即 $i_C = \beta i_B$，$\Delta I_C = \beta \Delta I_B$。

【饱和】　当三极管发射结和集电结都处于正向偏置时，三极管饱和导通，即 I_C 不受 I_B 的控制，基本保持不变，这种工作状态相当于电路中的开关闭合。

提示

当三极管工作在饱和状态时的管压降叫饱和压降，用 U_{CES} 表示，一般硅管约为 0.3V，锗管约为 0.1V。

除此之外，与二极管的特性相似，三极管也存在着死区电压（硅管约为 0.5V，锗管约为 0.2V），只有当输入电压大于死区电压时，三极管才出现基极电流。同时，三极管导通时，发射结电压 U_{BE} 变化不大，硅管约为 0.6～0.7V，锗管约为 0.2～0.3V。这也是检测三极管是否正常工作的重要依据。

练一练

准备若干二极管和三极管，判断一下它们是锗管还是硅管。

想一想

根据各个电极的电位，说明图 11-10 所示三极管的工作状态。

11.2.4　三极管的主要参数

【共发射极电流放大倍数 β】　它是在三极管正常放大状态下分析，设计电路的一个重要参数，通常 β 在几十至几百之间。

【集电极最大允许耗散功率 P_{CM}】 三极管电流 i_C 与电压 u_{CE} 的乘积称为集电极耗散功率，三极管在使用时，应保证 $P_C < P_{CM}$，这样才能保证使用安全。

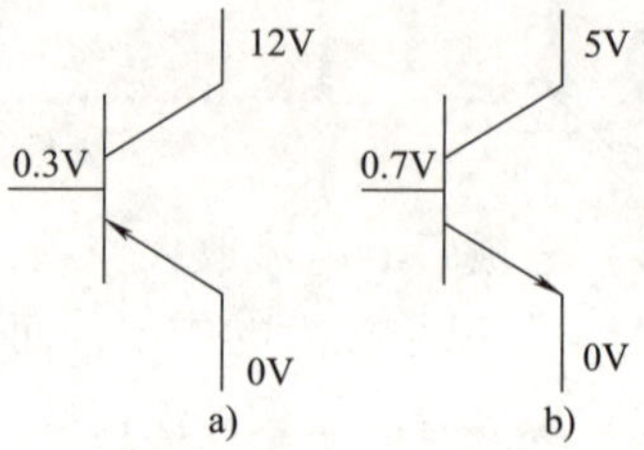

图 11-10

【反向击穿电压 $V_{(BR)CEO}$】 $V_{(BR)CEO}$ 是指基极开路时，加于集电极与发射极之间的最大允许电压。

【集电极最大允许电流 I_{CM}】 i_C 在相当大的范围内 β 值是基本不变的，但当 i_C 的数值大到一定程度时 β 将减小，使 β 明显减小的 i_C 值即为 I_{CM}。

练一练

图 11-11 所示为某 2.0 音箱内置功放电路板，试辨认其中元器件，找出电阻、电容、二极管和三极管等元器件。

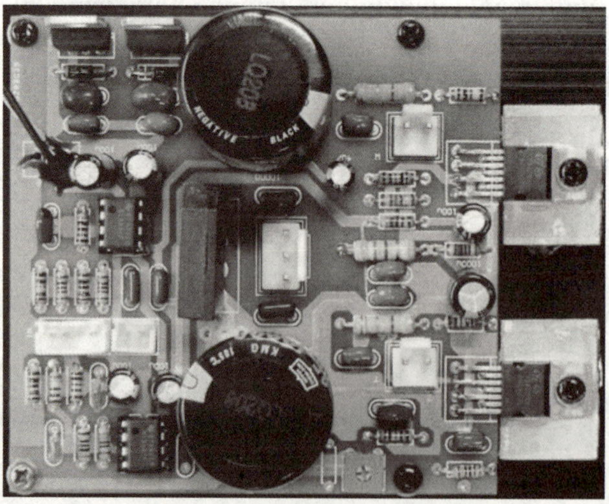

图 11-11　2.0 音箱功放电路板

11.3 晶闸管

话题引入

晶闸管是在半导体三极管的基础上发展起来的一种大功率半导体器件，是最早出现的功率半导体器件，它的出现使半导体器件由弱电领域扩展到强电领域，例如家庭广泛使用的调光台灯，就是应用双向晶闸管调压实现调光的。

晶闸管又称可控硅，常用的晶闸管外形如图 11-12a 所示，有单向和双向两大类，主要用于整流、逆变、调压等电路，也可作为无触点开关使用。

11.3.1　单向晶闸管的基本特征

与三极管一样，晶闸管也有三个电极，分别称为阳极 A、控制极 G 和阴极 K，在电路中晶闸管用文字符号 V 表示，图形符号如图 11-12b 所示。

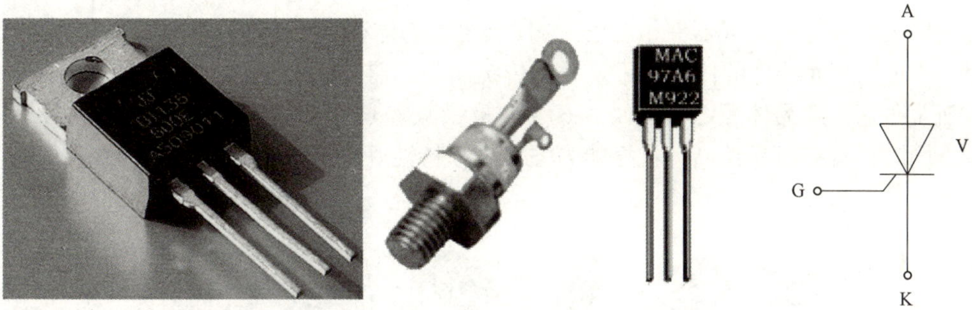

a) 外形　　b) 电气图形及文字符号

图 11-12　常见晶闸管外形及电气符号

11.3.2　单向晶闸管的特性

从电气图形符号看，单向晶闸管很像一只二极管，只比二极管多了一个控制极 G，但单向晶闸管与二极管在特性上却有着本质的差别，主要表现在：

1）单向晶闸管导通必须满足两个条件：一是晶闸管阳极 A 与阴极 K 之间加正向电压；二是控制极 G 与阴极 K 之间也要加正向触发电压信号。

2）单向晶闸管一旦导通，控制极便失去控制作用，即使触发电压消失，晶闸管仍能保持导通。

3）要使已经导通的晶闸管关断，必须把阳极电压断开，或降低晶闸管的阳极电流到一定数值。

11.3.3　双向晶闸管

双向晶闸管的外形与单向晶闸管相似，电气图形及文字符号如图 11-13 所示，也有 3 个极，但它没有阴、阳极之分，统称为主电极 T_1、T_2，另一个电极也称为控制极 G。

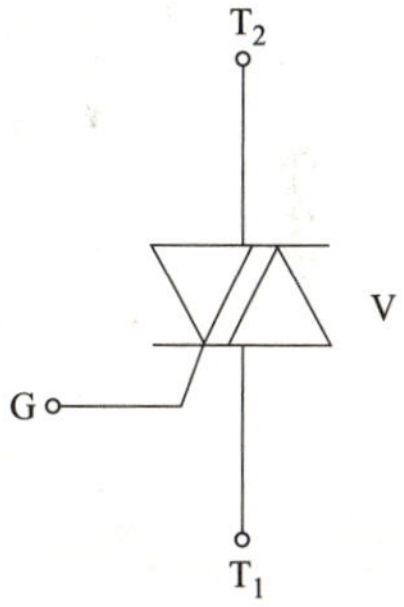

图 11-13　双向晶闸管的电气图形及文字符号

双向晶闸管与单向晶闸管相比，它的主电极无论加正向电压还是反向电压，只要控制极 G 有触发信号，晶闸管就会导通。

实践活动

查阅相关资料，了解一下常见二极管、三极管和晶闸管的型号、用途及主要参数。

小知识

SMT 元器件

SMT 是 Surface Mount Technology 的简写，意为表面贴装技术，亦即是无需对 PCB 钻插装孔而直接将元器件贴焊到 PCB 表面规定位置上的装连技术，是在传统的通孔插装技术（THT）的基础上发展起来的。

SMT 元器件，又称表面安装元器件或贴片式元器件，图 11-14 所示为常见的贴片元器件。SMT 元器件与 THT 元器件相比较，SMT 元器件的体积小、重量轻，电极无引线或短引线。一般贴片元器件的体积和重量只有传统插装元器件的 1/10 左右，电子产品采用 SMT 元器件后，产品体积缩小 40% ~60%，重量减轻 60% ~80%。降低成本达30% ~50%；同时还具有可靠性高、抗振能力强、高频特性好、易于实现自动化等特点。

a) 电阻　b) 电容　c) 二极管　d) 三极管　e) 集成块及其焊盘

f) 电脑主板的一角

图 11-14　常见 SMT 元器件

技 能 训 练

技能训练指导 11-1　二极管的检测方法

1）观察法：通常在二极管的外壳上会有一些符号标记，一般有箭头、色点和色环三种。通过看标记就可以知道二极管的正、负极，如表 11-2 所示。此外发光二极管的正负极可从引脚长短来识别，长脚为正，短脚为负。

表 11-2　二极管的极性标记法

外形	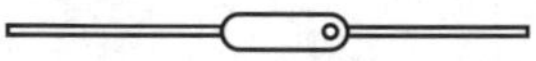		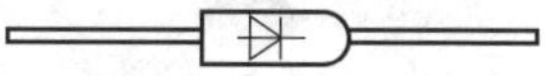
极性	标有色点的一端即为正极，另一端是负极。	带色环的一端则为负极，另一端是正极。	带有三角形箭头的一端为正极，另一端是负极。

2）万用表测试法：将万用表调到 R×1K 或 R×100 档位，如图 11-15 所示，红、黑表笔分别与二极管的两极任意相连，测量阻值并记录；再将黑表笔与红表笔的位置对调，测量阻值并记录。两次测量中，阻值较小的一次，与黑表笔相连的一端是二极管的正极，另一端是二极管的负极；测得阻值较大的一次，与黑表笔相连的一端是二极管的负极，另一端是二极管的正极。

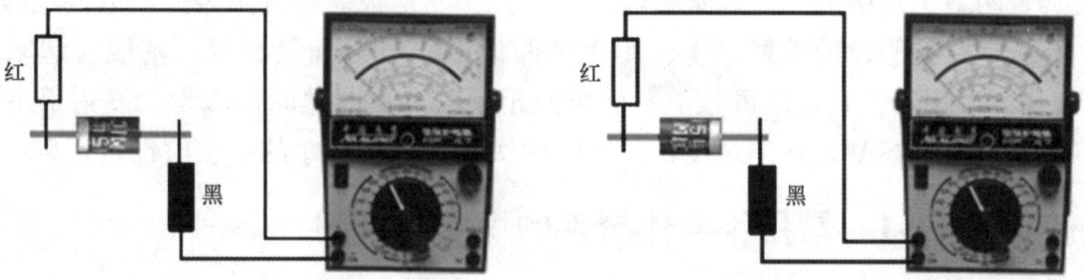

a)　　　　b)

图 11-15　二极管的检测方法

好的二极管正向电阻值较低，一般为几十欧至几百欧，反向电阻值较高，一般为几十至几百千欧以上，而且正、反向电阻差值越大越好。如果测得的反向电阻很小，说明二极管内部短路；如果测得的正向电阻很大，说明二极管内部断路。

技能训练指导 11-2　三极管的检测方法

1）观察法：常用三极管的封装形式有金属封装和塑料封装两大类，引脚的排列方式具有一定的规律，对于小功率金属封装三极管，如图 11-16a 所示按底视图位置放置，顶点朝上，则从左向右依次为 e、b、c；对于中小功率塑料封装三极管，如图 11-16b 所示，使其平面朝向自己，引脚朝下，则从左到右依次为 e、b、c。

2）万用表测试法

【判断三极管的基极】　将万用表调至 R×1K 或 R×100 档位，如图 11-17a 用黑表笔接触三极管的某一引脚，红表笔分别接触外两只引脚，如测得电阻值都很小，则黑表笔接触的那一引脚就是三极管的基极，同时可知此三极管为 NPN 型。若用红表笔接触三极管的某一引脚，黑表笔分别接触外两只引脚，如测得电阻值也都很小，则红表笔接

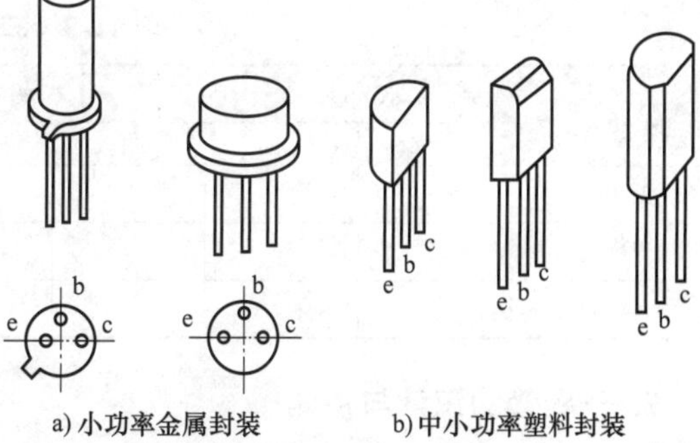

a) 小功率金属封装　　b) 中小功率塑料封装

图 11-16　三极管引脚排列规律

触的那一引脚就是 PNP 三极管的基极，如图 11-17b。这样，既判定了三极管的基极，又判定了三极管的管型。

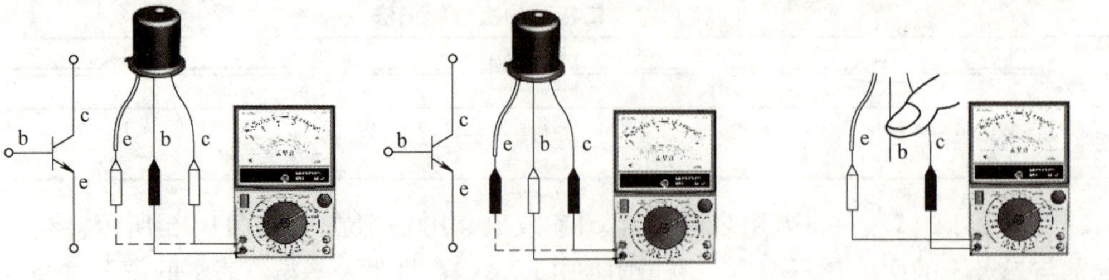

a) NPN 型晶体管判别　　b) PNP 型晶体管判别　　c) 集电极和发射极判别电路

图 11-17　三极管基极和管型的判别电路

【判断三极管的发射极和集电极】 以 NPN 型三极管为例，如图 11-17c 所示，确定基极后，假定其余两只引脚中的一只是集电极，另一只是发射极。将万用表黑表笔接到假设的集电极上，红表笔接到假设的发射极上，用手把假设的集电极和已测得的基极捏起来（但不要相碰），观察万用表，并记录读数。然后再做相反假设，即把原来假设为发射极的引脚假设为集电极，重复上述测试并记录读数。比较两次读数，读数小的一次假设是正确的。

技能训练项目 11-1　常用半导体器件的识别与检测

【实训目标】

1）熟悉二极管、三极管的外形及引脚识别方法。

2）掌握用万用表判别二极管的极性和好坏的方法。

3）掌握用万用表判别三极管的类型、引脚及好坏的方法。

【实训器材】

指针万用表一块，不同规格、类型的二极管若干；不同规格、类型的三极管若干

【实训内容及步骤】

1. 二极管的识读与检测

1）观看实物，熟悉二极管的外形

2）用万用表判断二极管的极性

3）将万用表分别置于 R×1K、R×100、R×10 档，测量二极管的正向电阻和反向电阻，并将结果记入表 11-3 中。

表 11-3　二极管的测试

阻值 / 型号	R×1K		R×100		R×10		质量判别	
	正向	反向	正向	反向	正向	反向	好	坏
2AP9								
1N4148								
1N4007								

2. 三极管的识读与检测

1）观看实物，熟悉三极管的外形。

2）任选 PNP 和 NPN 型三极管 10 只，用万用表判别各管的管型和引脚，并将结果记入表 11-4 中。

表 11-4　三极管的测试

序号	0	1	2	3	4	5	6	7	8	9
型号										
类型										
材料										
引脚图										

【注意事项】 在用万用表检测二极管、三极管时，一般使用万用表 R×100 或 R×1K 档，而不用 R×1 或 R×10K 档。因为 R×1 档电流太大，容易烧坏管子，R×10K 电压太高，可能击穿管子。

【自评互评】

姓名			互评人		
项目	考核要求	配分	评分标准	自评分	互评分
万用表的正确使用	正确使用万用表	20	使用错误，每处扣 2 分		
二极管的检测	正确判断二极管的材料、极性和好坏	30	测量方法错误，每处扣 5 分；测量结果错误，每处扣 2 分		
三极管的检测	正确判断三极管的类型、材料和引脚	40	测量方法错误，每处扣 5 分；测量结果错误，每处扣 2 分		
安全文明操作	工作台上工具排放整齐，严格遵守安全操作规程，符合“6S”管理要求	10	违反安全操作、工作台上脏乱、不符合“6S”管理要求，酌情扣 3～10 分		
合计		100			

学生交流改进总结：

教师签名：

【思考与讨论】 在用万用表的电阻档测二极管的正向电阻时，发现用 R×10 档测出的阻值小，而用 R×100 档测出的阻值大，为什么？

思考与练习

11-1　二极管单向导电性，即正偏__________，反偏__________；导通后，硅管的管压降约为__________ V，锗管的管压降约为__________ V。

11-2　三极管集电极输出电流 $I_C=9\text{mA}$，该管的电流放大系数为 $\beta=50$，则其输入电流 $I_B=$__________ mA。

11-3　某晶体二极管的正、反向电阻都很小或为零时，则该二极管__________。

A. 正常　　B. 已被击穿　　C. 内部短路　　D. 内部开路

11-4　NPN 型三极管处于放大状态时，各极电位关系是（　　）。

A. $U_C>U_B>U_E$　　B. $U_C<U_B<U_E$　　C. $U_C>U_E>U_B$　　D. $U_E>U_C>U_B$

11-5　工作在放大区的某三极管，如果当 I_B 从 12μA 增大到 22μA 时，I_C 从 1mA 变为

2mA，那么它的β约为____________。

A. 83　　　　B. 91　　　　C. 100

11-6　用万用表如何判别硅管和锗管？

11-7　如图 11-18 所示电路，是由电源 E、二极管 VD 和小灯泡组成，问各电路中小灯泡是否亮？各二极管是否导通？灯两端的电压 U_{AB} = ?（设二极管的正向压降为 0.7V）。

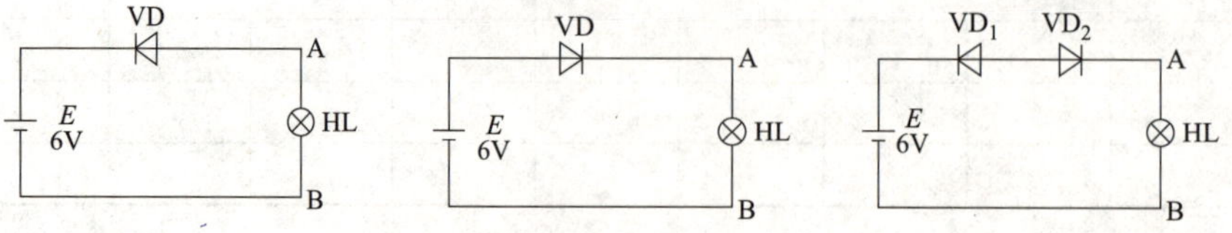

图 11-18　题 11-7 图

11-8　测得下列三极管三个电极的对地电压如图 11-19 所示，设图中 PNP 为锗管，NPN 为硅管，试分析各管是处于放大、截止或饱和状态，还是已经损坏（是烧断还是短路）。

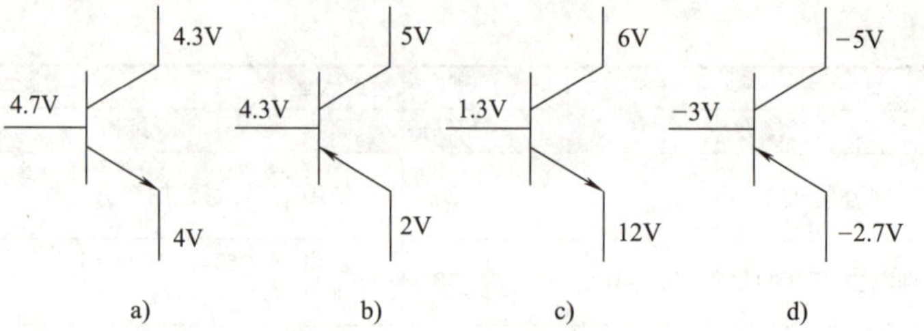

图 11-19　题 11-8 图

11-9　请在电子电路网（http：//www. cndzz. com）等网站上查阅常用二极管、三极管及晶闸管的资料及相关信息。

第12章 整流、滤波及稳压电路

知识目标

1. 能简述桥式整流电路的工作原理，并列举出桥式整流电路在电子电器或设备中的应用
2. 能识读电容滤波、电感滤波和复式滤波电路图
3. 了解滤波电路的工作原理
4. 能识读集成稳压电源电路图，并列举出集成稳压电源的实际应用

技能目标

1. 能正确搭接桥式整流电路
2. 会用万用表测量桥式电路相关电参量，并用示波器观察波形

12.1 整流电路

话题引入

如图 12-1 所示，日常生活中我们经常给电动自行车、手机、数码照相机及各类充电电池充电，但电池输出的是直流电，而家里插座提供的是交流电，那么交流电是如何充进电池的呢？问题的关键就在充电器，是充电器中的整流电路将交流电变成了直流电，其波形变换流程如图 12-2 所示。

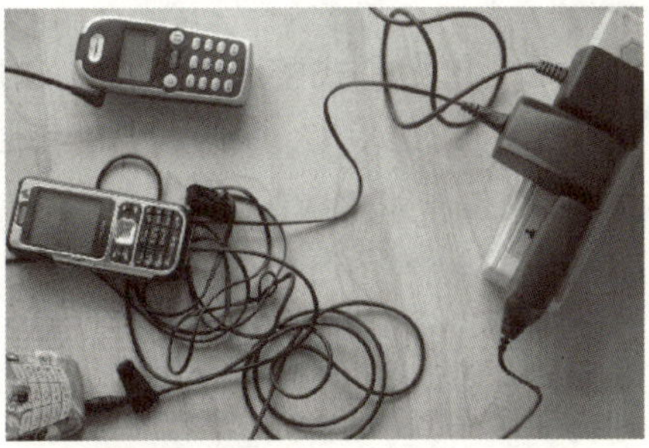

图 12-1　手机充电

将交变电流变换成单向脉动电流的过程叫做整流，完成这种功能的电路称为整流电路，又叫整流器，应用最为广泛的是单向桥式整流电路。

12.1.1　单相桥式整流电路的结构

单相桥式整流电路如图 12-3a 所示，它是由电源变压器、四只整流二极管 $VD_1 \sim VD_4$ 和

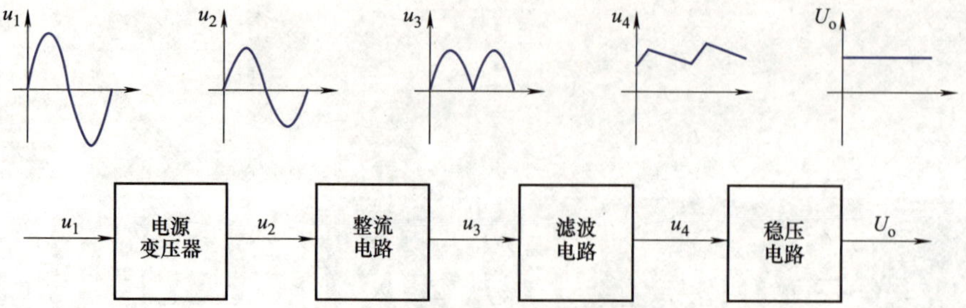

图 12-2 直流稳压电源组成框图

负载电阻 R_L 组成。四只整流二极管接成电桥形式，故称桥式整流，图 12-3b 是桥式整流电路的另外一种常见画法，图 12-3c 是桥式整流电路的简化画法，其文字符号为 UR。

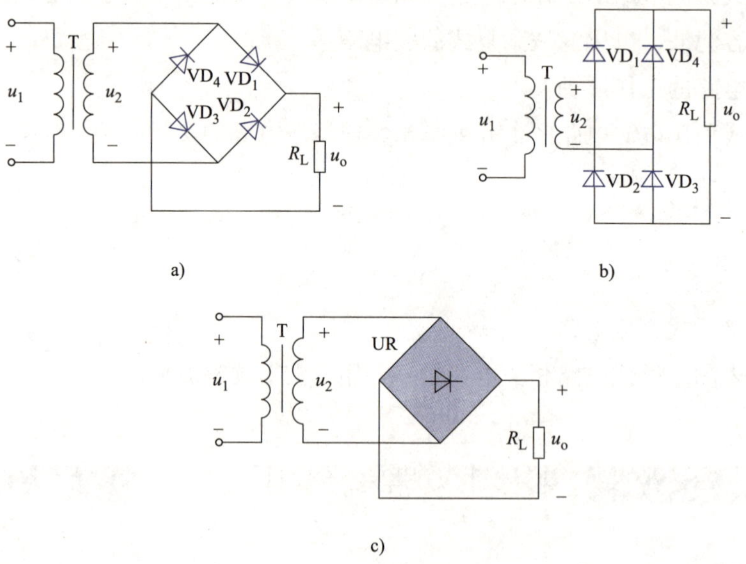

图 12-3 桥式整流电路

12.1.2 单相桥式整流电路的工作原理

在 u_2 的正半周，VD_1、VD_3 导通，VD_2、VD_4 截止，等效电路如图 12-4a 所示，电流由 T 二次线圈上端经 $VD_1 \rightarrow R_L \rightarrow VD_3$ 回到 T 二次线圈下端，在负载 R_L 上得到半波整流电压 u_{o1}，波形如图 12-4d 所示。

在 u_2 的负半周，VD_1、VD_3 截止，VD_2、VD_4 导通，等效电路如图 12-4b 所示，电流由 T 二次线圈的下端经 $VD_2 \rightarrow R_L \rightarrow VD_4$ 回到 T 二次线圈上端，在负载 R_L 上得到另一半波整流电压 u_{o2}，如图 12-4e 所示。

综上所述，无论在 u_2 的正半周或负半周，流过 R_L 中的电流方向是一致的。在 u_2 的整个周期内，四只二极管分两组轮流导通或截止，在负载 R_L 上就得到了一个全波整流的电压波形，波形如图 12-4f 所示。在这个过程中二极管被视为一个理想的开关。

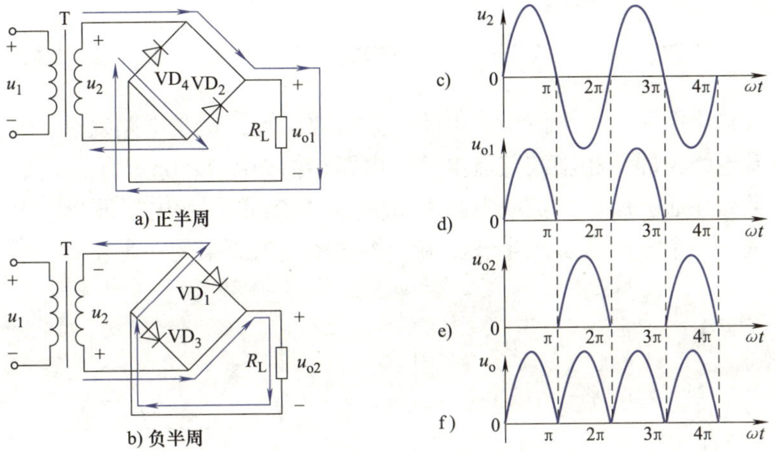

图 12-4　桥式整流电路原理示意图

提示

这种大小波动，而方向不变的电流（或电压）称为脉动直流电。

练一练

合上课本，试着画一下桥式整流电路的三种基本画法，并简述其工作原理。

【负载上直流电压和电流】　在单相桥式整流电路中，负载所得全波整流电压虽然方向不变，但大小是随时间不断变化的，所以通常都是用其平均值表示其大小。其测量方法见本章技能训练项目。

小知识

桥　　堆

在实际应用中，为了使用方便，小功率桥式整流电路的四只整流二极管被接成桥路后封装成一个整流器件，称“硅桥”或“桥堆”，常见的桥堆外形如图 12-5 所示。

图 12-5　常见桥堆外形

提示

单相桥式整流组成的是全波整流电路，整流效率高，但是电路复杂，其实还有一种更简单的整流电路，即单相半波整流电路，电路结构如图 12-6a 所示。由于二极管只有在电源的正半周导通，所以在负载电阻上得到如图 12-6b 所示电压波形。电热毯的低温调节档，就是用一个二极管实现半波整流，将功率变为原来的一半左右。

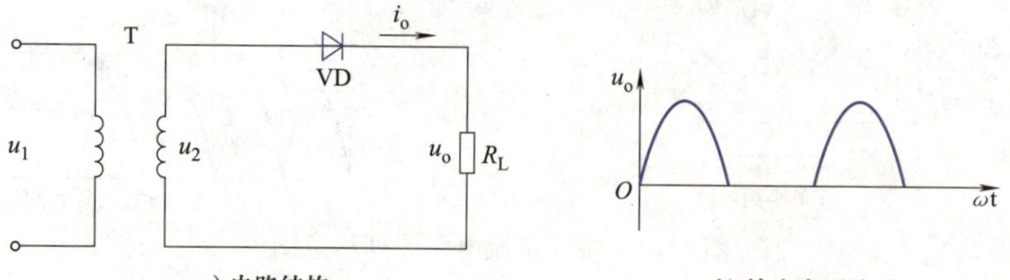

a) 电路结构　　b) 输出电压波形

图 12-6　半波整流电路

12.2　滤波电路

话题引入

从整流电路里输出的波形虽然方向不变，但幅值变化较大，因此达不到使用要求。滤波电路的作用是滤除整流输出电压中的交流成分，而只保留直流成分，将脉动的直流电压变为平滑的直流电压。起滤波作用的一般是储能元件（电容器 C 和电感器 L），下面介绍几种常见的滤波电路。

12.2.1　电容滤波电路

【电路结构】　电容滤波电路是最简单也是最常见的滤波电路，如图 12-7a 所示，在整流电路的输出端并联一个电容 C 即构成电容滤波电路，且电容的容量越大滤波效果越好，所以一般采用电解电容。

【工作原理】　电容滤波是利用电容的充、放电作用，使输出电压趋于平滑的。如图 12-7a 所示，当整流电路输出电压 u_i 比电容两端电压 u_C 高时，电源电流一路经过负载 R_L，另一路对电容 C 快速充电储能，如图 12-7b 中曲线 ab 段。当 $u_i < u_C$ 时电容通过负载 R_L 放

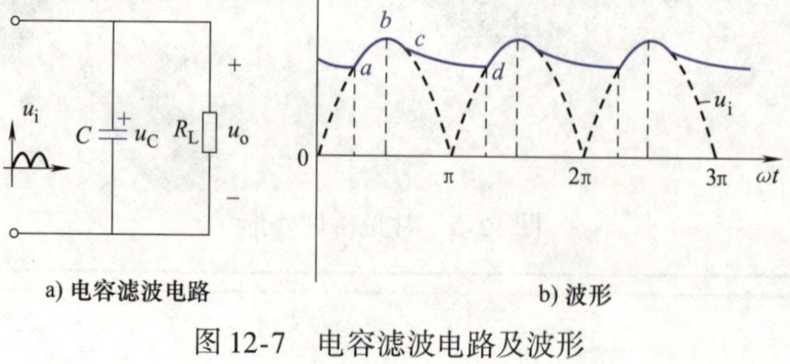

a) 电容滤波电路　　b) 波形

图 12-7　电容滤波电路及波形

电，且 u_C 的下降速度远小于 u_2 的下降速度，如图 12-7b 中曲线 bd 段。当下一次出现 $u_i > u_C$ 时，电源再次对电容 C 快速充电，重复上述过程，使负载获得如图 12-7b 中实线部分所示平滑的输出电压 u_o，实现滤波功能。

提示

电容滤波电路简单、输出电压较高，但负载直流电压受负载电阻的影响比较大。电容滤波，只适用于电流较小，且变化不大的场合。

12.2.2 电感滤波电路

在大电流负载的情况下，由于负载电阻 R_L 很小，若采用电容滤波电路，电容量势必很大，而且整流二极管所受的冲击电流也很大，这就使得整流管和电容器的选择变得困难，甚至不太可能，在此情况下就应采用电感滤波。

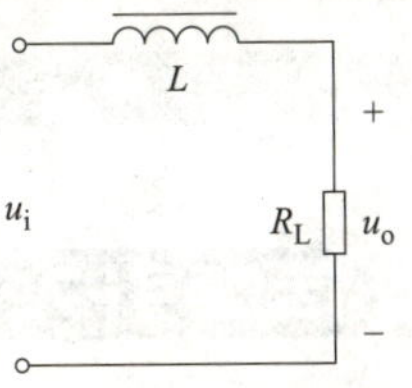

图 12-8　电感滤波电路

【电路结构】　如图 12-8 所示，在整流电路与负载电阻 R_L 间串联一个电感线圈就构成了电感滤波电路，且电感线圈的电感量越大越好，所以一般采用有铁心的线圈。

【工作原理】　当通过电感线圈的电流增大时，电感线圈产生的自感电动势与电流方向相反，阻碍电流的增加，同时将一部分电能转换为磁场能存储于电感之中；当通过电感线圈的电流减小时，电感线圈产生的自感电动势与电流方向相同，阻碍电流的减小，同时释放出电感中存储的能量，以补偿电流的减小，从而使负载电流变得比较平滑。

提示

电感滤波电路体积大、比较笨重、成本高，且随着线圈电感量的增大直流能量的损耗也增大，主要用于负载电流较大且经常变化的场合，在一般的电子仪器中，则很少采用。

12.2.3 复式滤波电路

当单独使用电容或电感滤波，效果仍不理想时，可采用复式滤波电路。常见的复式滤波电路如图 12-9 所示，其中图 12-9a 所示为 LC 滤波电路，它是在电容滤波的基础上串联一个电感 L 构成的。这样整流输出电压经过电容与电感的双重滤波使输出电压纹波进一步降低。

图 12-9b 所示为 LCπ 型滤波电路，这种滤波电路是在电容滤波的基础上再加一级 LC 滤波电路构成，使负载输出电压更加平滑。

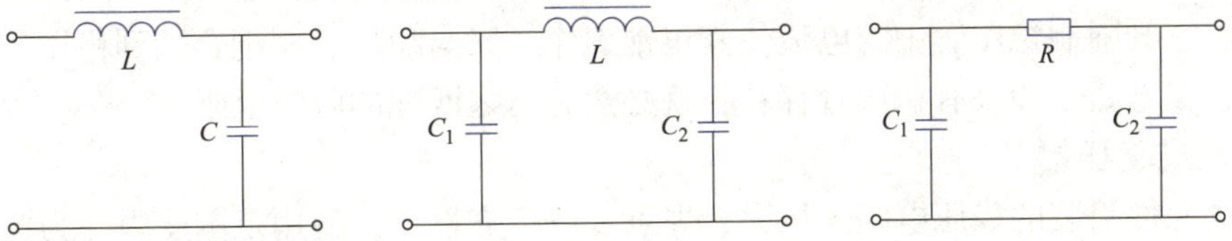

a) LC滤波电路　　b) LC π型滤波电路　　c) RC π型滤波电路

图 12-9　常见复式滤波电路

由于π型滤波电路中带有铁心的电感线圈体积大，价格也高，因此，当负载电流较小时，常用小电阻 R 代替电感 L，以减小电路的体积和重量，这就构成如图12-9c所示的RCπ型滤波电路，只要适当选择 R 和 C_2，在负载两端可以获得脉动极小的直流电压。在收音机和录音机中的电源中，就经常采用RCπ型滤波电路。

想一想

为什么在滤波电路中滤波元件（电容或电感）容量越大，滤波效果越好。

*12.3 稳压电路

话题引入

经过整流滤波的直流电还会随电网电压波动而波动、随负载和温度变化而变化，还是达不到大多数电子设备的要求。因此要采取一定的措施来维持输出直流电压的稳定，稳压电路能够起到稳定电压的作用。下面介绍几类常见的稳压电路。

12.3.1 稳压管稳压电路

【电路结构】 由稳压二极管VS和限流电阻 R 所组成的稳压电路是一种最简单的直流稳压电源，如图12-10中点画线框内所示，其输入电压 U_I 是整流滤波后的电压，输出电压 U_O 就是稳压管的稳定电压 U_Z，R_L 是负载电阻。

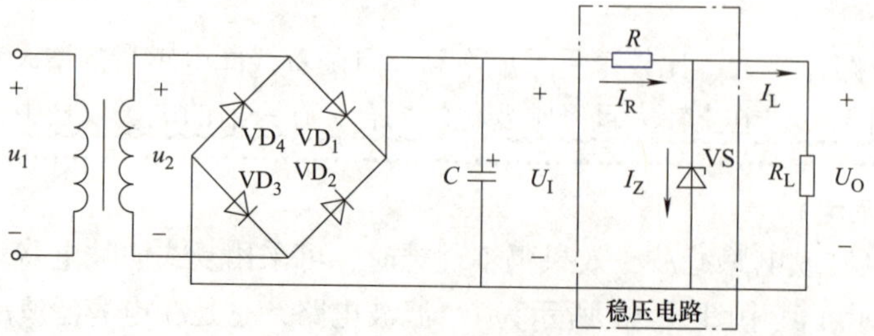

图12-10 稳压管稳压电路

【工作原理】 在稳压二极管所组成的稳压电路中，利用稳压管所起的电流调节作用，通过限流电阻 R 上电压或电流的变化进行补偿，来达到稳压的目的。限流电阻 R 是必不可少的元件，它既限制稳压管中的电流使其正常工作，又与稳压管相配合达到稳压的目的。一般情况下，在电路中如果有稳压管存在，就必然有与之匹配的限流电阻。

12.3.2 集成稳压器

用分立元件组装的稳压电路体积大、焊点多、可靠性差，使用范围受限，为此，人们设计出了集成稳压器。三端集成稳压器，接线简单，维护方便、价格低廉，近年来正被广泛采用。按功能可分为固定式和可调式两种，前者的输出电压不能进行调节，为固定值，典型的产品有正电压输出系列W78××和负电压输出系列W79××；后者可以通过外接元件使输出电压

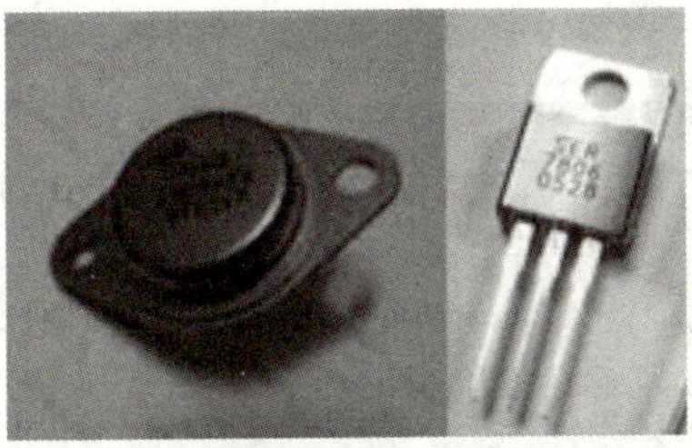

a) 外形

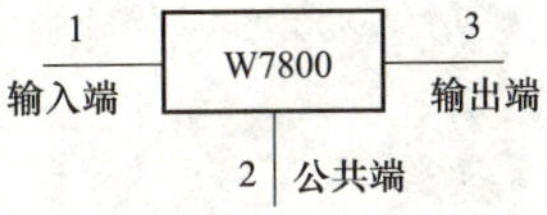

b) 图形符号

图 12-11　三端集成稳压器的外形及图形符号

得到很宽的调节范围，典型产品有正电压输出系列 CW117、CW217、CW317 和负电压输出系列 CW137、CW237、CW337 等。图 12-11 所示为固定式三端集成稳压器的外形及电气符号。

此外还有一种开关稳压电源，它是通过控制三极管开通和关断的时间比率，调整输出电压，维持输出稳定的一种电源。因其自身功耗小、散热少、体积小、重量轻，被广泛应用在彩色电视机、计算机等设备中。其代表产品有 LH1605、μA78S40 等。

提示

为使三端稳压器正常工作，其输入电压至少应比输出电压高 3V 以上。如 7812 的输电压至少要在 15V 以上。

想一想

如何把 220V、50Hz 的交流电压变换为 12V 的直流电压？主要步骤是什么？

技能训练

技能训练指导 12-1　示波器的使用

示波器前面板结构如图 12-12 所示，下面我们来介绍示波器的基本使用方法。

【接通电源】

按下电源开关，待预热 15min 进入稳定工作状态后，再进行下一步操作。

【初始状态设置】

a）将“扫描方式”开关置“AUTO”（自动）位置。

b）调节“水平位移”和“垂直位移”旋钮，使光迹移至荧光屏观测区域的中央。

c）调节“辉度（INTEN）旋钮”将光迹的亮度调至所需要的程度。

d）调节“聚焦（FOCUS）旋钮”，使光迹清晰。

【观察信号波形】

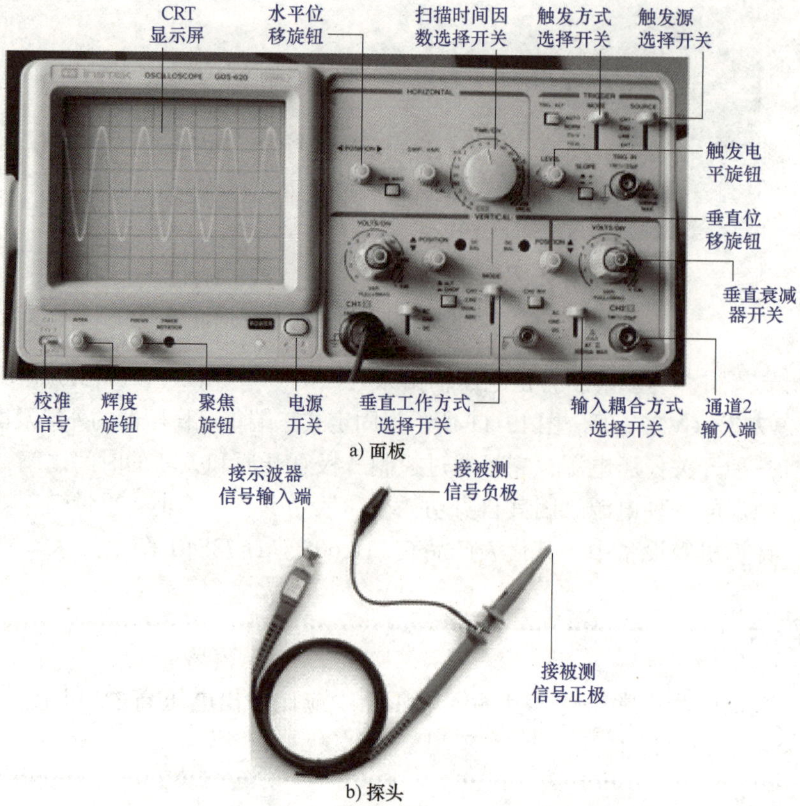

b) 探头

图 12-12　示波器前面板及探头结构图

a）在 CH1 或 CH2 输入端连接被测信号，按下“CH1”或“CH2”选择相应显示通道。

b）将“AC/GND/DC”开关置“DC”位置。

c）调整 LEVEL 使波形稳定

d）调节 CH1 垂直衰减器开关和扫描时间因数选择开关，使荧光屏上至少显示一个完整波形。(注：微调旋钮应置于校准位置)

e）观察信号波形形状

【测量信号峰-峰值 $V_{p\text{-}p}$】

准确地测量并读出峰-峰间的垂直距离（此时应置微调旋钮于“校准”位置），根据垂直衰减器开关的（V/DIV）值可得：

$V_{p\text{-}p}$ = 垂直偏转幅度（DIV）× 垂直衰减器（V/DIV）读数 × 探极衰减倍率

【测量信号周期 T】　准确地测量并读出一个周期的水平距离 D（此时应置微调旋钮于“校正”位置）。根据扫描时间因数选择开关的（Time/div）值可得：

$$T = D \times \text{扫描时间因数}(\text{S/DIV})$$

【测量信号频率】　由于频率是周期的倒数，所以：

$$\text{频率} f\,(\text{Hz}) = \frac{1}{\text{周期}\ T(\text{s})}$$

技能训练项目 12-1　直流稳压电源的安装与调试

【实训目标】

1）加深理解直流稳压电源的工作原理。

2）学会简易直流稳压电源的安装与调试。

3）学会用示波器观察整流、滤波电路的输出波形。

【实训器材】

自耦变压器一个、万能实验板一块、示波器一台、万用表一只、电烙铁一把、烙铁架一个、焊锡丝若干、螺钉旋具一套、斜口钳一把。实训中所用元器件见表 12-1。

表 12-1　元器件明细表

代　号	名　称	规格型号	数　量
R_1	电阻器	RT1-2-b-100Ω±5%	1
RP	电位器	1kΩ/2W	1
C_1	电解电容器	CD11-25V-1000μF	2
C_2	涤纶电容器	CL11-63V-0.33μF	1
C_3	电解电容器	CD11-16V-100μF	1
C_4	涤纶电容器	CL11-63V-0.1μF	1
$VD_1 \sim VD_5$	二极管	1N4001	5
IC_1	三端集成稳压器	78L12	1
S_1、S_2	钮子开关		1
T	自耦变压器	TDGC2	

【实训电路】　实训中所采用的直流稳压电源电路如图 12-13 所示。图中点画线框中为三端稳压器的典型应用电路，其中 VD_5 起保护三端稳压器的作用，C_2 用于减小输入电压的脉动，C_3 用于消除电压中的高频噪声。

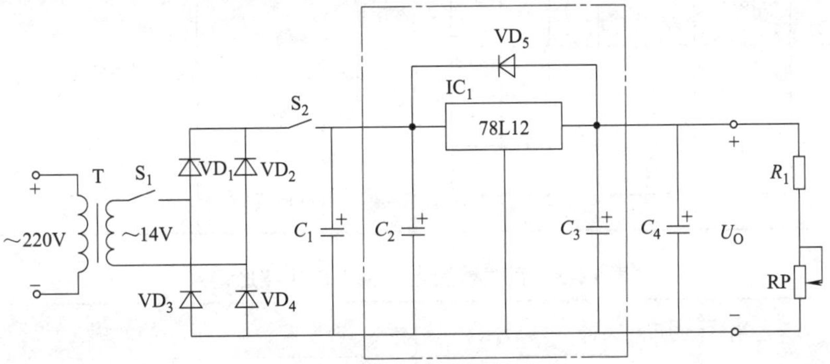

图 12-13　直流稳压电源电路

【实训内容及步骤】

1）按照表 12-1 所示元器件明细表，识别并检测各元器件质量。

2）按照图 12-13 所示电路原理图，在万能实验板上完成直流稳压电路的安装与焊接。安装焊接完毕的电路板如图 12-14 所示。电路板正面要求元件插装符合工艺要求；元件布局应横平竖直、层次分明、排列美观、疏密一致，结构紧凑；电路板背面要求元件之间的电气连通，可用裸铜线、剪掉的元件引脚或其它导线；布线要求横平、竖直，没有尖角。

3）断开开关 S_1，调节自耦变压器，使输出电压为 14V，用示波器观察自耦变压器输出交流电压波形并在表 12-2 中记录。

4）合上开关 S_1，断开开关 S_2，用示波器观察桥式整流电路全波整流输出电压波形并在表 12-3 中记录。

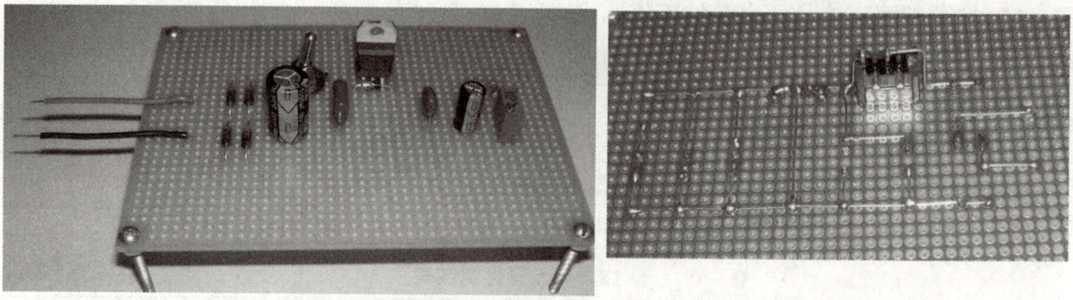

a) 正面　　b) 背面

图 12-14　制作完毕的直流稳压电源

表 12-2　自耦变压器输出电压波形记录

示波器波形	读　数	
	时间档位	
	周期	
	频率	
	幅度档位	
	正峰值	
	峰-峰值	
	有效值	

表 12-3　桥式整流电路输出电压波形记录

示波器波形	读　数	
	时间档位	
	周期	
	频率	
	幅度档位	
	峰值	

5）合上开关 S_2，调节自耦变压器，使输入电压为分别为 12V、14V 和 16V，用万用表测量输出电压，将结果记入表 12-4 中。

表 12-4　输入电压变化引起的输出电压变化

输入电压/V	12	14	16
输出电压/V			

6）调节自耦变压器，使输出电压为 14V 并保持不变，调节电位器旋钮使电位器阻值为最大及最小，用万用表测量输出电压，将结果记入表 12-5 中。

7）根据表 12-4 与表 12-5 中数据分析现象并小结。

表 12-5　负载变化引起的输出电压变化

负载/Ω	100	1100
输出电压/V		

【注意事项】

1）电容、二极管和 78L12 要注意引脚极性，切记不可装反。

2）如 78L12 发烫，是因为负载电流太大，可适当调整电位器 *RP* 减小负载电流。

【自评互评】

姓名			互评人		
项目	考核要求	配分	评分标准	自评分	互评分
元器件的识别与检测	正确识别与检测元器件	10	识别、检测错误一处，扣 1 分		
安装电路	1. 元器件安装规范 2. 电路装配整齐，美观	10	1. 错装、漏装、歪斜，每处扣 1 分 2. 电路装配不整齐、美观，扣 1 ~ 8 分		
焊接电路	1. 焊点符合工艺要求 2. 走线合理，横平竖直	10	不符合要求，每处扣 1 分		
交流电压波形的测量	正确测量，并记录波形	15	测量错误，扣 2 ~ 15 分		
全波整流电压的测量	正确测量，并记录波形	15	测量错误，扣 2 ~ 15 分		
改变输入电压和负载，测量输出电压	正确测量输出电压的值	20	测量错误，每处扣 4 分		
分析小结	正确分析该稳压电源的稳压效果	10	分析错误，扣 2 ~ 10 分		
安全文明操作	工作台上工具排放整齐，严格遵守安全操作规程，符合“6S”管理要求	10	违反安全操作、工作台上脏乱、不符合“6S”管理要求，酌情扣 3 ~ 10 分		
合计		100			

学生交流改进总结：

教师签名：

【思考与讨论】

1）输入电压小于12V，该电路还能起到稳压作用吗？为什么？

2）二极管 VD_5 在电路中起什么作用？

思考与练习

12-1　整流的作用是____________________________，滤波的作用是____________________，稳压的作用是____________________。

12-2　整流电路可将正弦电压变为脉动的直流电压。________（√、×）

12-3　线性直流电源中的调整管工作在放大状态，开关型直流电源中的调整管工作在开关状态。________（√、×）

12-4　试用连接线将图12-15所示的元器件连接成桥式整流电路。

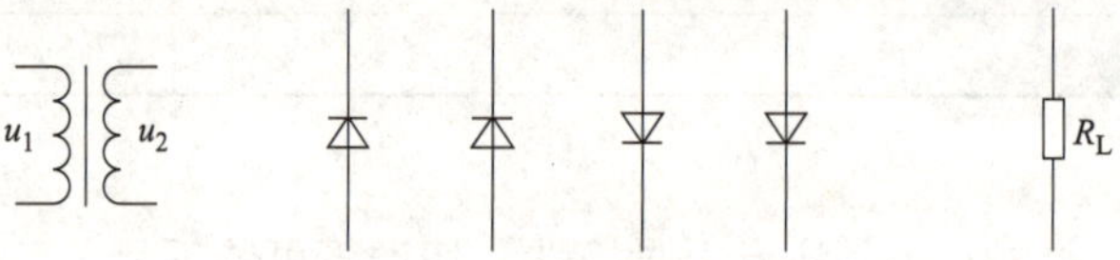

图12-15　题12-4图

12-5　为什么二极管可作为整流器件应用在整流电路中？

12-6　单相桥式整流电路中，4只二极管的极性全部反接，对输出有何影响？若其中一只二极管断开、短路或接反对输出有何影响？

12-7　电路如图12-16所示：

（1）分别标出 u_{O1} 和 u_{O2} 对地的极性；

（2）u_{O1}、u_{O2} 分别是半波整流还是全波整流？

（3）当 $U_{21}=U_{22}=20V$ 时，$U_{O1(AV)}$ 和 $U_{O2(AV)}$ 各为多少？

（4）当 $U_{21}=18V$，$U_{22}=22V$ 时，画出 u_{O1}、u_{O2} 的波形；求出 $U_{O1(AV)}$ 和 $U_{O2(AV)}$ 各为多少？

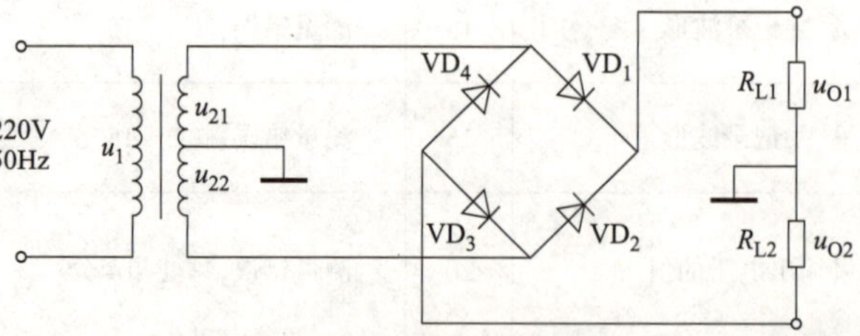

图12-16　题12-7图

12-8　请在电子电路网（http：//www.cndzz.com）等网站上查阅常用三端集成稳压器的资料及相关信息。

第13章 放大电路与集成运算放大器

知识目标

1. 能识读共射放大电路图，理解共射放大电路的电路结构和主要元器件的作用
2. 了解小信号放大器的静态工作点和性能指标的含义
3. 了解温度对放大器静态工作点的影响
4. 了解多级放大器的三种级间耦合方式及特点
5. 了解反馈的概念、类型及对放大电路的影响
6. 了解集成运放的电路结构、符号、引脚功能及其理想特性在实际中的应用

技能目标

1. 会使用万用表调试晶体三极管静态工作点
2. 会安装和调试共射基本放大电路

13.1 基本放大电路

话题引入

放大电路又称放大器，功能是将微弱的电信号（电压或电流）放大到我们所需要的程度。例如，从mp3耳机插孔输出的信号很小，只能用耳机听音乐，如果想要让更多的人分享，就必须先接功放，将信号放大，再接到音箱，这样大家就都能听到音乐了。本节我们将学习基本放大电路的组成及工作原理。

13.1.1 基本共射极放大电路的结构

图13-1所示电路，是以NPN型晶体三极管为核心的基本放大电路。因发射极是输入、输出回路的公共端，故称共射极放大电路，它是最基本的放大电路，也是复杂电子电路的基础。

共射极放大电路各部分作用如下：

【晶体管三极管VT】 起电流放大作用，通过基极电流 i_B 控制集电极电流 i_C，是放大电

路的核心器件。

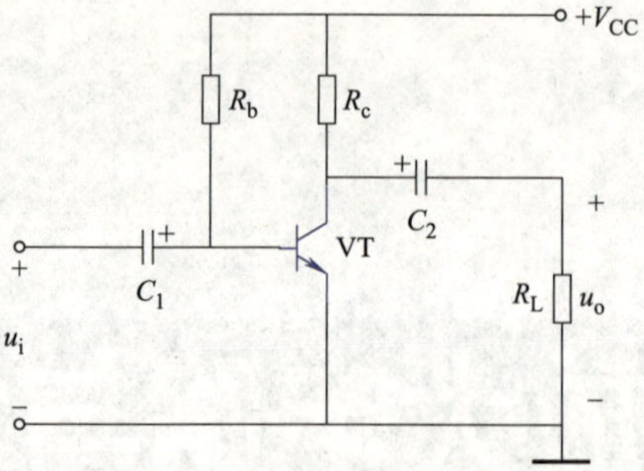

图 13-1 基本共射极放大电路

【基极偏置电阻 R_b】 也称偏流电阻，电源 V_{CC} 通过 R_b 为三极管提供发射结正向偏压，并给基极提供一个合适的直流偏置电流 I_b。

【集电极负载电阻 R_c】 R_c 将集电极电流的变化转换成集—射极之间的电压变化，这个变化的电压就是放大器的输出信号，即通过 R_c 将三极管的电流放大作用转换为电压放大。

【直流电源 V_{CC}】 为三极管提供偏置电压，使三极管处在放大状态，同时也是放大电路的能量来源。

【耦合电容 C_1 和 C_2】 用来传递交流信号，起到耦合的作用。同时，又使放大电路和信号源及负载间直流相互隔离，起隔直作用。

小知识

放大电路中电压、电流符号写法的规定

在没有输入信号时，放大电路中三极管各极电压、电流都为直流。当有信号输入时，输入的交流信号是在直流的基础上变化的。所以，电路中的电压、电流都是由直流成分和交流成分叠加而成的，也就是说，放大电路中每个瞬间的电压、电流都可以分解为直流分量和交流分量两部分，为了清楚地表示交流分量和直流分量，规定如下：

1）用大写字母加大写下标表示直流分量，如 I_B、U_C 分别表示基极的直流电流和集电极直流电压。

2）用小写字母加小写下标表示交流分量，如 i_b、u_c 分别表示基极的交流电流和集电极交流电压。

3）用小写字母加大写下标表示直流分量和交流分量的叠加，即总量。如 i_B 表示 $i_B = I_B + i_b$，即基极电流的总量。

4）用大写字母加小写下标表示交流分量的有效值，如 U_i、U_o 分别表示输入、输出交流信号电压的有效值。

13.1.2 共射极放大电路的静态分析

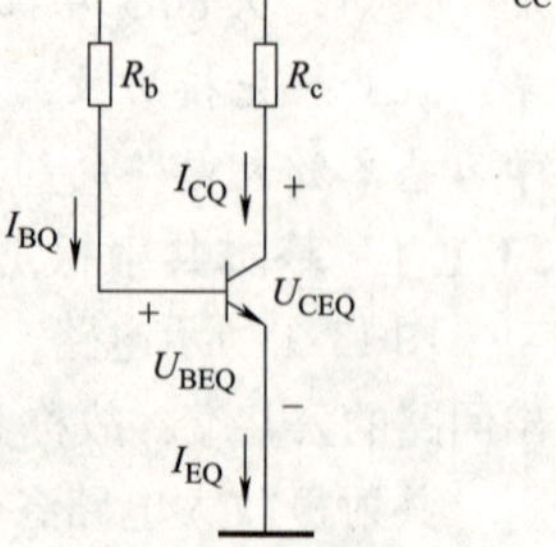

图 13-2 直流通路

放大电路的工作状态分为静态和动态两种。当放大电路无交流信号输入（$u_i = 0$），仅工作在直流状态时，称为静态。当放大电路有信号输入（$u_i \neq 0$）时，电路中的电压、电流将随输入信号的变化做相应的变化，称为动态。

【静态工作点 Q】 放大电路静态工作时三极管各极电压电流值 U_{BE}，I_B，U_{CE} 和 I_C 在三极管输入、输出曲线上对应的点称为静态工作点 Q，相应的电压电流值记作 U_{BEQ}、I_{BQ}、U_{CEQ} 和 I_{CQ}。

提示

静态工作点 Q 不仅影响电路是否会产生失真，而且影响着放大电路几乎所有的动态参数。因此，设置合适的静态工作点，是放大电路能否正常工作的前提条件。

【静态分析】　即是确定放大电路的静态工作点 U_{BEQ}、I_{BQ}、U_{CEQ} 和 I_{CQ} 的值，以确定三极管是否满足放大要求。其中 U_{BEQ} 基本恒定（硅管约为 0.7V，锗管约为 0.2V）。

为了便于分析和计算，需要画出放大电路的直流通路（即直流等效电路），如图 13-2 所示，将图 13-1 中电容 C_1 和 C_2 开路就可以得到共射极放大电路的直流通路。

提示

画直流通路方法是：将电容元件视为开路，电感元件视为短路，信号源视为短路，之后所得到的电路称为直流通路。

由图 13-2 所示的直流通路可求得该放大电路的静态工作点为

$$I_{BQ}=(V_{CC}-U_{BEQ})/R_b \approx V_{CC}/R_b \tag{13-1}$$

$$I_{CQ}=\beta I_{BQ} \tag{13-2}$$

$$U_{CEQ}=V_{CC}-I_{CQ}R_c \tag{13-3}$$

*13.1.3　共射极放大电路的动态分析

课堂实验

放大电路的动态测试（教师演示）

【实验现象】　按图 13-3 接好实验电路，由信号发生器输入 1kHz、10mV 的正弦波信号，调试好静态工作点后。用双踪示波器观察输入和输出电压波形幅值和相位情况，可得到如图 13-4 所示波形。由图可见动态时，电路中各电量在原静态值上叠加了一个交流分量。

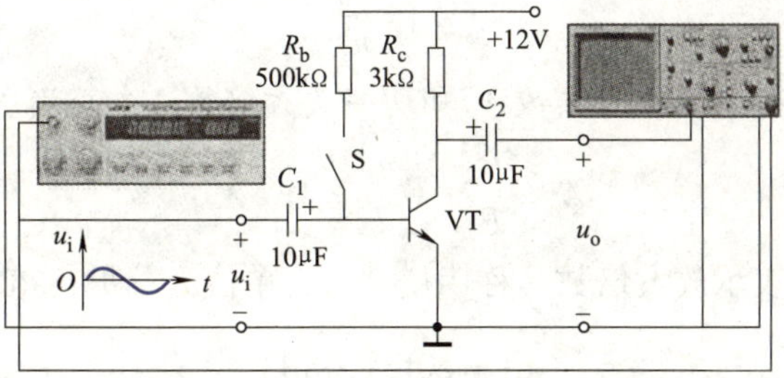

图 13-3　共射极放大电路工作情况实验电路图

【实验结论】　由实验可以看到输出电压 u_o 比 u_i 大得多，说明共射极放大电路具有电压放大作用；u_o 和 u_i 反相，说明共射极放大电路还具有倒相作用故这种电路也称为反相器。

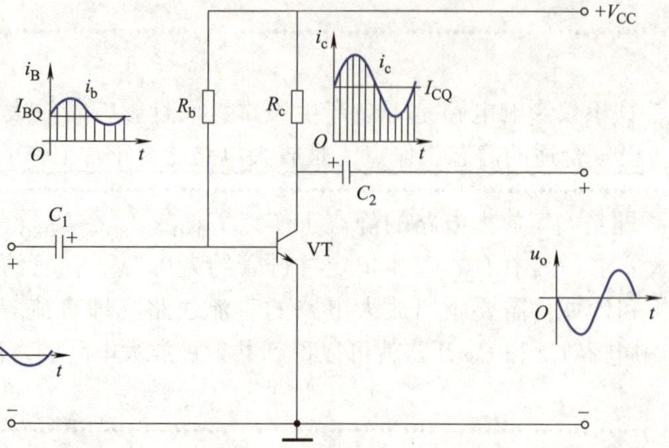

图 13-4　共射放大电路各极电压电流波形图

13.1.4　放大电路的主要性能指标

放大电路的主要性能指标包括放大倍数、输入电阻和输出电阻等，一般要进行放大电路的动态分析（分析对象是交流量）才能得到这些参数。

【放大器的放大倍数】　放大倍数是描述放大器放大能力的指标，常用 A 表示。放大器的框图如图 13-5 所示。左边是输入端，外接信号源，u_i、i_i 分别为输入电压和输入电流；右边是输出端，外接负载，u_o、i_o 分别为输出电压和输出电流。

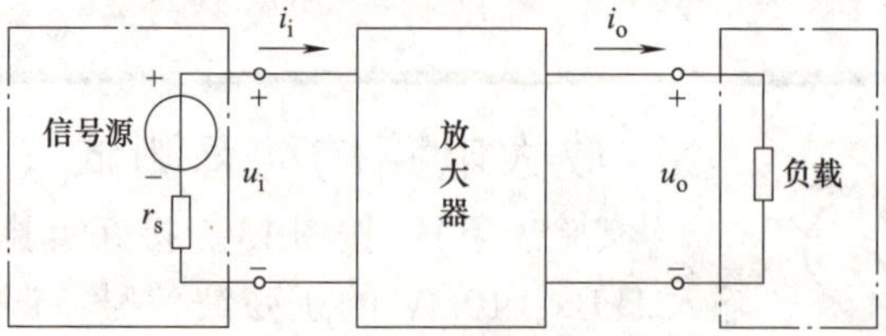

图 13-5　放大器的框图

电压放大倍数：放大电路输出电压与输入电压之比。

$$A_u = \frac{u_o}{u_i} \tag{13-4}$$

除电压放大倍，还有电流放大倍数 A_i 和功率放大倍数 A_p。三者关系为

$$A_p = \frac{P_o}{P_i} = \frac{i_o u_o}{i_i u_i} = A_i \cdot A_u \tag{13-5}$$

工程上常用对数来表示放大倍数，称为增益 G，单位为分贝（dB）。

电压增益　　$$G_u = 20\lg A_u (\mathrm{dB}) \tag{13-6}$$

【输入电阻 r_i】　输入电阻 r_i 是从放大器的输入端向放大器里面看进去的等效电阻，它反映了放大器工作时，向信号源索取电流的本领。r_i 大，则放大器向信号源索取的电流小；所以，从放大器的性能来说，放大器的输入电阻大一些好。

【输出电阻 r_o】　输出电阻 r_o 是当放大器不接负载（空载）时，从放大器的输出端向放

大器里面看进去的等效电阻；输出电阻反映了放大器的负载能力。R_o 小，则带负载能力强，所以，从放大器的性能来说，放大器的输出电阻小一些好。

*13.1.5　分压式偏置放大电路

【温度对静态工作点的影响】　基本共射极放大电路虽然结构简单，调试方便，电压放大作用明显，但其静态工作点易受外界条件变化影响，难以保持稳定。

引起静态工作点不稳定的原因很多，如电源电压波动、电路参数变化、三极管老化等，但影响最大的是温度的变化。例如当温度升高时，发射结正向电压 U_{BEQ} 减小，电流放大倍数 β 增大，都会使 I_{CQ} 增大，导致静态工作点 Q 发生变化，引起放大电路动态参数发生变化，甚至造成放大电路不能正常工作。

为了稳定静态工作点，可以从电路结构上采取措施，分压式偏置放大器就是典型的 Q 点稳定电路。

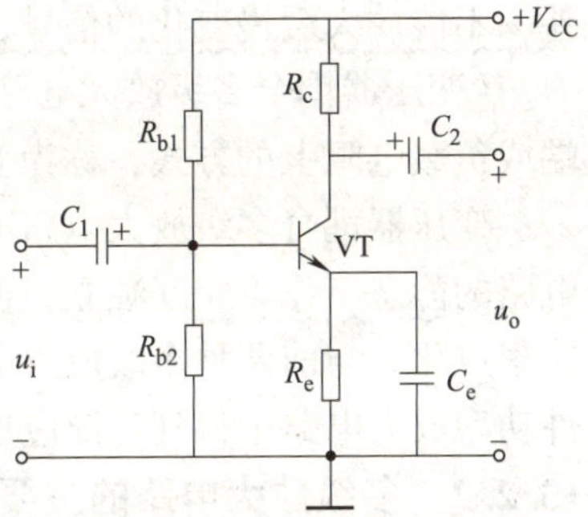

图 13-6　分压式偏置电路

【分压式偏置放大电路】　分压式偏置放大电路如图 13-6所示，图中 R_{b1} 和 R_{b2} 分别为上下偏置电阻，组成分压电路，为三极管提供基极偏置电压 U_{BQ}。R_e 为发射极电阻，起稳定静态工作点的作用。C_e 为发射极旁路电容，它的作用是提供交流信号通路，以减少信号损耗，使放大器的交流放大能力不因 R_e 的存在而降低。

13.2　多级放大电路

话题引入

单个放大电路的放大倍数较低，一般只有几十倍，然而，在实际的电子设备中，往往要求放大很多倍，为此需要把多个基本放大电路合理地连接，构成多级放大电路，以满足实际工作的需要。多级放大电路的一般结构如图 13-7 所示，第一级与信号源相连称为输入级，最后一级与负载相连称为输出级，其余称为中间级。

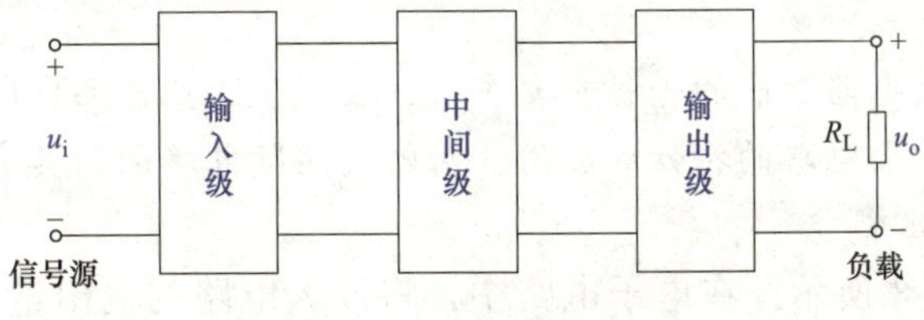

图 13-7　多级放大器组成框图

13.2.1　多级放大电路的耦合方式

组成多级放大电路的每一个基本放大电路称为一级，级与级之间的连接称为耦合。多级放大电路有三种常见的耦合方式：直接耦合、阻容耦合和变压器耦合。

【直接耦合多级放大电路】　将放大电路前级的输出端直接连接到后级输入端的方式，称为直接耦合。

由于直接耦合多级放大电路各级的直流通路互相连通，所以各级静态工作点相互影响，这样就给电路的分析、设计和调试带来一定的困难。但直接耦合多级放大电路具有良好的低频特性，不仅能放大交流信号，也能放大缓慢变化的信号；且体积小，易于集成化。

【阻容耦合多级放大电路】　将放大电路前级输出端通过电容 C 连接到后级输入端的方式，称为阻容耦合。

阻容耦合多级放大电路，由于耦合电容的隔直流通交流作用，所以各级静态工作点彼此独立，互不影响，电路的分析、设计和调试简单易行。但阻容耦合多级放大电路低频特性差，不能放大缓慢变化的信号，信号频率越低，电容上衰减越大；且不便于集成化。

【变压器耦合多级放大电路】　将放大电路前级的输出信号通过变压器接到后级的输入端或负载电阻上的方式，称为变压器耦合。

变压器耦合多级放大电路前后级靠磁路耦合，所以与阻容耦合电路一样，它的各级放大电路的静态工作点相互独立，但它的低频特性差，不能放大缓慢变化的信号，且笨重，更不能集成化。与前两种多级放大电路比较，其最大的特点是可以实现阻抗变换，因而在分立元件功率放大电路中得到广泛应用。

13.2.2　多级放大电路的主要参数

在分析多级放大电路时我们时常关注以下几个参数。

【电压放大倍数】　在多级放大电路中，由于前级的输出电压就是后级的输入电压，所以总的电压放大倍数等于各级放大倍数之积，对于 n 级放大电路，有

$$A_u = A_{u1} A_{u2} \cdots A_{un} \tag{13-7}$$

【输入电阻】　多级放大电路的输入电阻 R_i 就是第一级的输入电阻 R_{i1}，即

$$R_i = R_{i1} \tag{13-8}$$

【输出电阻】　多级放大电路的输出电阻 R_o 等于第 n 级（末级）的输出电阻 R_{on}，即

$$R_o = R_{on} \tag{13-9}$$

13.3　负反馈放大电路

话题引入

负反馈是改善放大电路性能的一种重要手段，在现代工业产品中所用到的放大器几乎都带有反馈。了解这种放大电路的特性和应用，对解决实际电路问题具有重要的意义。

13.3.1　负反馈的基本概念

【反馈】　如图 13-8 所示，在电子电路中，将放大电路的输出量（输出电压或输出电流）的一部分或全部通过一定的电路形式回送到放大电路输入回路，用来影响其输入量（输入电压或输入电流）的措施称为反馈。反馈到输入端的信号称为反馈信号，用于传输反馈信号的电路称为反馈电路或反馈网络，带有反馈环节的放大电路称为反馈放大电路。

【负反馈】　根据放大电路反馈的效果，反馈可分为正反馈和负反馈。如果反馈使放大电路净输入量增大，则称为正反馈；如果反馈使放大电路净输入量减小，则称为负反馈。由于负反馈可以改善多项放大器的性能指

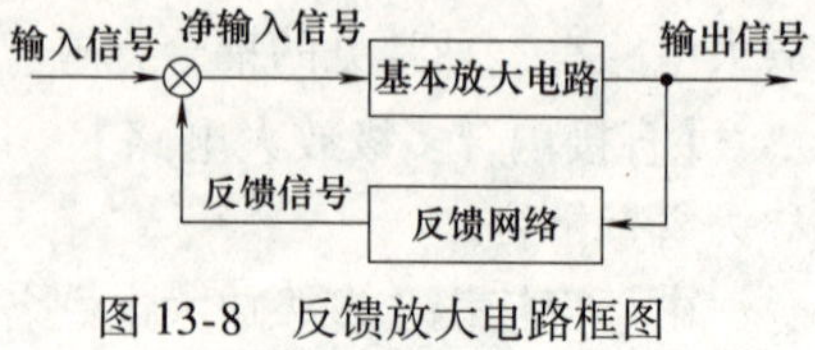

图 13-8　反馈放大电路框图

标，因此在现代工业产品中所用到的放大器几乎都带有负反馈。负反馈电路与放大电路的组合有四种方式，即电压串联负反馈、电压并联负反馈、电流串联负反馈和电流并联负反馈。

13.3.2　负反馈对放大电路性能的影响

放大电路引入负反馈后，能使其多项性能指标得到改善：

【提高放大倍数的稳定性】　一般来讲，放大电路的放大倍数是不稳定的，例如，环境温度的变化、更换晶体管，负载发生变化时都会引起放大倍数的变化，引入负反馈后能减小这种变化。

【改变放大电路的输入、输出电阻】　负反馈对放大电路输入、输出电阻的影响与放大电路的反馈类型有关。电压负反馈使输出电阻减小，电流负反馈使输出电阻增大；并联负反馈使输入电阻减小，串联负反馈使输入电阻增大。

【展宽通频带】　通频带反映放大电路对输入信号频率变化的适应能力，既然放大电路引入负反馈后，由于各种原因引起的放大倍数的变化都将减小，那么，由信号频率的变化引起的放大倍数的变化也将减小，即负反馈的效果是展宽了通频带。

【减小非线性失真】　对于理想放大电路，其输出信号与输入信号应完全呈线性关系，若输入正弦波信号，则输出也应是正弦波，不应该产生失真。但是，由于组成放大电路的半导体器件均有非线性特性，所以会引起输出波形的非线性失真，引入负反馈后可以在一定程度上减小输出波形的非线性失真。

例如，在图 13-9a 所示电路中，在放大电路没有引入负反馈时，假定输出电压的失真波形 u_o 是正半周大，负半周小。当放大电路引入负反馈后，如图 13-9b 所示（这里以引入电压串联负反馈为例，来说明它是如何减小非线性失真的），由于反馈电压 u_f 正比于输出电压 u_o，因此反馈电压 u_f 的波形也为正半周大，负半周小，当其反馈到输入端与输入电压 u_i 叠加后，得到的净输入电压 $u_i' = u_i - u_f$ 的波形却变成正半周小，负半周大，这种失真的波形再经过基本放大电路放大就抵消了原先输出波形的失真，从而减小了非线性失真，改善了输出波形。

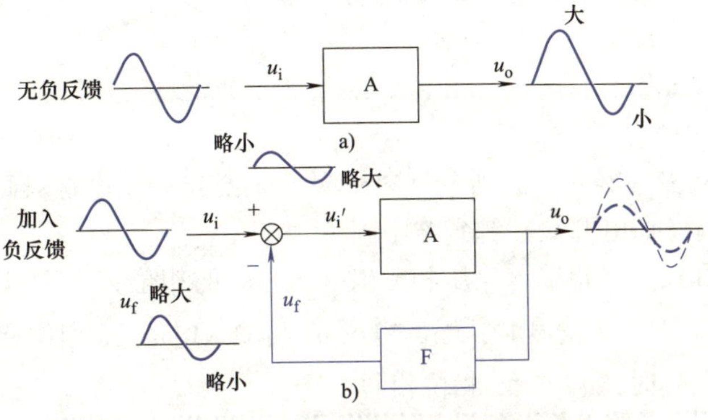

图 13-9　负反馈对非线性失真的改善

13.4　集成运算放大器

话题引入

运算放大器简称为运放，是一种高放大倍数、高输入电阻、低输出电阻的直接耦合放大电路。利用运算放大器可非常方便地完成信号放大、信号运算（加、减、乘、除、对数、反对数、平方、开方等）、信号的处理（滤波、调制）以及波形的产生和变换。如果将整个运算放大器集成在一个小硅片上，就成为集成运算放大器，简称集成运放。目前应用最为广泛的集成运算放大器型号有：LM358 和 LM324，外形如图 13-10 所示。

图 13-10　常用集成运算放大器外形

13.4.1　集成运算放大器的基本特征

1. 集成运算放大器的电气符号

集成运放的图形符号如图 13-11 所示，电路抽象为具有两个输入端 u_P、u_N 和一个输出端 u_o 的三端放大器，其中标“+”的为同相输入端，标“－”的为反相输入端。

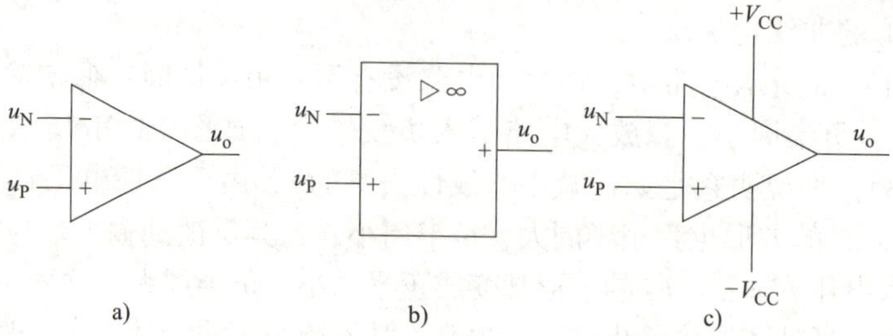

图 13-11　集成运放的常用图形符号

提示

1. 集成运放是多端器件，但画电路图时为了简便起见，通常只画出它的输入端和输出端，其余各端（如电源端）都省略不画。

2. 这里同相和反相是指输入电压和输出电压之间的相位关系。当同相输入端 u_P 接地，反相输入端 u_N 加一个信号时，输出电压 u_o 与输入电压 u_N 相位相反，反之，当 u_N 接地，u_P 加一个信号时，u_o 与 u_P 相位相同。

2. 集成运算放大器的结构

集成运算实质上是一个具有高放大倍数、高输入电阻和低输出电阻的多级直接耦合放大电路。它的内部通常包含四个基本组成部分，即输入级、中间级、输出级和偏置电路，如图 13-12 所示。其中，中间级是主放大器，主要提供足够大的电压放大倍数；输出级主要提供足够的输出功率，偏置电路主要为各级放大电路建立合适而稳定的静态工作点。

13.4.2　集成运算放大器的主要参数及理想特性

【开环差模电压放大倍数 A_{od}】　A_{od} 是指集成运放无外加反馈时的差模电压放大倍数，

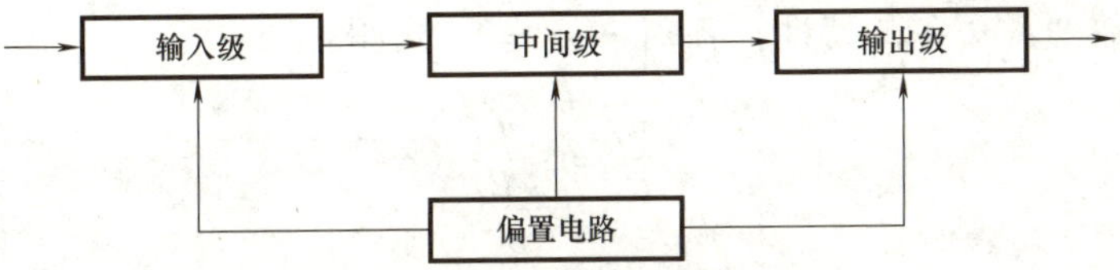

图 13-12 集成运放电路框图

即 $A_{od}=u_o/(u_P-u_N)$。通用型集成运放的 A_{od} 通常在 10^5 左右，且 A_{od} 越大，运算精度越高。理想运放中，$A_{od}\to\infty$。

【差模输入电阻 r_{id}】 r_{id} 是指集成运放对输入差模信号的输入电阻。r_{id} 越大，从信号源索取的电流越小，对信号源的影响也越小。理想运放中，$r_{id}\to\infty$；输出电阻 $r_0\to 0$。

【共模抑制比 K_{CMR}】 K_{CMR} 是指差模放大倍数与共模放大倍数之比的绝对值，即 $K_{CMR}=|A_{od}/A_{oc}|$。K_{CMR} 越大，对共模信号抑制能力越强。理想运放中 $K_{CMR}\to\infty$。

根据上述参数的理想数据，可得到运算放大电路的两个重要特性：

【虚短】 由于理想运放的开环差模电压放大倍数为 $A_{od}=u_o/(u_P-u_N)\to\infty$，可得 $u_P-u_N=u_o/A_{od}=0$，故有 $u_P=u_N$，即集成运放同相输入端和反相输入端电位相等，相当于短路，但又不是实际电路短路，故称为虚短。

【虚断】 由于理想运放的差模输入电阻 $r_{id}\to\infty$，故可认为其两个输入端的净输入电流为零，即 $i_P=i_N=0$，好像电路断开一样，但又不是实际断开电路，故称为虚断。

提示

在实际分析运放应用电路的工作原理时，如无特别的说明，均将集成运放作为理想运放来考虑。

13.4.3 集成运算放大器的应用电路

集成运算放大器在其外围接入适当的反馈网络，可以组成多种功能的应用电路。在此，仅以反相比例运算电路和同相比例运算电路为例介绍运放应用电路的分析方法。

1. 反相比例运算电路

【电路结构】 反相比例运算电路如图13-13所示，输入电压 u_I 经电阻 R_1 作用于集成运放的反相输入端，故输出电压 u_O 与输入电压 u_I 反相。同相输入端经电阻 R_2 接地，R_2 为补偿电阻，以保证集成运放输入级的对称性。在反相输入端和输出端之间接一反馈电阻 R_f，引入反馈。

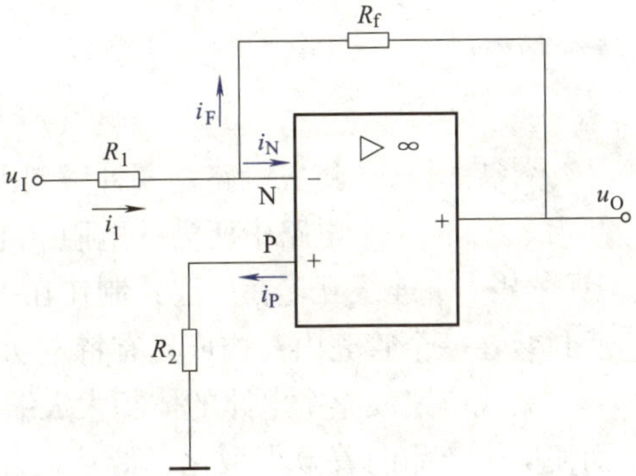

图 13-13 反相比例运算放大电路

【电路功能】 根据理想运放“虚断”的特性，有 $i_P=i_N=0$，由图可知

$$i_1=i_F$$

$$\frac{u_I-u_N}{R_1}=\frac{u_N-u_O}{R_f}$$

根据理想运放“虚短”的特性，有 $u_P = u_N = 0$，可得：

$$\frac{u_I}{R_1} = -\frac{u_O}{R_f}$$

$$u_O = -\frac{R_f}{R_1}u_I$$

可见，u_O 与 u_I 成比例关系，比例系数为 $-R_f/R_1$，负号表示 u_O 与 u_I 反相，即该电路完成了对输入信号的反相比例运算，且比例系数的数值可以是大于 1、等于 1 或小于 1 的任何值。

2. 同相比例运算电路

【电路结构】 将图 13-13 所示电路中的输入端和接地端互换，即同相端输入信号，反相端接地，就得到同相比例运算电路，如图 13-14所示。

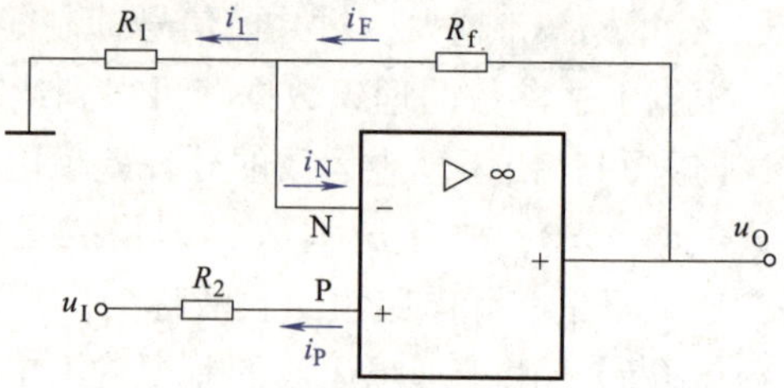

图 13-14 同相比例运算放大电路

【电路功能】 根据理想运放“虚断”的特性，有 $i_P = i_N = 0$，由图可知

$$i_1 = i_F$$

$$\frac{u_N - 0}{R_1} = \frac{u_O - u_N}{R_f}$$

根据理想运放“虚短”的特性，有 $u_P = u_N = u_I$，可得：

$$\frac{u_I - 0}{R_1} = \frac{u_O - u_I}{R_f}$$

$$u_O = \left(1 + \frac{R_f}{R_1}\right)u_I$$

可见，u_O 与 u_I 成比例关系，比例系数为（$1 + R_f/R_1$），且 u_O 与 u_I 同相，即该电路完成了对输入信号的同相比例运算，且 u_O 大于 u_I。

小知识

集成电路

集成电路是一种微型电子器件或部件。它采用专门的制造工艺，把一个电路中所需的电阻、电容、二极管、三极管等元器件及它们之间的连线互连在一起，制作在一小块或几小块半导体晶片或介质基片上，然后封装在一个管壳内，构成具有特定功能的器件。

集成电路使整个电路的体积大大缩小，且引出线和焊接点的数目也大为减少，从而使电子产品向着微小型化、低功耗和高可靠性方面迈进了一大步。随着科技的发展，集成电路生产工艺水平的提高，数字电路的集成度越来越高，从小规模（SSIC）、中规模（MSIC）、大规模集成电路（LSIC）发展到超大规模集成电路（VLSIC），特大规模集成电路（ULSIC）及巨大规模集成电路（GSIC）。

技 能 训 练

技能训练指导 13-1　函数信号发生器的使用

函数信号发生器前面板结构如图 13-15 所示，下面我们来介绍函数信号发生器的基本使用方法。

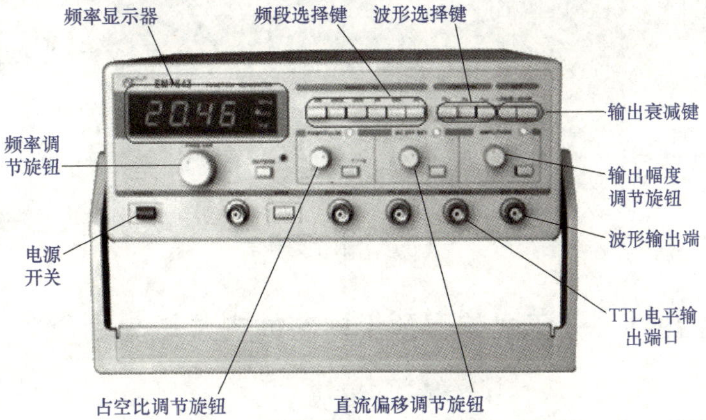

图 13-15　函数信号发生器前面板结构图

【接通电源】　按下电源开关，待预热 15min 进入稳定工作状态后，再进行下一步操作。

【选择信号波形】　按波形选择键选择输出信号波形。

【调节信号频率】　先按频段选择键，选择一个所需的工作频段，然后再调节频率调节旋钮，使输出信号达到所需要的频率值。

【调节信号幅度】　调节输出幅度调节旋钮，使输出信号幅度至需要大小，如果需要更小的信号，可按下输出衰减键，再调至相应大小。

【设置直流偏置】　可调节直流偏移调节旋钮使直流电平偏移至需要值。

【做 TTL 逻辑电路实验】　可以从 TTL 电平输出端直接引出输出信号使用。

其它部分按键功能详见函数信号发生器使用说明书。

技能训练指导 13-2　数字毫伏表的使用

数字毫伏表前面板结构如图 13-16 所示，下面介绍毫伏表的基本使用方法。

1）打开电源：按下电源开关，待预热 15min 进入稳定工作状态后，再进行下一步操作。

2）选择测量方式：有手动测量和自动测量两种方式，前者需要手动选择测量量程，后者根据被测电压大小自动选择测量量程。

3）选择测量通道：有 CH1 和 CH2 两个通道，根据被测电压的连接方式选择。

4）测量电压：将被测信号接入毫伏表，数码管显示即为被测电压有效值。

其它部分按键功能详见数字毫伏表使用说明书。

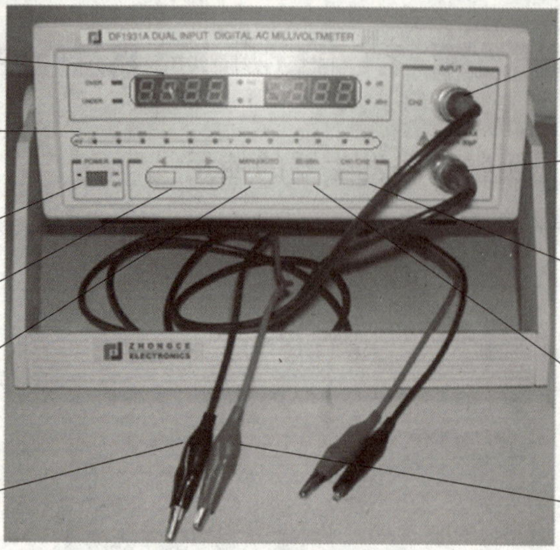

图 13-16　数字毫伏表

技能训练项目 13-1　分压式偏置放大电路的安装与测试

【实训目标】

1）学会分压式放大电路的安装与调试方法。

2）能正确使用函数信号发生器和毫伏表。

3）加深理解分压式放大电路的结构和工作原理。

【实训器材】

直流稳压电源一台、函数信号发生器一台、数字毫伏表一块、万用表一块、电烙铁一把、烙铁架一个、焊锡丝、万能实验板一块、螺钉旋具一把、斜口钳一把。实训中搭接电路所需元器件见表 13-1。

表 13-1　元器件明细表

代　　号	名　　称	规 格 型 号	数　　量
VT	三极管	9013	1
R_1	电阻器	RT1-0. 125-b-10kΩ ±5%	1
R_2	电阻器	RT1-0. 125-b-5. 1kΩ ±5%	1
R_3	电阻器	RT1-0. 125-b-3. 3kΩ ±5%	1
R_4	电阻器	RT1-0. 125-b-1kΩ ±5%	1
RP	电位器	100kΩ	1
C_1、C_3	电解电容器	CD11-16V-10μF	2
C_2	瓷片电容器	CC1-63V-300pF	1
C_4	电解电容器	CD11-16V-100μF	1

【实训电路】　实训中所采用的分压式偏置放大电路如图 13-17 所示。

【实训内容及步骤】

1）按照元器件明细表，识别并检测各元器件质量。

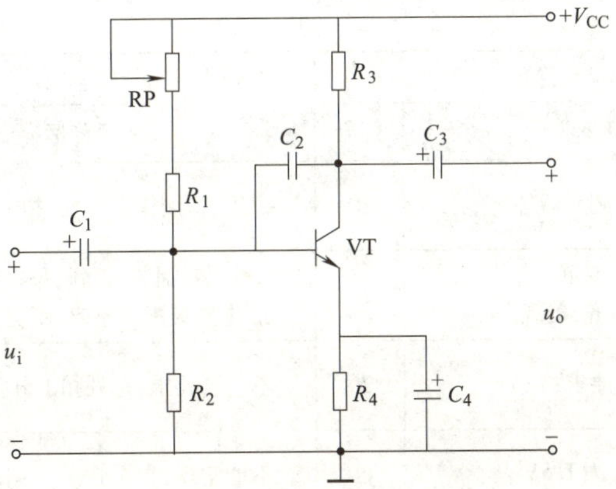

图 13-17　分压式偏置放大电路

2）按照图 13-17 所示电路，在万能实验板上完成分压式偏置放大器的安装与焊接，制作完毕的电路板正、反面如图 13-18 所示。

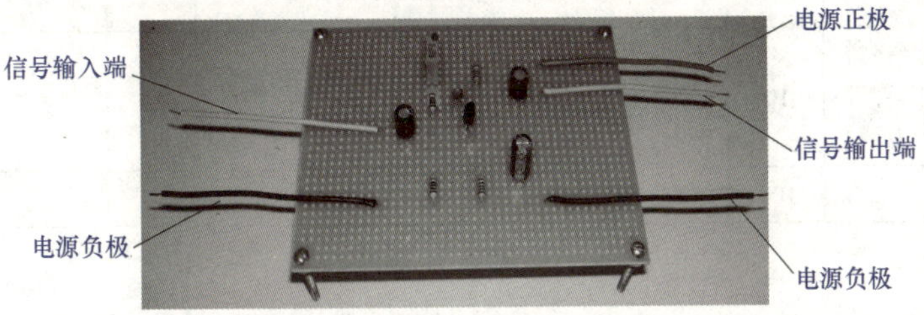

a) 正面

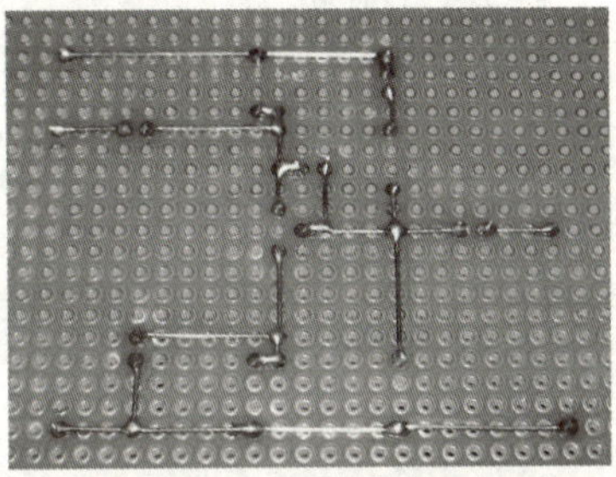

b) 反面

图 13-18　分压式偏置放大电路实物图

3）检查无误，接通电源。

4）调整 RP，使三极管 VT 发射极对地电压为 1.5V。

5）用万用表测试三极管的静态工作点，如图 13-19 所示。并计算三极管电流放大系数 β，将结果记入表 13-2 中。

6）用函数信号发生器产生 1000kHz、10mV 的正弦波信号加在放大器的输入端，用数字毫伏表分别测出输入、输出端电压的有效值，并计算电路空载时的电压增益，将结果记入表 13-3 中。

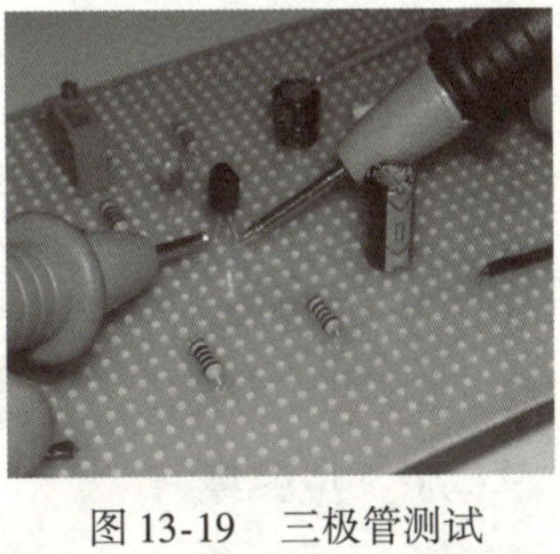

图 13-19　三极管测试

表 13-2　三极管静态工作点的测试

电压/V	电流/mA	计　算
V_B =	I_B =	根据 I_B、I_C 计算三极管电流放大系数
V_C =	I_C =	
U_{BE} =	I_E =	β =

表 13-3　放大器电压增益的测试

输入电压/V	输出电压/V	电 压 增 益
u_i =	u_o =	

【自评互评】

姓名			互评人		
项目	考核要求	配分	评分标准	自评分	互评分
元器件的识别与检测	正确识别与检测元器件	10	识别、检测错误一处，扣1分		
安装电路	1. 元器件安装规范 2. 电路装配整齐，美观	20	1. 错装、漏装、歪斜，每处扣1分 2. 电路装配不整齐、不美观，扣1～8分		
焊接电路	焊点符合工艺要求	20	不符合要求，每处扣1分		
调整静态工作点	调整RP，使V_E为1.5V	5	不能实现，扣5分		
测试静态工作点	正确测量V_B、V_C、V_{BE}，I_B、I_E、I_C	25	测量错误，每处扣5分		
测试电压增益	正确测量放大器空载时的电压增益	10	测量错误，扣10分		
安全文明操作	工作台上工具排放整齐，严格遵守安全操作规程，符合"6S"管理要求	10	违反安全操作、工作台上脏乱、不符合"6S"管理要求，酌情扣3～10分		
合计		100			

学生交流改进总结：

教师签名：

【注意事项】

1）在用万用表测量电压时，要注意不要让表笔碰到相邻焊点或引脚，以免造成短路。

2）保证放大器工作电压为12V，避免输入高电压烧坏元件。

【思考与讨论】

1）直流电源在放大器中起什么作用。

2）RP的大小变化，对三极管放大电路静态工作点有什么影响。

3）I_C如何测量。

思考与练习

13-1　一个处于放大状态的电路，当输入电压是10mV时，输出电压为7V；输入电压为15mV时，输出电压为6.5V，则电压放大倍数为________。

13-2　在放大电路的交流通路是指________

A. 电压回路

B. 电流通过的路径

C. 交流信号流通的路径

13-3　分析放大电路时常常采用交直流分开分析的方法，这是因为________。

A. 三极管是非线性器件

B. 电路中存在电容

C. 电路中有直流电容

D. 电路中既有交流量又有直流量

13-4　电路的静态是指________。

A. 输入交流信号幅值不变时的电路状态

B. 输入交流信号频率不变时的电路状态

C. 输入交流信号且幅值为 0 时的电路状态

D. 输入端开路时的状态

13-5　在直流通路中，只考虑直流电源的作用。________（√、×）

13-6　共发射极放大电路的输出与输入信号反相。________（√、×）

13-7　电路如图 13-20 所示，集成运放输出电压的最大幅值为 ±14V，试填入表 13-4 中。

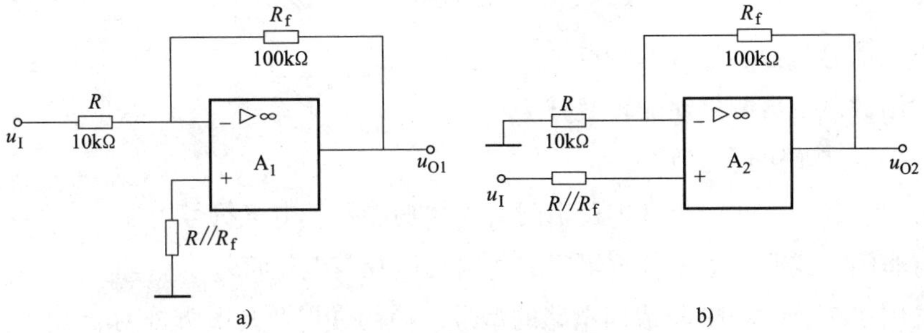

图 13-20　题 13-7 图

表 13-4　题 13-7 表

u_I/V	0.1	0.5	1.0	1.5
u_{O1}/V				
u_{O2}/V				

13-8　电路如图 13-21 所示，已知三极管 $\beta=50$，在下列情况下，用直流电压表测三极管的集电极电位，应分别为多少？设 $V_{CC}=12V$，三极管饱和管压降 $U_{CES}=0.5V$。

（1）正常情况（2）R_{b1} 短路（3）R_{b1} 开路（4）R_{b2} 开路（5）R_c 短路

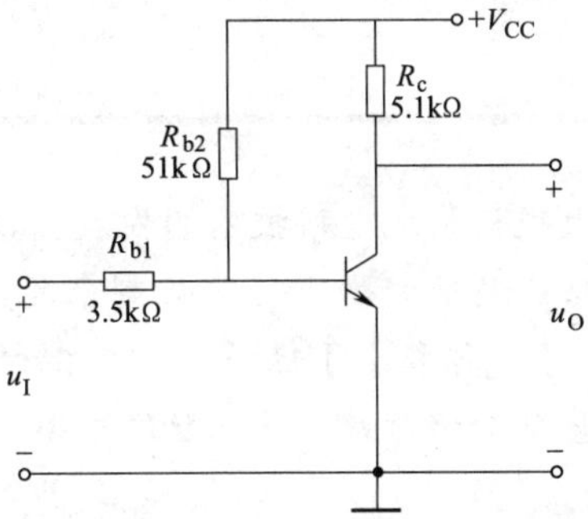

图 13-21　题 13-8 图

13-9　请在电子电路网（http：//www. cndzz. com）等网站上查阅常用集成运算放大器的资料及相关信息。

第14章 数字电子技术基础

知识目标

1. 了解模拟信号与数字信号的特点
2. 了解常用数制及数制之间的转换方法
3. 了解8421BCD码的表示形式
4. 了解与门、或门、非门等基本逻辑门的逻辑功能及其电气符号
5. 了解与非门、或非门等复合逻辑门的逻辑功能及其电气符号
6. 了解常用TTL及CMOS集成门电路的型号、使用常识及其引脚排列

技能目标

1. 能识别常用集成逻辑门电路的型号及引脚功能
2. 会测试常用集成门电路的逻辑功能并判断其好坏。

14.1 数字电路基础知识

话题引入

近年来，随着大规模、超大规模集成电路技术的发展，数字电子技术的应用范围越来越广，数字产品体积越来越小，功能越来越强，可靠性越来越高。图14-1所示为一块数字手机电路板，相比过去的“大哥大”，体积小了很多，但功能和性能却远远超过了“大哥大”。本节我们就从数字电子技术的基础知识开始，认识数字电路。

14.1.1 模拟信号与数字信号

信号是运载消息的工具，是消息的载体。从广义上讲，它包含光信号、声信号和电信号等。

在电子线路中传输和处理的信号是电信号，即随时间变化的电压或电流。比如电视、手机接收的无线电信号和固定电话中传输的电流信号等。电子技术中的电信号大致可分为两大

图 14-1　数字手机电路板

类：模拟信号和数字信号。

【模拟信号】　如图 14-2a 所示，在数值上和时间上都是连续变化的信号，称为模拟信号。用来处理模拟信号的电路称为模拟电路。

【数字信号】　如图 14-2b 所示，在数值和时间上均离散（也就是不连续）的信号，称为数字信号。对数字信号进行传递、处理、运算和存储的电路称为数字电路。

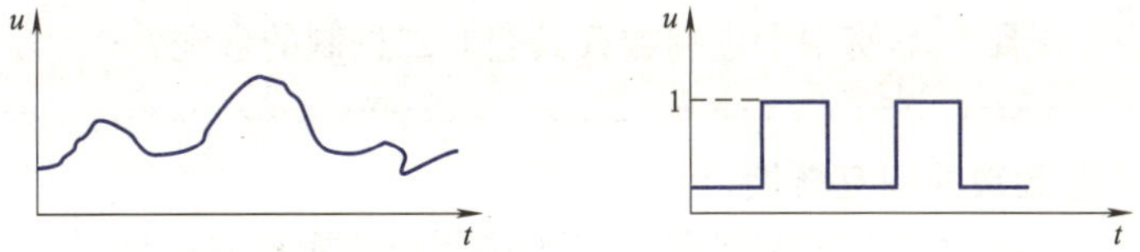

a) 模拟信号　　b) 数字信号

图 14-2　模拟信号和数字信号

想一想

生活中哪些信号是模拟信号，哪些信号是数字信号？

14.1.2　数制

数制是人们对数量计算的一种统计规律。在日常生活中，我们习惯使用十进制，而在数字电路系统中通常采用二进制数。

1. 常用数制

【十进制】　十进制是日常生活和工作中最常使用的进位计数制，在十进制数中，有 0、1、2、3、4、5、6、7、8 和 9 十个数码，通常把数码的个数称为基数，所以十进制数的基数是 10，超过 9 的数必须用多位表示，其中低位和相邻高位之间的关系是“逢十进一”，故称为十进制数。

十进制数中不同位置上的数的单位数值称为权值，例如，123.123，从小数点开始，左起第一位（个位）的权为 10^0，第二位（十位）的权为 10^1，从小数点开始，右起第一位（十分位）的权为 10^{-1}，第二位（百分位）的权为 10^{-2}。故 123.123 可按权展开成多项式形式：

$$(123.123)_{10}=1\times10^2+2\times10^1+3\times10^0+1\times10^{-1}+2\times10^{-2}+3\times10^{-3}$$

所以，任意一个十进制数可表示为

$$(D)_{10}=\sum k_i\times10^i$$

式中，k_i是第 i 位的系数，它可以是 0~9 十个数码中的任意一个。

如果以 N 取代上式中的 10，则可得到任意进制数按权展开的形式：

$$D=\sum k_iN^i$$

式中，k_i 为第 i 位的系数，N^i 为第 i 位的权。

【二进制】 在数字电路中常用的数是二进制数。二进制数只有两个数码，即 0 和 1，遵循“逢二进一”的进位规律，比如二进制数 1101.11 的权展开式为：

$$(1101.11)_2=1\times2^3+1\times2^2+0\times2^1+1\times2^0+1\times2^{-1}+1\times2^{-2}$$

所以，任意一个二进制数可表示为

$$(D)_2=\sum k_i\times2^i$$

想一想

为什么在数字电路中不使用十进制数或其它非二进制的数呢？

2. 二进制与十进制数的相互转换

【二进制转换为十进制】 二进制数转换为十进制数的换算方法是：“按权展开相加法”，即将二进制数按权的形式展开，然后按十进制数求和，所得结果即为对应的十进制数。

例如：$(1101.101)_2=1\times2^3+1\times2^2+0\times2^1+1\times2^0+1\times2^{-1}+0\times2^{-2}+1\times2^{-3}$

$=8+4+1+0.5+0.125$

$=(13.625)_{10}$

【十进制转换为二进制】 十进制数转换为二进制数可采用“除 2 取余法”，即用二进制的基数 2 不断去除待转换的十进制数，直到商为 0，将每次除基数所得余数从后往前按顺序排列，也就是先得到的余数为低位，后得到的余数为高位。得到的结果就是对应的二进制数。

例如将 $(35)_{10}$转换成二进制数。

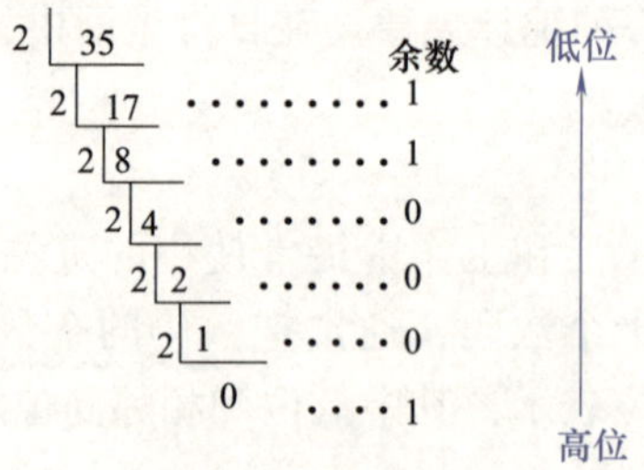

即 $(35)_{10}=(100011)_2$

练一练

将二进制数 10110101、1010.1101 转换成十进制数，将十进制数 35、25.318 转换成二进制数。

14.1.3　BCD 码

在数字系统中，对十进制数的运算处理通常都是将其转换成二进制数，再进行运算。这种用二进制代码表示十进制数的方法，称为二—十进制编码，简称 BCD 码。

BCD 码的方式有很多，其中最常用的是 8421BCD 码。这种方法是用 4 位二进制码表示十进制数的 0、1、2、3、4、5、6、7、8、9 十个数码。这四位二进制数各位的权值从左至右依次为 8、4、2、1，每组代码加权系数之和，就是它代表的十进制数，例如代码 0101，即代表十进制数 0 +4 +0 +1 =5。故称 8421 码。表 14-1 为十进制数和 8421BCD 码的对应关系表。

表 14-1　8421BCD 码

十进制数	8421BCD 码	十进制数	8421BCD 码
0	0000	5	0101
1	0001	6	0110
2	0010	7	0111
3	0011	8	1000
4	0100	9	1001

提示

4 位二进制数码有 16 种组合，原则上可任选其中的 10 种作为代码，分别代表十进制中的 0、1、2、3、4、5、6、7、8、9 这十个数符，8421 码只是其中一种，除 8421 码外还有 2421 码和 5421 码等 BCD 码。

想一想

5421BCD 码的编码对应表应该怎么写。

14.2　逻辑门电路

话题引入

在数字电路中，数字信号的高、低电平可以看成是逻辑关系的“真”与“假”或二进制数当中的“1”和“0”，因此数字电路可以方便地实现逻辑运算。

14.2.1 基本逻辑门

1. 与逻辑及与门电路

【与逻辑关系】 只有当决定某一事件的全部条件都具备之后，该事件才发生，否则就不发生的一种逻辑关系。

例如图 14-3a 所示电路中，只有当开关 A 与 B 全部闭合时，灯泡 Y 才亮；若开关 A 或 B 其中有一个不闭合，灯泡 Y 就不亮。

在数字电路中，这种逻辑关系表示为 $Y=A\cdot B$ 或 $Y=AB$，读作“A 与 B”。

如果设开关的接通状态为 1，断开状态为 0，指示灯亮为 1，指示灯灭为 0，则可得与逻辑关系的运算规则为：$0\cdot 0=0$，$0\cdot 1=0$，$1\cdot 0=0$，$1\cdot 1=1$。

提示

逻辑运算中的 0 和 1 代表一种逻辑状态，无数量含义。

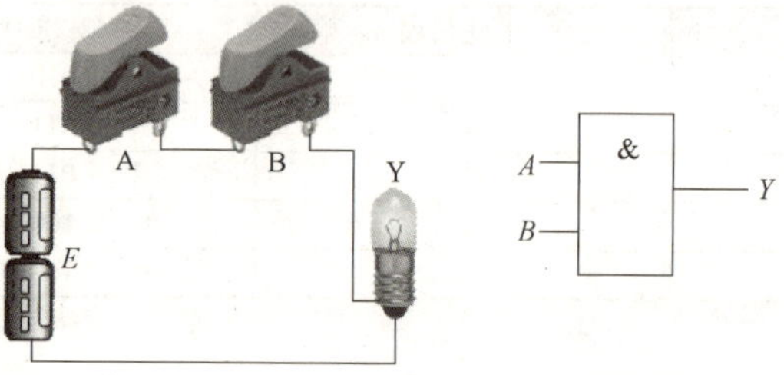

a) 与逻辑举例　　b) 图形符号

A	*B*	*Y*
0	0	0
0	1	0
1	0	0
1	1	1

c) 真值表

图 14-3　与逻辑运算关系

【与门电路】 与门指能够实现与逻辑关系运算的电路，其电路符号如图 14-3b 所示。一个与门有两个或两个以上的输入端，只有一个输出端，输入、输出之间的逻辑函数，即逻辑关系为

$$Y=A\cdot B$$

与门的逻辑功能可以用真值表来描述，见图 14-3c 所示。

由真值表可以看出与门电路的逻辑功能为：当输入只要有一端为 0 时，输出就为 0；只有当输入全为 1 时，输出才为 1。

2. 或逻辑及或门电路

【或逻辑关系】 在决定某事件的诸条件中，只要有一个或一个以上的条件具备，该事件就会发生；当所有条件都不具备时，该事件才不发生的一种逻辑关系。

例如图 14-4a 所示电路中，只要开关 A 或 B 其中任一个闭合，灯泡 Y 就亮；只有 A、B 都断开时，灯泡 Y 才不亮。

在数字电路中，这种逻辑关系表示为 $Y=A+B$，读作“A 或 B”

逻辑关系的运算规则为：$0+0=0$，$0+1=1$，$1+0=1$，$1+1=1$。

【或门电路】 或门指能够实现或逻辑关系运算的电路，其图形符号如图 14-4b 所示。

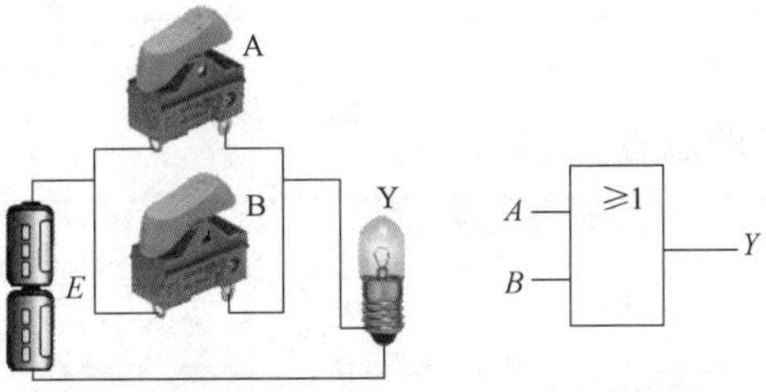

a) 或逻辑举例　　b) 图形符号　　c) 真值表

A	B	Y
0	0	0
0	1	1
1	0	1
1	1	1

图 14-4　或逻辑运算关系

一个或门有两个或两个以上的输入端，只有一个输出端，输入、输出之间的逻辑函数为

$$Y = A + B$$

或门电路的真值表如图 14-4c 所示。

由真值表可知或门电路的逻辑功能为：当输入只要有一端为 1 时，输出就为 1；只有当输入全为 0 时，输出才为 0。

3. 非逻辑及非门电路

【非逻辑关系】 决定某事件的唯一条件不满足时，该事件就发生；而条件满足时，该事件反而不发生的一种因果关系。

如图 14-5a 所示电路，当开关 A 闭合时，灯泡 Y 不亮；当开关 A 断开时，灯泡 Y 才亮。这种因果关系就是非逻辑关系。

在数字电路中，这种逻辑关系表示为 $Y = \overline{A}$，读作“A 非”或“非 A”。在逻辑代数中，非逻辑称为“求反”。

非逻辑关系的运算规则为：$\overline{0} = 1$，$\overline{1} = 0$。

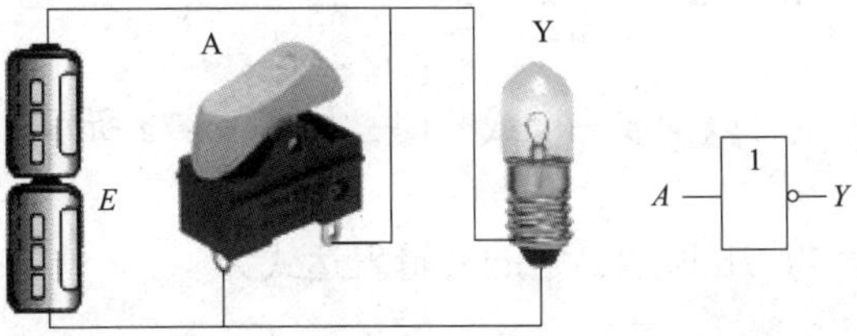

a) 非逻辑举例　　b) 图形符号　　c) 真值表

A	Y
0	1
1	0

图 14-5　非逻辑运算关系

【非门电路】 非门是指能够实现非逻辑关系的门电路。它有一个输入端，一个输出端，其图形符号如图 14-5b 所示。

逻辑函数为

$$Y = \overline{A}$$

非门电路的真值表如图 14-5c 所示。由表可见，非门电路的逻辑功能就是取反。

提示

逻辑符号中输出端的小圆圈表示非的意思。

想一想

生活中有哪些与、或、非的逻辑关系？

14.2.2 复合逻辑门

1. 与非门

与非门图形符号如图 14-6b 所示，实际就相当于是将一个与门和一个非门按图 14-6a 所示连接，它的逻辑函数式为

$$Y=\overline{A \cdot B}=\overline{AB}$$

与非门电路的真值表见图 14-6c。

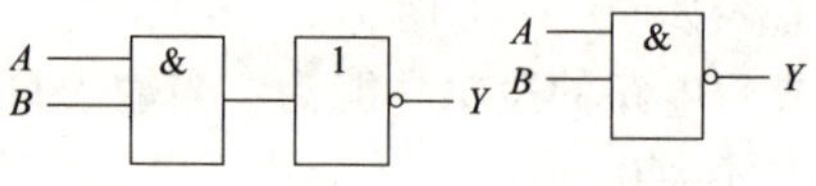

a) 与非门电路结构　b) 图形符号

A	B	Y
0	0	1
0	1	1
1	0	1
1	1	0

c) 真值表

图 14-6　与非逻辑运算关系

由此可知，与非门的逻辑功能为：当输入全为高电平时，输出为低电平；当输入有低电平时，输出为高电平。

练一练

试着用一个与门和一个非门组成一个与非门。

2. 或非门

把一个或门和一个非门连接起来就可以构成一个或非门，如图 14-7a 所示。或非门可有多个输入端，但只能有一个输出端。

两端输入或非门的图形符号如图 14-7b 所示，它的逻辑表达式为

$$Y=\overline{A+B}$$

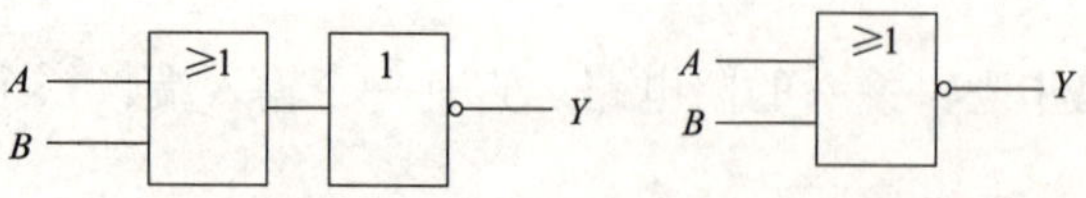

a) 或非门电路结构　b) 图形符号

A	B	Y
0	0	1
0	1	0
1	0	0
1	1	0

c) 真值表

图 14-7　或非逻辑运算关系

或非门真值表如表 14-7c 所示。由表可知，或非门的逻辑功能为：当输入全为低电平时，输出为高电平；当输入有高电平时，输出为低电平。

提示

实际的逻辑问题往往要比与、或、非逻辑复杂，不过它们都可以用与、或、非逻辑的组合来实现。

14.2.3　集成门电路

将若干个门电路，经集成工艺制作在同一芯片上，加上封装，引出引脚便成为集成门电路。常见的集成门电路有 TTL 系列和 CMOS 系列两大类，每一类又根据其内部包含门电路的个数、同一门输入端个数、电路的工作速度、功耗等分为多种型号。

1. TTL 集成电路简介

双极型三极管—三极管逻辑电路，简称 TTL 电路，它是一种性能优良的门电路，因开关速度快，抗干扰能力强，带负载能力强而得到广泛应用。

TTL 集成门电路有许多不同的系列，总体可分为 54 系列和 74 系列，54 系列为满足军用需要设计，工作温度范围为 -50 ~ 125℃；74 系列为满足民用要求设计，工作温度范围为 0 ~ 70℃。而每一大系列中可分为以下几个子系列（以 74 为例）：

【74 系列】　又称标准 TTL 系列，属中速 TTL 器件。

【74L 系列】　称为低功耗 TTL 系列，又称 LTTL 系列。

【74H 系列】　称为高速 TTL 系列，又称 HTTL 系列。

【74S 系列】　称为肖特基 TTL 系列，又称 STTL 系列。

【74LS 系列】　称为低功耗肖特基系列，又称 LSTTL 系列。

【74AS 系列】　称为先进肖特基系列，又称 ASTTL 系列。

【74ALS 系列】　称为先进低功耗肖特基系列，又称 ALSTTL 系列，是 74LS 系列的后继产品。

在这些系列中，74（基本型）子系列为早期 TTL 产品，已基本淘汰，74LS 子系列以其性价比高、综合性能好而应用最广，目前仍为主流应用品种之一。

提示

各类 TTL 电路若尾数相同（如 74LS00 和 7400），则逻辑功能完全相同。

2. CMOS 集成电路简介

CMOS 电路是互补金属-氧化物半导体集成电路的简称，由于功耗低（25 ~ 100μW），电源电压范围宽（3 ~ 18V），输入阻抗高（大于 100MΩ），抗干扰能力强，集成度高，成本低等特点，应用范围很广，正在逐渐取代 TTL 电路。

在我国，CMOS 集成门电路分为 CC4000 系列和 C000 系列两大类，其中 CC4000 系列产品与国际标准相同，只要 4 后面的数字相同，即为相同功能、相同特性的器件，可直接互换使用。C000 系列产品与 CC4000 系列的引脚排列不尽相同，大多不能直接代换，使用时应注意区别。

提示

集成块引脚的识别方法是：如图 14-8 所示，将集成块正对准使用者，以凹口左边有一小标志点“·”为起始脚 1，逆时针方向向前数 1、2、3、…*n* 脚。

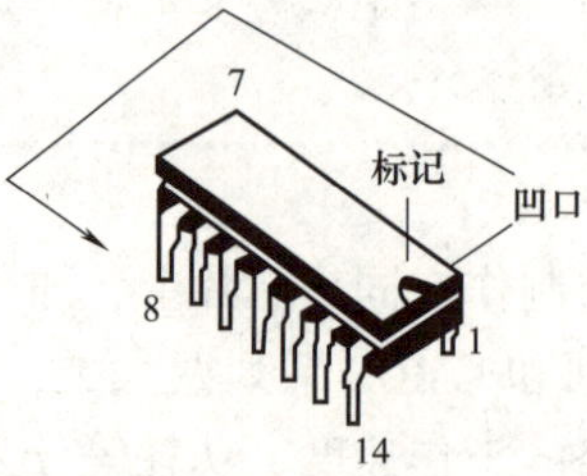

图 14-8

3. 常见集成门电路

【集成逻辑门的内部结构】 一般一个逻辑门集成块内部包含几个相同模块的逻辑功能单元，它们在集成块内部相对独立，占用不同的引脚作为输入和输出端，但共用电源和接地引脚。图 14-9 所示是四路二输入与非门（也叫四 2 输入与非门）74LS00 内部逻辑和引脚排列图，“四路”表示它有相同的四个逻辑功能单元，“二输入”指每个逻辑功能单元有 2 个输入端，“与非门”表示每个逻辑单元的功能。从图 14-9b 可以清晰地看到该集成块包含四个相同的相对独立的与逻辑门，各自占用不同的集成块引脚，在变量字母后加不同的数字加以区分，如 A1 表示第一个逻辑门的第一个输入端，Y2 表示第二个逻辑门的输出端，它们

a) 外形

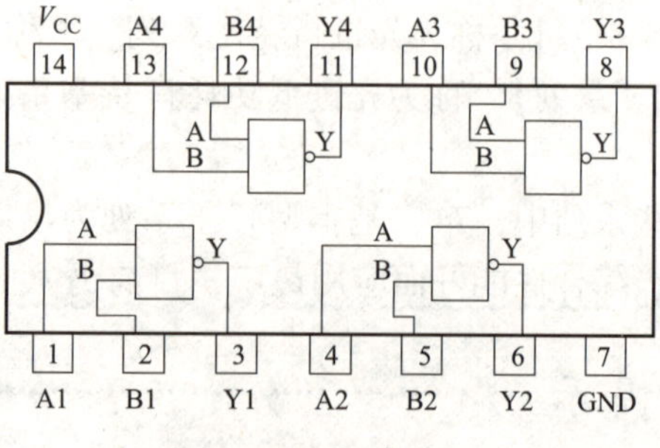

b) 内部逻辑和引脚功能图

图 14-9 四路二输入与非门 74LS00

共用 14 脚电源（V_{CC}）和 7 脚地（GND），在数字系统中可以根据需要选用其中的一个或多个，没用到的可以闲置，不会影响其它门电路的正常工作。

【常用集成门电路】 TTL 系列的四 2 输入与门 74LS08、74LS09，四 2 输入或门 74LS32，六反相器 74LS04、74LS05，四 2 输入与非门 74LS00、四 2 输入或非门 74LS02 和 CMOS 系列的四 2 输入与门 CC4081、CD4081，四 2 输入或门 CC4071、CD4071，六反相器 CC4069、CD4069，四 2 输入与非门 CC4011、CD4011，四 2 输入或非门 CC4001、CD4001，其外形、内部逻辑和引脚功能与图 14-9 相似。

小知识

电子工业的隐形杀手“静电”

静电是客观存在的自然现象，在人们的日常生活和工作中，经常会遇到。它存在于物体表面，是正负电荷在局部失衡时产生的一种现象，是一种电能，只要物体之间相互摩擦、剥离、感应就会产生静电。

在电子工业中，随着电子产品集成度越来越高，集成电路的内绝缘层越来越薄，导线宽度与间距越来越小，相应的击穿电压也越来越低。而在电子产品在制造、运输及存储等过程中所产生的静电电压远远高于击穿电压，经常会使器件产生硬击穿或软击穿（器件局部损伤）现象，使其失效或严重影响产品的可靠性。

同时静电对电子产品的危害，具有隐蔽性、潜在性、随机性和复杂性的特点，使之成为电子工业的隐形杀手。

实践活动

查阅相关资料，了解一下常见集成门电路的型号、结构，逻辑功能和引脚排列。

技 能 训 练

技能训练指导 14-1　数字电路实验箱

数字电路实验箱广泛应用于各种数字电子技术的教学与实验、实训中，常见的数字电路实验箱面板结构如图 14-10 所示，主要由以下几个部分组成。

1）电源模块：提供 ±5V/0.5A 和 ±15V/0.5A 的直流稳压电源四路。

2）面包板模块：是由 6 块面包板组成的面包板组，是数字电子技术实验、实训中用于搭接电路的重要工具，如图 14-11 所示面包板上布满了密密麻麻的插孔，用来搭接电路，其中上下两边横向排列的两组窄条，每组左边 3 组、中间 4 组，右边 3 组插孔是电气连通，一般用作电源正、负极，中间两组宽条每列的五个孔是联通的，主要用来连接电路。

3）逻辑电平输入和显示模块：一般提供十几位逻辑电平输入开关和十几位逻辑电平指示灯：灯亮表示高电平‘1’，灯灭表示低电平‘0’。

4）数码管显示模块：由七段数码管及 CD4511 译码显示器组成译码显示电路，总共六组，可以显示 0 ~ 9 十个数字。

5）脉冲产生模块：提供正、负输出单次脉冲一组及一组频率在 1Hz、1kHz、20kHz 附近连续可调的方波脉冲源，脉冲幅值均为 TTL 电平。

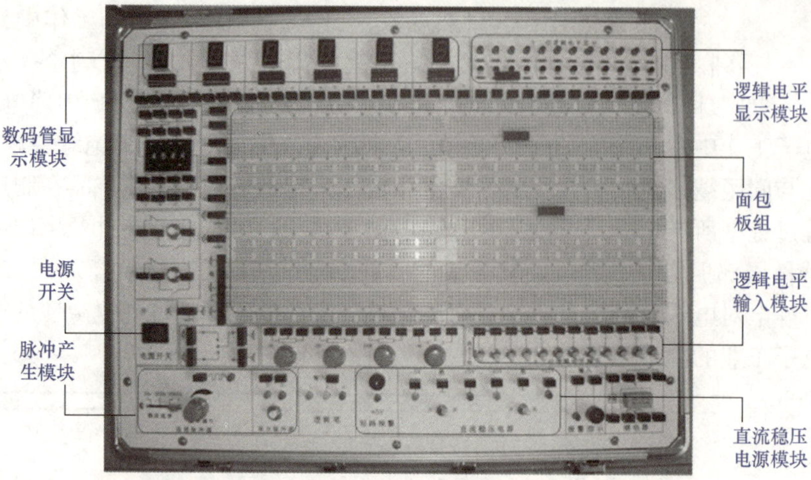

图 14-10　数字电路实验箱面板结构图

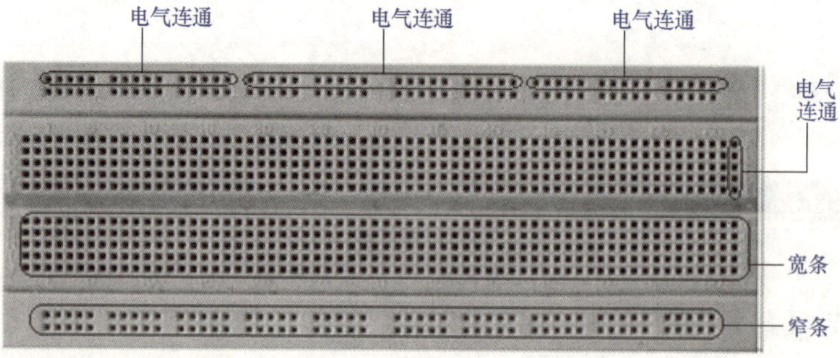

图 14-11　面包板结构图

技能训练项目 14-1　常用集成门电路逻辑功能的测试

【实训目标】

1）熟悉数字逻辑实验箱的结构、基本功能和使用方法。

2）会常用集成门电路逻辑功能的测试。

【实训器材】

数字逻辑实验箱一台；万用表一块；74LS00、74LS04、74LS08、74LS32 芯片各一片；导线若干。

【实训内容】

1）测试 74LS08 四 2 输入与门的逻辑功能，将结果记入表 14-2，并判断集成块的好坏，其测试步骤见表 14-3，其它芯片的测试方法类似。

表 14-2　74LS08 逻辑功能测试表

1A	1B	1Y	2A	2B	2Y	3A	3B	3Y	4A	4B	4Y
0	0		0	0		0	0		0	0	
0	1		0	1		0	1		0	1	
1	0		1	0		1	0		1	0	
1	1		1	1		1	1		1	1	

表 14-3　74LS08 逻辑功能测试

步骤	实物示意图	注　示
1	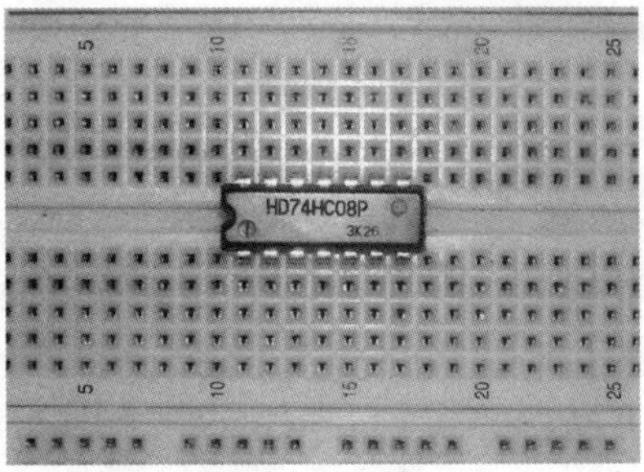	将 74LS08 插入面包板中
2		先给 74LS08 接上 +5V 电源线，连接导线选用粗细合适的单股铜芯线
3	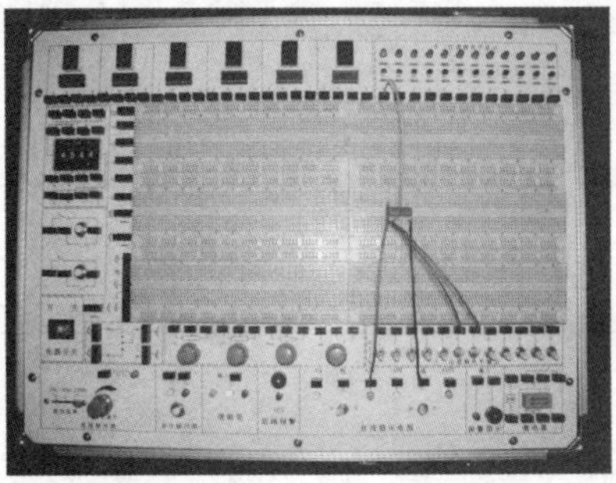	将 74LS08 的 1、2 脚接逻辑电平输入开关，3 脚接逻辑电平指示灯。按表 14-2 要求输入信号，测出相应的输出逻辑电平

（续）

步骤	实物示意图	注　示
4	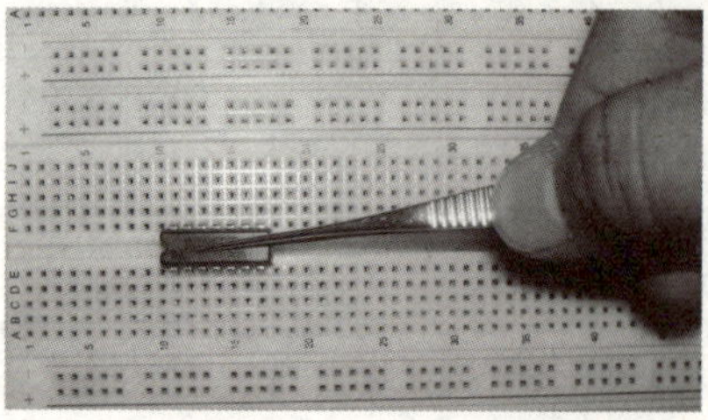	按照3步所示，测量剩余门电路，测试完毕，用镊子卸下74LS08，准备下一步

2）测试74LS32四2输入或门的逻辑功能，将结果记入表14-4，并判断集成块的好坏。

表14-4　74LS32逻辑功能测试表

1A	1B	1Y	2A	2B	2Y	3A	3B	3Y	4A	4B	4Y
0	0		0	0		0	0		0	0	
0	1		0	1		0	1		0	1	
1	0		1	0		1	0		1	0	
1	1		1	1		1	1		1	1	

3）测试74LS04六非门的逻辑功能，将结果记入表14-5，并判断集成块的好坏。

表14-5　74LS04逻辑功能测试表

1A	1Y	2A	2Y	3A	3Y	4A	4Y	5A	5Y	6A	6Y
1		0		0		0		0		0	
1		1		1		1		1		1	

4）测试74LS00四2输入与非门的逻辑功能，将结果记入表14-6，并判断集成块的好坏。

表14-6　74LS00逻辑功能测试表

1A	1B	1Y	2A	2B	2Y	3A	3B	3Y	4A	4B	4Y
0	0		0	0		0	0		0	0	
0	1		0	1		0	1		0	1	
1	0		1	0		1	0		1	0	
1	1		1	1		1	1		1	1	

【注意事项】

1）集成块电源正、负极不能接错，否则会烧坏集成块。

2）在面包板上连接电路时，要确保导线、集成块与实验箱上插孔接触良好，以防止误判。

【自评互评】

姓名			互评人		
项目	考核要求	配分	评分标准	自评分	互评分
测试 74LS08	正确测试 74LS08 逻辑功能并判断其好坏	20	1. 逻辑功能测试错误，每处扣 2 分 2. 集成块好坏判断错误，每处扣 5 分 3. 损坏集成电路管脚每处扣 5 分 4. 烧坏集成电路，每处扣 10 分		
测试 74LS32	正确测试 74LS32 逻辑功能并判断其好坏	20			
测试 74LS04	正确测试 74LS04 逻辑功能并判断其好坏	20			
测试 74LS00	正确测试 74LS00 逻辑功能并判断其好坏	20			
安全文明操作	工作台上工具排放整齐严格遵守安全操作规程符合“6S”管理要求	20	违反安全操作、工作台上脏乱、不符合“6S”管理要求，酌情扣 3 ~ 10 分		
合计		100			

学生交流改进总结：

教师签名：

【思考与讨论】

1）用与门、或门和非门组成与非门或或非门应该怎么接线？

2）集成块闲置的引脚对输出结果有影响吗？应该怎么处理？

思考与练习

14-1　十进制有__________个字符，基数是__________；二进制有__________个字符，基数是__________。

14-2　数字集成电路按制造工艺不同，可分为__________和__________两大类。

14-3　用二进制数表示十进制数的编码方法称为（　　）

A. ABC 码　　B. CAB 码　　C. BCD 码　　D. BAC 码

14-4　n 位二进制代码有（　　）个状态。

A. n　　B. $2n$　　C. $n/2$　　D. 2^n

14-5　将下列二进制数转换为十进制数。

（1）$(100101)_2$　　（2）$(1100.11)_2$　　（3）$(1101.01)_2$　　（4）$(11101)_2$

14-6　将下列十进制数转换为二进制数。

（1）$(75)_{10}$　　（2）$(30)_{10}$　　（3）$(53)_{10}$　　（4）$(19)_{10}$

14-7　逻辑功能为输入有“0”时，输出就为“1”的门电路是（　　）

A. 与门　　B. 或门　　C. 与非门　　D. 或非门

14-8　试说明能否将与非门、或非门、当做反相器使用？如果可以，其它输入端应如何连接？

14-9　请在电子电路网（http://www.cndzz.com）等网站上查阅常用集成门电路的资料及相关信息。

第15章 组合逻辑电路与时序逻辑电路

知识目标

1. 了解组合逻辑电路的种类，理解组合逻辑电路的分析方法和逻辑功能
2. 了解编码器、译码器的基本功能及典型集成电路各引脚功能
3. 了解半导体数码管的基本结构和工作原理
4. 了解典型集成译码显示器的引脚功能
5. 了解基本 RS 触发器及同步 RS 触发器的电路组成和逻辑功能
6. 了解寄存器、计数器的基本功能、类型及典型集成电路各引脚功能

技能目标

1. 会搭接 RS 触发器电路
2. 能根据集成电路逻辑功能表，正确使用编码器、译码器、显示器和计数器

15.1 组合逻辑电路概述

话题引入

数字逻辑电路是由基本逻辑门按照要实现的逻辑功能拼装组合而成，根据数字电路逻辑功能的不同特点，可以将数字电路分成两大类，一类称为组合逻辑电路，另一类称为时序逻辑电路。

上一章我们学习了基本逻辑门，而在实际应用中，大多数电路都是由这些逻辑门组合而成，称为组合逻辑电路。

【组合逻辑电路的特点】 组合逻辑电路在逻辑功能上的共同特点是：任意时刻的输出仅取决于该时刻的输入，而与电路原来的状态无关。也就是说，组合逻辑电路不具有记忆功

能，输出与输入信号作用前的电路状态无关。常见的组合逻辑电路有编码器和译码器。

【组合逻辑电路的分析】　就是通过分析给定的逻辑电路图，得出电路的逻辑功能，即求出逻辑函数式和真值表。分析步骤一般为：

a）根据逻辑电路，从输入到输出逐级推出输出逻辑函数式。

b）化简逻辑函数式，使逻辑关系简单明了。

c）根据化简后的逻辑函数式写出真值表，分析电路的逻辑功能。

下面通过一个例子说明组合逻辑电路的分析方法。

［**例 15-1**］　试分析图 15-1 所示逻辑电路的逻辑功能。

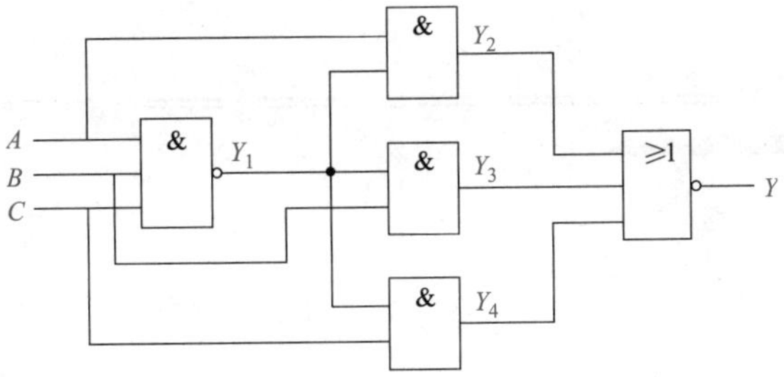

图 15-1　例 15-1 逻辑电路

解：1. 根据逻辑电路图逐级写出电路逻辑函数式

$$Y_1=\overline{ABC},$$

$$Y_2=\overline{AY_1}=\overline{A\cdot\overline{ABC}}$$

$$Y_3=\overline{BY_1}=\overline{B\cdot\overline{ABC}}$$

$$Y_4=\overline{CY_1}=\overline{C\cdot\overline{ABC}}$$

$$Y=\overline{Y_2+Y_3+Y_4}=\overline{\overline{A\cdot\overline{ABC}}+\overline{B\cdot\overline{ABC}}+\overline{C\cdot\overline{ABC}}}$$

2. 化简

$$\begin{aligned}Y&=\overline{\overline{A\cdot\overline{ABC}}+\overline{B\cdot\overline{ABC}}+\overline{C\cdot\overline{ABC}}}\\&=\overline{\overline{ABC}\cdot(A+B+C)}\\&=ABC+\overline{A}\,\overline{B}\,\overline{C}\end{aligned}$$

根据化简后的表达式写出真值表，见表 15-1。

表 15-1　例 15-1 真值表

输　入			输　出
A	B	C	Y
0	0	0	1
0	0	1	0
0	1	0	0
0	1	1	0
1	0	0	0
1	0	1	0
1	1	0	0
1	1	1	1

通过分析真值表可以看出，该电路的逻辑功能：当输入 A、B、C 取不同值时，输出为 0；当输入 A、B、C 取相同值时，输出为 1。所以，该电路是一个三变量的“一致判别电路”。

练一练？

试分析图 15-2 所示电路逻辑功能。

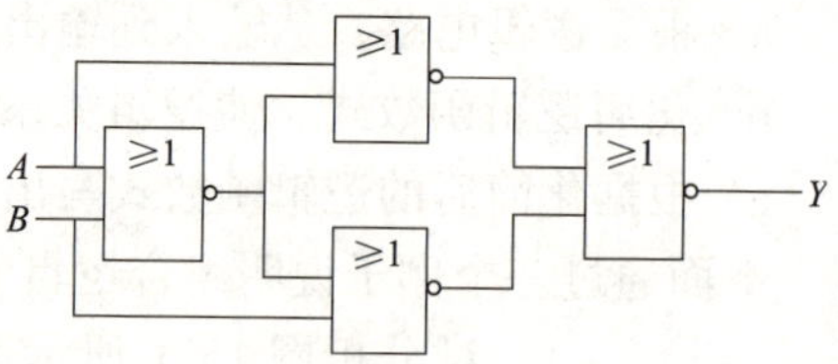

图 15-2

小知识

逻辑代数的基本定律

逻辑代数的基本定律见表 15-2。

表 15-2 逻辑代数基本定律

定律名称	定律内容
0-1 律	$A+0=0$　$A\cdot 0=0$ $A+1=1$　$A\cdot 1=A$
交换律	$A+B=B+A$　$A\cdot B=B\cdot A$
结合律	$(A+B)+C=A+(B+C)$　$(A\cdot B)\cdot C=A\cdot(B\cdot C)$
重叠律	$A+A+A+\cdots=A$　$A\cdot A\cdot A\cdot\cdots=A$
分配律	$A+B\cdot C=(A+B)(A+C)$　$A\cdot(B+C)=A\cdot B+A\cdot C$
反演律	$\overline{A+B}=\overline{A}\cdot\overline{B}$　$\overline{A\cdot B}=\overline{A}+\overline{B}$
扩展律	$A=A(B+\overline{B})=AB+A\overline{B}$
吸收律	$A+A\cdot B=A$　$A(A+B)=A$ $A+\overline{A}B=A+B$　$A(\overline{A}+B)=AB$

15.2 编　码　器

话题引入

图 15-3 所示为电脑键盘一角，你知道电脑是怎么知道你按下的是哪个键的吗？其实键盘上的每个键都有自己唯一的二进制代码，例如 Enter 键的代码是 0001101，Backspace 键的代码是 0001000，当你敲击键盘，电脑实际上收到的就是这样一串二进制代码，根据代码的不同电脑就知道你按下的是哪个键了，而将键盘按键转换成二进制代码的工作就是由编码器完成的。

图 15-3　键盘一角

在数字电路中，所谓编码就是指用二进制代码表示十进制数或其它一些特殊信息，即将若干个 0 和 1 按一定规律编排在一起，组成不同代码，并给这些代码赋予特定含义。能实现编码功能的电路，称为**编码器**，下面以 74LS 148 优先编码器为例介绍集成编码器的逻辑功能。

【引脚介绍】 8 线—3 线优先编码器 74LS 148 的外形及引脚如图 15-4 所示，图中$\overline{I}_0 \sim \overline{I}_7$是编码器的 8 个输入端，$\overline{A}_2$、$\overline{A}_1$、$\overline{A}_0$为三位编码输出端，$\overline{EI}$、$\overline{EO}$、$\overline{GS}$为附加控制端，$V_{CC}$为电源正极，GND 为电源负极。

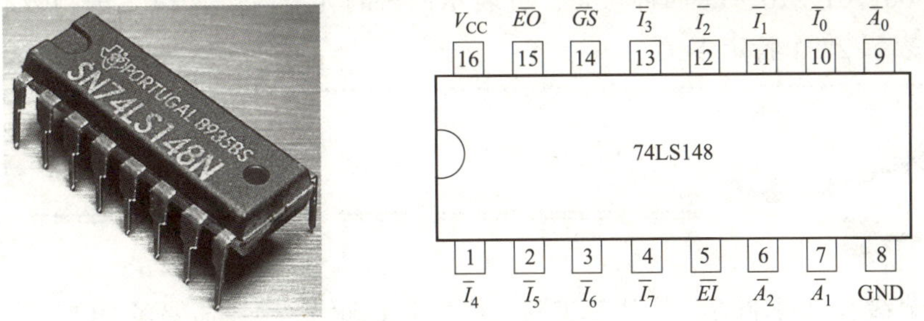

a) 外形　　b) 引脚图

图 15-4　74LS148 优先编码器

【逻辑功能】 74LS148 优先编码器逻辑功能表见表 15-3。

表 15-3　74LS148 优先编码器逻辑功能表

输入									输出				
$\overline{EI}$	$\overline{I}_0$	$\overline{I}_1$	$\overline{I}_2$	$\overline{I}_3$	$\overline{I}_4$	$\overline{I}_5$	$\overline{I}_6$	$\overline{I}_7$	$\overline{A}_2$	$\overline{A}_1$	$\overline{A}_0$	$\overline{EO}$	$\overline{GS}$
1	×	×	×	×	×	×	×	×	1	1	1	1	1
0	1	1	1	1	1	1	1	1	1	1	1	0	1
0	×	×	×	×	×	×	×	0	0	0	0	1	0
0	×	×	×	×	×	×	0	1	0	0	1	1	0
0	×	×	×	×	×	0	1	1	0	1	0	1	0
0	×	×	×	×	0	1	1	1	0	1	1	1	0
0	×	×	×	0	1	1	1	1	1	0	0	1	0
0	×	×	0	1	1	1	1	1	1	0	1	1	0
0	×	0	1	1	1	1	1	1	1	1	0	1	0
0	0	1	1	1	1	1	1	1	1	1	1	1	0

◆ $\overline{I}_0 \sim \overline{I}_7$：编码器的 8 个输入端，均为低电平有效，下标号码越大优先级越高。如果$\overline{I}_7=0$，不论其它输入端是否为低电平（表中用×表示），输出$\overline{A}_2$、$\overline{A}_1$、$\overline{A}_0$只对$\overline{I}_7$编码，即$\overline{A}_2\overline{A}_1\overline{A}_0=000$。其它依此类推。

◆ $\overline{A}_2 \sim \overline{A}_0$：三位编码输出端，输出为对应的反码，例如当对$\overline{I}_6=0$编码时，输出$\overline{A}_2\overline{A}_1\overline{A}_0=001$，正好是 110 的反码。

◆ $\overline{EI}$：选通输入端，低电平有效，当$\overline{EI}=0$时，编码器正常工作，对输入信号进行编码；当$\overline{EI}=1$时，编码器被封锁，所有输出端为高电平。

◆ $\overline{EO}$：选通输出端，只有当所有的编码输入端都是高电平（即没有编码输入），且$\overline{EI}=0$的情况下，$\overline{EO}$才为低电平，即$\overline{EO}=0$；其它情况$\overline{EO}$均为高电平。因此，$\overline{EO}$输出低电平信号表示“电路工作，但无编码输入”。

◆ $\overline{GS}$：扩展输出端，只要任何一个编码输入端有低电平信号输入，且$\overline{EI}=0$，$\overline{GS}$就为低电平，即$\overline{GS}=0$。因此，$\overline{GS}$输出低电平信号，表示“电路工作，而且有编码输入”。

提示

在数字电路中，一位二进制数只有 0、1 两个状态，可表示两种特定含义；两位二进制数有 00、01、10、11 四种状态，可表示四种特定含义：N 位二进制数有 2^N 个状态，可以表示 2^N 个特定含义。

想一想

一个班级有 48 名同学，若用二进制对每个学生编码，至少需要多少位二进制数码。

15.3 译 码 器

话题引入

生活中我们经常看到如图 15-5 所示的万年历，你知道它是怎样显示时间和日期的吗？其实是译码器将万年历内部芯片产生的二进制时间、日期代码，转换成了适合数码管显示的高、低电平信号，从而驱动数码管发光，显示时间和日期。

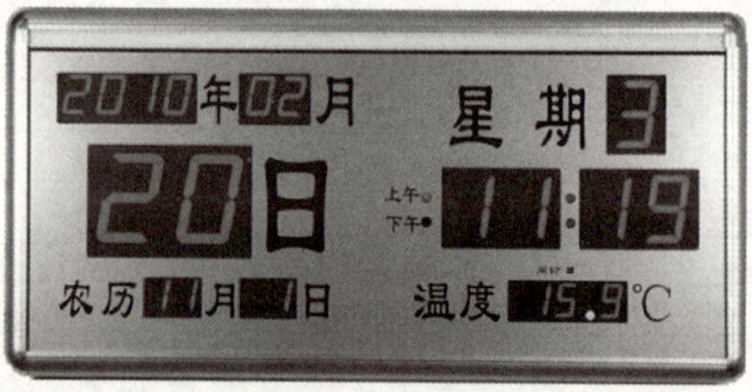

图 15-5 万年历

译码是编码的逆过程，相当于对编码内容的“翻译”，能实现译码功能的电路称为译码器。在数字电路中译码器的逻辑功能是将每个输入的二进制代码转换成对应的输出高、低电平信号或另外一个代码。常用的译码器有二进制译码器和显示译码器。

15.3.1 二进制译码器

二进制译码器的输入是一组二进制代码，输出是一组与输入代码一一对应的高、低电平信号。下面以 3 线—8 线译码器 74LS138 为例介绍译码器逻辑功能。

【引脚介绍】 74LS138 译码器的外形及引脚图如图 15-6 所示。它是一个三位二进制译码器，具有 3 个输入端 A、B、C；8 个输出端$\overline{Y}_0 \sim \overline{Y}_7$；三个片选使能端 G_1、$\overline{G}_{2A}$、$\overline{G}_{2B}$，只有当 $G_1=1$，且$\overline{G}_{2A}+\overline{G}_{2B}=0$ 时，译码器处于工作状态，否则，译码器被封锁，所有的输出端

都为高电平；同时利用 G_1、$\overline{G}_{2A}$、$\overline{G}_{2B}$ 片选的作用，可以将多片 74LS138 连接起来，扩展译码器功能。

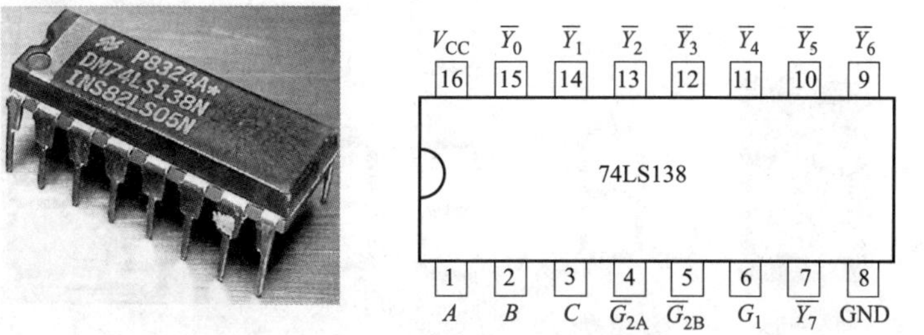

a) 外形　　　b) 引脚图

图 15-6　74LS138 译码器

【逻辑功能】　表 15-4 所示为 74LS138 译码器的逻辑功能表。

表 15-4　74LS138 逻辑功能表

输入						输出							
G_1	$\overline{G}_{2A}$	$\overline{G}_{2B}$	A	B	C	$\overline{Y}_0$	$\overline{Y}_1$	$\overline{Y}_2$	$\overline{Y}_3$	$\overline{Y}_4$	$\overline{Y}_5$	$\overline{Y}_6$	$\overline{Y}_7$
0	×	×	×	×	×	1	1	1	1	1	1	1	1
×	1	×	×	×	×	1	1	1	1	1	1	1	1
×	×	1	×	×	×	1	1	1	1	1	1	1	1
1	0	0	0	0	0	0	1	1	1	1	1	1	1
1	0	0	0	0	1	1	0	1	1	1	1	1	1
1	0	0	0	1	0	1	1	0	1	1	1	1	1
1	0	0	0	1	1	1	1	1	0	1	1	1	1
1	0	0	1	0	0	1	1	1	1	0	1	1	1
1	0	0	1	0	1	1	1	1	1	1	0	1	1
1	0	0	1	1	0	1	1	1	1	1	1	0	1
1	0	0	1	1	1	1	1	1	1	1	1	1	0

15.3.2　显示译码器

在实际应用中，不仅需要译码，而且需要把译码的结果以人们熟悉的十进制数直观地显示出来，所以在数字系统中还需要显示器件及显示译码器。

1. 显示器件

目前广泛使用的显示器件是七段字符显示器，或称七段数码管，外形如图 15-7a 所示，共有 10 根引脚，其中 8 根为字段引脚，另外两根（3、8 引脚）为公共端。

如图 15-7b 所示，七段数码管是由 a、b、c、d、e、f、g 七段可发光的二极管拼合构成，因而也将它称为 LED 数码管或 LED 七段显示器。根据需要，通过控制各段的亮或灭，就可以显示不同的字符或数字，如图 15-7c 所示。

根据发光二极管在数码管内部的连接形式不同，可分为共阴极和共阳极两种。如图15-8a 所示，将发光二极管的阴极连在一起连接到电源负极，而各段发光二极管的正极通过引脚引出的，称为共阴极数码管，此时阳极接高电平的二极管发光，若显示数字“5”，a、c、d、f、g 端接高电平，b、e 端接低电平；如图 15-8b 所示，将发光二极管的阳极连在一起连接到电源正极，而各段发光二极管的负极通过引脚引出的，称为共阳极数码管，此时阴极接低电平的二极管发光，若显示数字“5”，a、c、d、f、g 端接低电平，b、e 端接高电平。

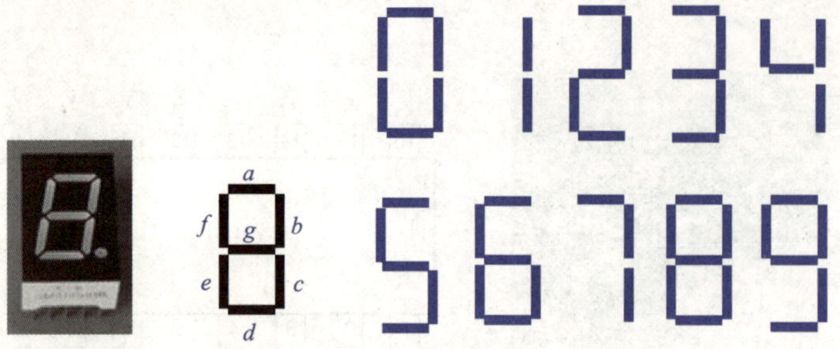

a) 外形　　b) 结构　　c) 字形

图 15-7　七段数码管

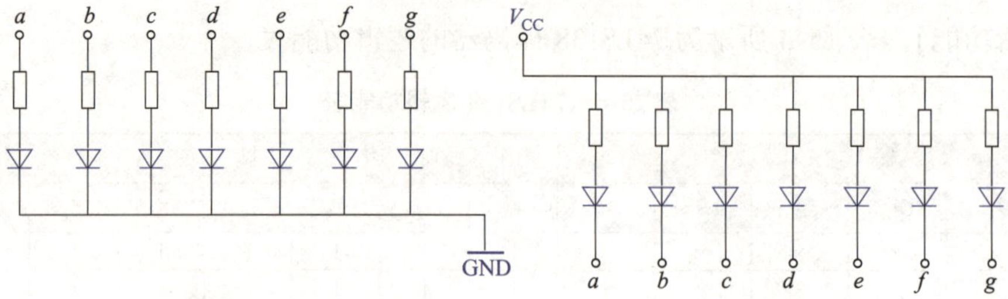

a) 共阴极接法　　b) 共阳极接法

图 15-8　七段数码管共阴、共阳极电路接法

想一想

生活中都有哪些地方用到数码管，除了数码管，你还见到过哪些显示器件？

2. 七段显示译码器

七段显示译码器能把输入的 8421BCD 码，转换成数码管的 7 个字段所需要的驱动信号，驱动数码管相应字段发光，显示出 8421BCD 所表示的十进制数字。显示译码器集成产品较多，下面以 74LS48 七段显示译码器为例，介绍集成七段译码器的功能。

【引脚介绍】　七段显示译码器 74LS48 的外形及引脚图如图 15-9 所示，图中 *DCBA* 为译

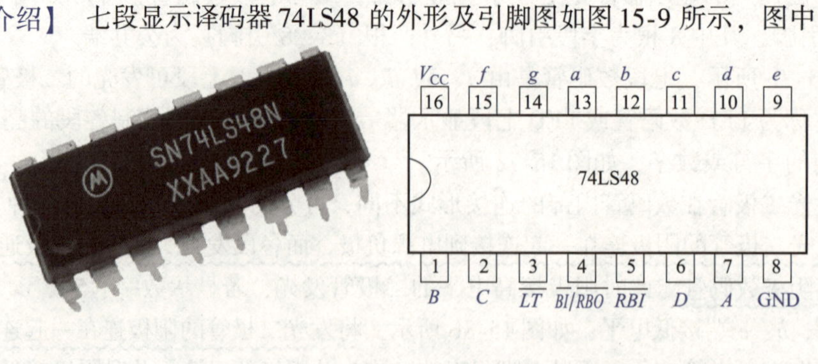

a) 外形　　b) 引脚图

图 15-9　74LS48 七段显示译码器

码器输入端，a、b、c、d、e、f、g 为译码器输出端，$\overline{LT}$为测试端，$\overline{BI}/\overline{RBO}$为灭灯输入/动态灭灯输出端，$\overline{RBI}$为动态灭零输入端。

【逻辑功能】 表 15-5 为七段显示译码器 74LS48 的逻辑功能表。

表 15-5　74LS48 逻辑功能表

十进制数	输入							输出							显示字形
	$\overline{LT}$	$\overline{RBI}$	$\overline{BI}/\overline{RBO}$	D	C	B	A	a	b	c	d	e	f	g	
0	1	1	1	0	0	0	0	1	1	1	1	1	1	0	0
1	1	×	1	0	0	0	1	0	1	1	0	0	0	0	1
2	1	×	1	0	0	1	0	1	1	0	1	1	0	1	2
3	1	×	1	0	0	1	1	1	1	1	1	0	0	1	3
4	1	×	1	0	1	0	0	0	1	1	0	0	1	1	4
5	1	×	1	0	1	0	1	1	0	1	1	0	1	1	5
6	1	×	1	0	1	1	0	0	0	1	1	1	1	1	6
7	1	×	1	0	1	1	1	1	1	1	0	0	0	0	7
8	1	×	1	1	0	0	0	1	1	1	1	1	1	1	8
9	1	×	1	1	0	0	1	1	1	1	0	0	1	1	9
10	1	×	1	1	0	1	0	0	0	0	1	1	0	1	
11	1	×	1	1	0	1	1	0	0	1	1	0	0	1	
12	1	×	1	1	1	0	0	0	1	0	0	0	1	1	
13	1	×	1	1	1	0	1	1	0	0	1	0	1	1	
14	1	×	1	1	1	1	0	0	0	0	1	1	1	1	
15	1	×	1	1	1	1	1	0	0	0	0	0	0	0	全暗
灭灯	×	×	0	×	×	×	×	0	0	0	0	0	0	0	全暗
灭零	1	0	0	0	0	0	0	0	0	0	0	0	0	0	全暗
试灯	0	×	1	×	×	×	×	1	1	1	1	1	1	1	8

◆ 译码器输入端 D、C、B、A：输入预显示十进制数字的 8421BCD 码。译码器输出端 $a \sim g$输出高低电平，控制数码管各段的亮和灭，显示出输入 8421BCD 码相应的十进制数字。

◆ 测试端$\overline{LT}$：当$\overline{LT}=0$，且$\overline{BI}/\overline{RBO}=1$ 时，无论输入任何数据，输出端 $a \sim g$ 全部为 1，数码管的七段全亮，显示“日”字，可以用来检查数码管的各段能否正常发光，平时应置$\overline{LT}$为高电平。

◆ 灭零输入端$\overline{RBI}$，当$\overline{RBI}=0$、$\overline{LT}=1$，且输入 $DCBA$ 为 0000 时，输出端 $a \sim g$ 全部为 0，数码管不显示任何数字，而当输入其它数码时，数码管照常显示，实现灭零作用，因此$\overline{RBI}$的作用是把不希望显示的零熄灭。

◆ 灭灯输入/灭零输出端$\overline{BI}/\overline{RBO}$：这是一个双功能的输入/输出端，当作为输入端使用时，称灭灯输入控制端$\overline{BI}$，只要$\overline{BI}=0$，无论输入 $DCBA$ 为什么状态，数码管各段同时熄灭，不显示任何数字。当$\overline{BI}/\overline{RBO}$作为输出端使用时，称为灭零输出端$\overline{RBO}$，若$\overline{RBI}=0$、$\overline{LT}=1$，且输入 $DCBA$ 为0000 时，$\overline{RBO}$输出 0，因此$\overline{RBO}=0$ 表示译码器已将本来应该显示的零熄灭了。

15.4 触 发 器

话题引入

在各种复杂的数字电路中，不但需要对二值信号进行算数运算和逻辑运算，还经常需要将这些信号和运算结果保存起来。为此，需要使用具有记忆功能的基本逻辑单元。能够存储1 位二值信号的基本单元电路统称为触发器。

15.4.1 基本 RS 触发器

基本 RS 触发器又称 RS 锁存器，它是构成各种触发器的最简单的基本单元。

【电路结构】 如图 15-10a 所示，将两个与非门的输入、输出端交叉连接，就组成一个基本 RS 触发器。其中$\overline{R}_D$、$\overline{S}_D$为触发器的两个输入端，Q 和$\overline{Q}$是两个输出端，这两个输出端始终是互补状态，即一端为 1，则另一端必为 0。通常规定 Q 端的状态为触发器的状态，即当 $Q=1$，$\overline{Q}=0$ 时，称触发器处于 1 态；当 $Q=0$，$\overline{Q}=1$ 时，称触发器处于 0 态。

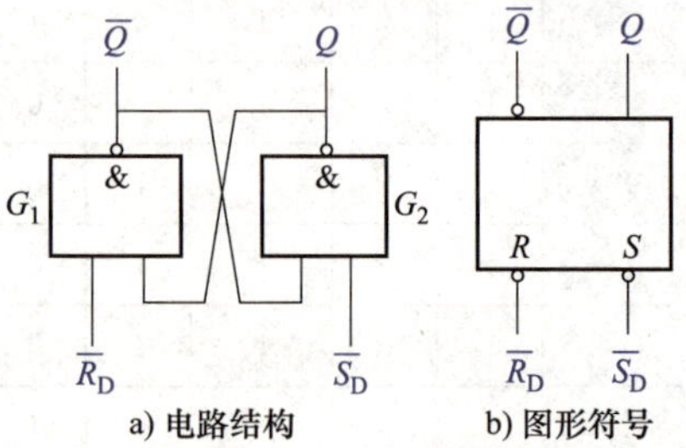

图 15-10　基本 RS 触发器

图 15-10b 所示为基本 RS 触发器的图形符号。

【逻辑功能】 表 15-6 为基本 RS 触发器的逻辑功能表。

表 15-6　基本 RS 触发器逻辑功能表

输入		输出	
$\overline{R}_D$	$\overline{S}_D$	Q^{n+1}	说明
0	0	×	不定态
0	1	0	置 0
1	0	1	置 1
1	1	Q^n	保持原态

◆ 当$\overline{S}_D=0$、$\overline{R}_D=1$ 时，无论 Q^n 为何值，$Q^{n+1}=1$，实现置 1 功能，因此$\overline{S}_D$也称为置位端或置 1 输入端。式中 Q^n 表示触发器现在的状态，称为现态；Q^{n+1}表示触发信号输入后的状态，称为次态。

◆ 当$\overline{S}_D=1$、$\overline{R}_D=0$ 时，无论 Q^n 为何值，$Q^{n+1}=0$，实现清零功能，因此$\overline{R}_D$也称为复位端或清零输入端。

◆ 当$\overline{S}_D=1$、$\overline{R}_D=1$ 时，$Q^{n+1}=Q^n$，触发器输出保持原来的状态不变，相当于把$\overline{S}_D$ 端某一时刻的电平信号存储起来了，这就是它具有的记忆功能。

◆ 当$\overline{S}_D=0$、$\overline{R}_D=0$ 时，两个与非门输出都为“1”，达不到 Q 与$\overline{Q}$状态反相的逻辑要

求，并且当两个输入信号负脉冲同时撤去（回到 1）后，触发器次态将不能确定是 1 还是 0 状态，因此，触发器正常工作时，不允许出现$\overline{S}_D$和$\overline{R}_D$同时为 0 的情况，这是基本 RS 触发器的约束条件。

15.4.2　同步 RS 触发器

基本 RS 触发器只要输入信号发生变化，触发器的状态就会立即发生变化。在一个数字系统中，通常采用多个触发器，为了使系统协调工作，必须由一个同步信号控制。要求各触发器只有在同步信号到来时，才能根据输入信号改变输出信号的状态，而且一个同步信号只能使触发器的状态改变一次。该同步信号称为时钟信号，记作 *CP* 信号。

【电路结构】　如图 15-11a 所示，同步 RS 触发器是在基本 RS 触发器的基础上，增加了控制门 G_3、G_4 和一个时钟信号 *CP* 构成的。

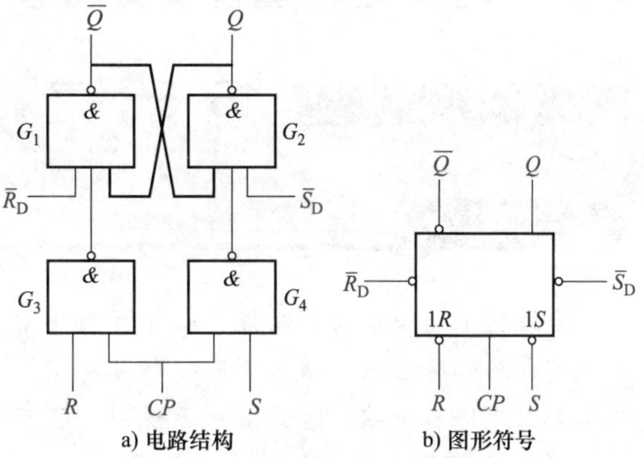

图 15-11　同步 RS 触发器

图 15-11b 所示为同步 RS 触发器的图形符号。

【逻辑功能】　表 15-7 为同步 RS 触发器的逻辑功能表。

表 15-7　同步 RS 触发器逻辑功能表

输　入			输　出	
CP	*R*	*S*	Q^{n+1}	说明
0	×	×	Q^n	保持原态
1	0	0	Q^n	保持原态
1	0	1	1	置 1
1	1	0	0	置 0
1	1	1	×	不定态

◆ 当 $CP=0$ 时，无论 *R*、*S* 为何值，控制门 G_3、G_4 被封锁，输出始终停留在 1 状态，*S*、*R* 端的信号无法通过门 G_3、G_4 影响输出状态，故触发器输出保持原来的状态不变，$Q^{n+1}=Q^n$。

◆ 当 $CP=1$ 时，控制门 G_3、G_4 解除封锁，触发器的次态 Q^{n+1}取决于输入信号 *R*、*S* 及电路的现态 Q^n，与基本 RS 触发器相似。

◆ 当 $R=1$、$S=1$ 时，触发器次态将不能确定，为避免出现这种情况，电路正常工作时，应满足约束条件 $RS=0$。

另外，输入端$\overline{R}_D$和$\overline{S}_D$为直接复位端和直接置位端。取$\overline{R}_D=0$，$\overline{S}_D=1$，则 $Q=0$，$\overline{Q}=1$，触发器直接清零；取$\overline{R}_D=1$，$\overline{S}_D=0$，则 $Q=1$，$\overline{Q}=0$，触发器直接置1。它不受脉冲信号 *CP* 的控制，因此$\overline{R}_D$和$\overline{S}_D$端又称为异步清零端和异步置 1 端。$\overline{R}_D=\overline{S}_D=1$ 时，触发器正常工作。

想一想

触发器与门电路的区别是什么？

15.5 寄 存 器

话题引入

组合逻辑电路没有记忆功能。但实际应用中，往往需要电路能够综合这一时刻的输入信号和此前电路的输出状态进行判断，即具有记忆功能。本节我们就来讨论这种有记忆功能的电路——时序逻辑电路。在计算机系统中，寄存器和计数器都是这种电路。

15.5.1 时序逻辑电路概述

时序逻辑电路简称为时序电路，这类逻辑电路在任何时刻的输出状态不仅取决于当时的输入信号，而且还与电路的原状态有关，或者说，还与以前的输出状态有关，触发器就是最简单的时序逻辑电路。

时序逻辑电路的基本结构如图 15-12 所示，它由组合逻辑电路和存储电路两部分组成，而且存储电路是必不可少的。图中的 X 代表输入信号，Z 代表输出信号，D 代表存储电路输入信号，Q 代表存储电路输出信号，存储电路的输出状态反馈到组合电路的输入端，与输入信号一起，共同决定组合逻辑电路的输出。

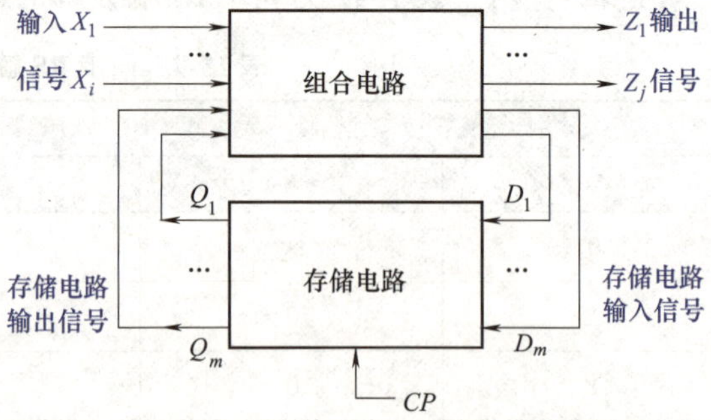

图 15-12 时序逻辑电路框图

15.5.2 移位寄存器

具有暂时存储二进制数据功能的时序逻辑电路称为寄存器（或锁存器），寄存器是一种重要的数字逻辑部件，常用于接收、暂存、传送数码指令等信息，按功能可分为数码寄存器和移位寄存器。

数码寄存器是最简单的存储器，只有接收、暂存数码和清除原有数码的功能。许多的数码寄存器组合起来构成大规模集成电路即为静态存储器（RAM），它在许多电子产品甚至计算机中都能找到。

移位寄存器除了有清除、接收、存储数据的功能外，还可以在移位脉冲的作用下，将寄存器中的数据依次向左或向右移位。

移位寄存器可分为单向移位寄存器和双向移位寄存器。下面以 74LS194 双向 4 位移位寄存器为例，介绍移位寄存器的功能。

【引脚介绍】 图 15-13 所示为 74LS194 双向 4 位移位寄存器外形与引脚图，图中 D_0、

D_1、D_2、D_3 为数据并行输入端；Q_0、Q_1、Q_2、Q_3 为数据并行输出端；S_1、S_0 为工作方式控制端；D_{SR}为数据右移串行输入端；D_{SL}为数据左移串行输入端；$\overline{MR}$为异步清零端，寄存器工作时$\overline{CR}$为高电平；CLK 为脉冲输入端。

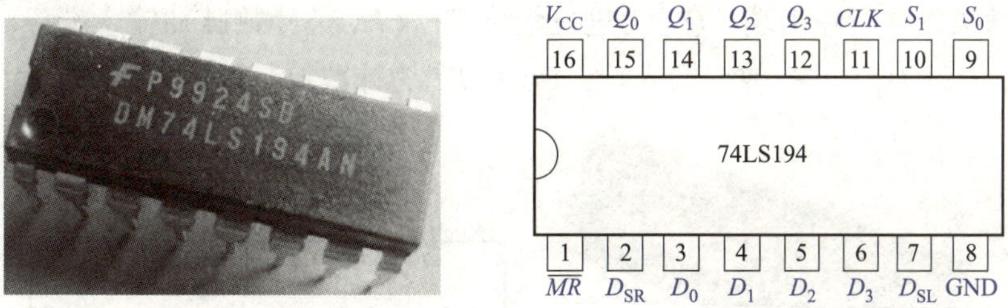

a) 外形　　b) 引脚图

图 15-13　74LS194 双向 4 位移位寄存器

【逻辑功能】 表 15-8 为 74LS194 双向 4 位移位寄存器逻辑功能表。

表 15-8　74LS194 双向 4 位移位寄存器逻辑功能表

输入				逻辑功能
CLK	$\overline{MR}$	S_1	S_0	
×	0	×	×	清 0，$Q_3Q_2Q_1Q_0=0000$
×	1	0	0	保持，$Q_3Q_2Q_1Q_0$ 状态不变
↑	1	0	1	右移，$D_{SL}\to Q_3$，$Q_3\to Q_2$，$Q_2\to Q_1$，$Q_1\to Q_0$
↑	1	1	0	左移，$D_{SR}\to Q_0$，$Q_0\to Q_1$，$Q_1\to Q_2$，$Q_2\to Q_3$
↑	1	1	1	并行输入，$Q_0=D_0$，$Q_1=D_1$，$Q_2=D_2$，$Q_3=D_3$

◆ 当 $S_1S_0=00$ 时，不论有无 CLK 到来，寄存器保持原态不变。

◆ 当 $S_1S_0=01$ 时，在 CLK 上升沿的作用下，实现右移（上移）功能，数据从 D_{SR} 端串行输入寄存器，流向是 $D_{SR}\to Q_0\to Q_1\to Q_2\to Q_3$。

◆ 当 $S_1S_0=10$ 时，在 CLK 上升沿的作用下，实现左移（下移）功能，数据从 D_{SL} 端串行输入寄存器，流向是 $D_{SL}\to Q_3\to Q_2\to Q_1\to Q_0$。

◆ 当 $S_1S_0=11$ 时，在 CLK 上升沿的作用下，实现并行输入功能，数据从 $D_0D_1D_2D_3$ 端并行输入寄存器，即 $Q_3Q_2Q_1Q_0=D_3D_2D_1D_0$。

15.6 计　数　器

话题引入

统计输入脉冲个数的功能称为计数，能实现计数操作的电路称为计数器。计数器在数字电路中有广泛的应用，不仅能用于计数，还可用于定时、分频和程序控制等。

计数器种类很多，按计数脉冲的作用方式不同，可分为同步计数器和异步计数器；按计数进位制的不同，可分为二进制计数器和十进制计数器及 N 进制计数器；按计数器的功能不同，可分为加法计数器、减法计数器和可逆计数器。其中二进制计数器是各种计数器的基础。十进制计数器是最典型的计数器。下面以常见典型集成计数器74LS161为例介绍计数器的功能。

【引脚介绍】 74LS161二进制同步加法计数器的外形与引脚图如图15-14所示。图中$Q_3 \sim Q_0$为计数器的并行输出端，Q_{CC}为进位输出端，CLK是计数脉冲输入端，$\overline{CR}$为清零端，$\overline{LD}$为置数端，$D_3 \sim D_0$为并行数据输入端，EP和ET为计数控制端。

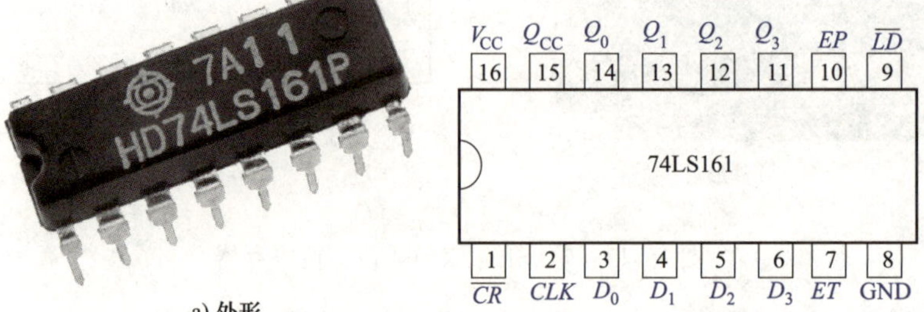

a) 外形　　b) 引脚图

图15-14　计数器74LS161

【逻辑功能】 74LS161计数器的逻辑功能见表15-9，简述如下：

表15-9　74LS161逻辑功能表

输入									逻辑功能
CLK	$\overline{CR}$	$\overline{LD}$	ET	EP	D_3	D_2	D_1	D_0	
×	0	×	×	×	×	×	×	×	置零：$Q_3Q_2Q_1Q_0 = 0000$
↑	1	0	×	×	D_3	D_2	D_1	D_0	预置数：$Q_3Q_2Q_1Q_0 = D_3D_2D_1D_0$
↑	1	1	1	1	×	×	×	×	计数
×	1	1	0	×	×	×	×	×	保持
×	1	1	×	0	×	×	×	×	保持

◆ 异步清零功能：当$\overline{CR}=0$时，不论有无时钟脉冲信号CLK和其他输入信号，计数器被清零，即$Q_3Q_2Q_1Q_0 = 0000$。

◆ 同步并行置数功能：$\overline{CR}=1$、$\overline{LD}=0$时，在输入时钟脉冲CLK上升沿到来时，并行输入端的数据$D_3 \sim D_0$被置入计数器，即$Q_3Q_2Q_1Q_0 = D_3D_2D_1D_0$。

◆ 计数功能：当$EP = ET = 1$且$\overline{LD} = \overline{CR} = 1$时，对$CLK$端输入脉冲信号，进行二进制加法计数。当输入到第15个脉冲后，$Q_3Q_2Q_1Q_0 = 1111$，进位输出端产生一个进位信号$Q_{CC} = 1$，当计数脉冲大于16时，需要两块74LS161级联。

◆ 保持功能：当EP、ET任意端为0，且$\overline{LD} = \overline{CR} = 1$时，无论有无$CLK$脉冲，计数器状态均保持不变。

提示

计数器同寄存器一样，主要组成部分都是触发器，一个触发器有两种状态，可以计两个数。n个触发器组成的计数器就可以计2^n个数。

想一想

一个触发器可计两个数，那么能计 100 个数的计数器至少需要多少个触发器。

*15.7　555 定时电路

话题引入

555 定时器（即集成时基电路）是一种中规模数字—模拟混合集成电路，由于内部使用了三个 5kΩ 电阻，故取名 555 电路。因其使用灵活、方便，被广泛应用于信号的产生与变换、控制与检测、家用电器以及电子玩具等领域。

【外形与引脚排列】　常见 555 定时器外形图与引脚图见 15-15，其中 TH 为高电平触发端，简称高触发端，又称阈值端；$\overline{TR}$为低电平触发端，简称低触发端；V_{CO} 为控制电压端；V_O 为输出端；DIS 为放电端；$\overline{R}_D$ 是复位端（4 脚），当$\overline{R}_D=0$ 时，555 输出低电平。平时 R_D 端开路或接 V_{CC}。

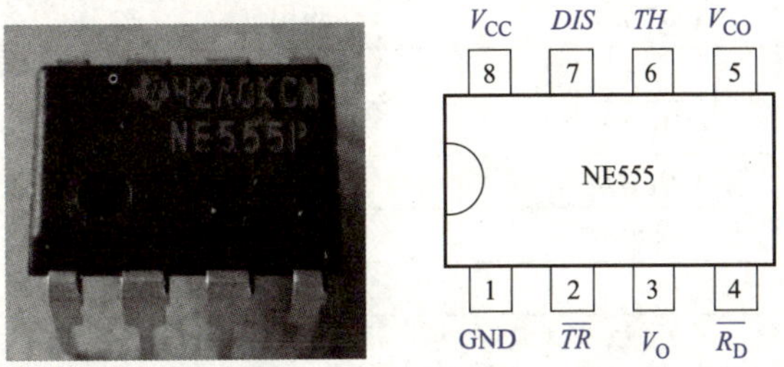

a) 外形　　b) 引脚图

图 15-15　555 定时器

【逻辑功能】　555 定时器的逻辑功能见表 15-10。

表 15-10　555 定时器控制功能表

输　入			输　出	
$\overline{R}_D$	TH	$\overline{TR}$	V_O	DIS
L	×	×	L	导通
H	$<2/3V_{CC}$	$<1/3V_{CC}$	H	截止
H	$<2/3V_{CC}$	$>1/3V_{CC}$	不变	不变
H	$>2/3V_{CC}$	$\frac{1}{3}V_{CC}$	L	导通

*技 能 训 练

技能训练项目 15-1　八路声光报警电路的安装与调试

【实训目标】

1）学会较复杂电子电路的制作方法。

2）了解常见集成电路的应用。

【实训器材】 直流稳压电源、万用表、电烙铁、烙铁架、焊锡丝、万能实验板、导线、斜口钳及表 15-11 所示的元器件等。

表 15-11 元器件明细表

代 号	名 称	规格型号	数 量
IC_1	优先编码器	CD4532	1
IC_2	七段译码器	CD4511	1
IC_3	时基电路	NE555	1
IC_4	六反相器	CD4069	1
$R_1 \sim R_8$	电阻器	RT1-0.125W-b-10kΩ ±5%	8
$R_9 \sim R_{15}$	电阻器	RT1-0.125W-b-510Ω ±5%	7
R_{16}	电阻器	RT1-0.125W-b-1kΩ ±5%	1
R_{17}、R_{19}、R_{21}	电阻器	RT1-0.125W-b-10kΩ ±5%	3
R_{18}	电阻器	RT1-0.125W-b-1MΩ ±5%	1
R_{20}、R_{23}	电阻器	RT1-0.125W-b-100kΩ ±5%	2
R_{21}、R_{24}	电阻器	RT1-0.125W-b-51kΩ ±5%	2
R_{25}	电阻器	RT1-0.125W-b-4.7kΩ ±5%	1
VT_1、VT_2	三极管	9013	2
VD_1、VD_2	二极管	1N4148	2
DS1	数码管	C501SR	1
C_1	电解电容器	CD11-16V-47μF	1
C_2、C_3	涤纶电容器	CL11-63V-0.01μF	2
C_4	电解电容器	CD11-25V-1μF	1
BL	扬声器		1

【实训电路】 八路声光报警电路如图 15-16 所示。图中 8 位优先编码器 CD4532 将输入的 $D_0 \sim D_7$ 八路开关量译成 3 位 BCD 码，由 $Q_0Q_1Q_2$ 输出，经 BCD 锁存/七段译码/驱动器 CD4511 译码，驱动共阴极数码管显示警报路号 0～7。八路输入开关中的任一路开路，显示器即可显示该路号，发出数码光报警；同时优先编码器 CD4532 的 GS 端输出高电平，使三极管 VT_1 饱和导通，启动声报警电路工作。当两路以上开路时，优先编码器 CD4532 就优先显示数值最大的路号。

声报警电路由时基电路 NE555 和六反相器 CD4069 组成，NE555 和 R_{17}，R_{18} 和 C_1 构成多谐振荡器，555 电路的 3 脚输出周期为 60s（即高电平 30s，低电平 30s）的方波。3 脚输出低电平期间，CD4069 中的 G_1、G_2 和 R_{20}、R_{21}、C_3 构成的低频多谐振荡器停振；3 脚输出高电平期间，低频多谐振荡器工作，当低频多谐振荡器输出为高电平期间由 G_4、G_5 和 R_{23}、R_{24}、C_4 构成的高频多谐振荡器工作，输出信号由 VT_2 缓冲放大后，推动扬声器，发出类似寻呼机应答声的报警声。

【实训内容及步骤】

1）按照图 15-16 所示实训电路，在万能实验板上完成八路声光报警电路的安装与焊接。安装焊接完毕的八路声光报警电路的正面及背面如图 15-17 所示。电路板的正面，由于该电路布线复杂，需要在安装面设置相应跳线才能布通。

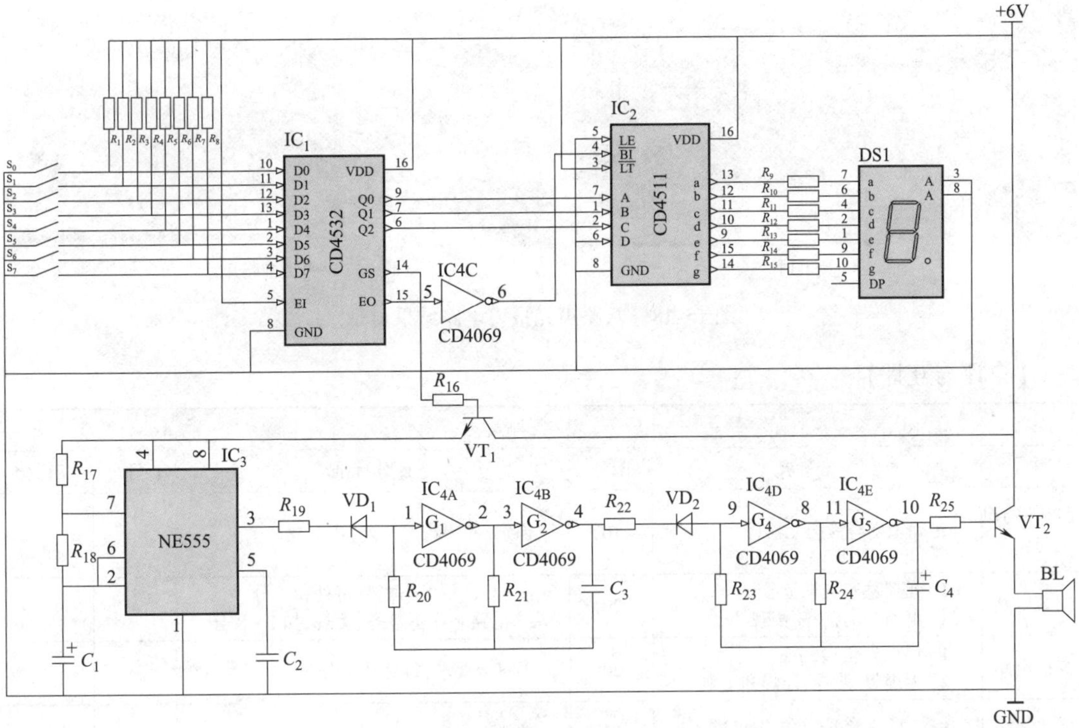

图 15-16　八路声光报警电路图

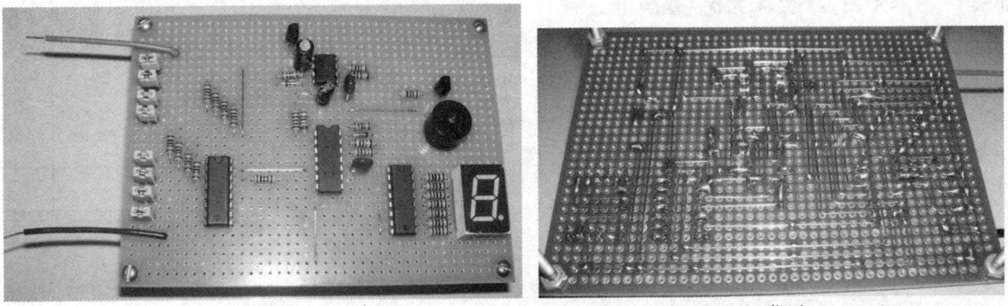

a) 正面　　b) 背面

图 15-17　八路声光报警电路实物展示图

2）检查无误后，加电测试。若开关 S_0 ~ S_7 闭合，应无声、光报警，数码管不亮；若其中有一个开关断开（如 S_0），则应见数码管显示“0”，同时听到 30s 声报警，停 30s，再声报警 30s，在停 30s…，如图 15-18a 所示；若同时有几个开关断开（如 S_0 ~ S_4），则数码管应显示最大路号 4，同时声报警，如图 15-18b 所示。

【注意事项】

1）电阻、二极管全部卧装，紧贴实验板，电阻色环顺序自左至右或从上到下。

2）集成块切记装反，且焊接后不必剪引脚。

3）三极管三引脚分开，均匀插入焊接孔，脚长宜留下 5 ~ 7mm.

4）电解电容、涤纶电容尽量贴近实验板安装。

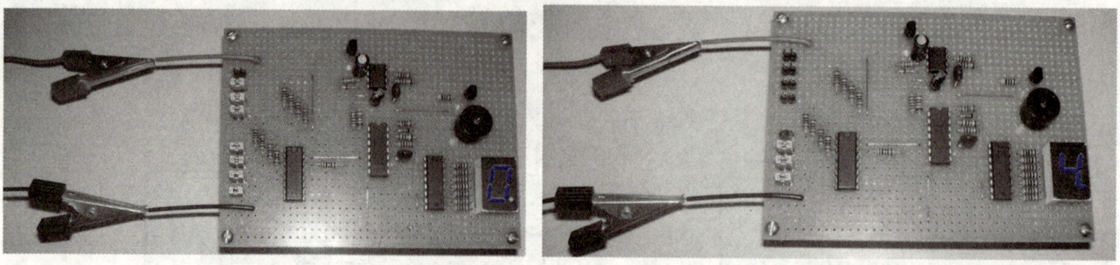

a) S_0断开时　　b) 开关都断开时

图 15-18　八路声光报警电路结果显示

【自评与互评】

姓名			互评人		
项目	考核要求	配分	评分标准	自评分	互评分
元器件的识别与检测	正确识别与检测元器件	10	识别、检测错误一处，扣1分		
安装电路	1. 元器件安装规范 2. 电路装配整齐，美观	20	1. 错装、漏装、歪斜，每处扣1分 2. 电路装配不整齐、美观，扣1~8分		
焊接电路	1. 焊点光亮、大小适中 2. 无虚焊、漏焊、连焊和毛刺	20	不符合要求，每处扣1分		
声报警功能	S_0~S_7 有关断，发出声报警	15	功能不能实现，扣15分		
光报警功能	S_0~S_7 有关断，发出光报警	15	功能不能实现，扣15分		
优先报警功能	S_0~S_7 有多个关断，按优先级顺序发出报警	10	功能不能实现，扣10分		
安全文明操作	工作台上工具排放整齐严格遵守安全操作规程，符合“6S”管理要求	10	违反安全操作、工作台上脏乱、不符合“6S”管理要求，酌情扣3~10分		
合计		100			

学生交流改进总结：

教师签名：

【思考与讨论】

1）安装面元器件的布局对电路电气布线有何影响？

2）在电路板布线过程中，有什么技巧吗？

3）自己动手设置故障点，观察故障现象，试分析故障原因。

思考与练习

15-1　与组合逻辑电路不同，时序逻辑电路的特点是：任何时刻的输出信号不仅与________有关，还与________有关，是________（a. 有记忆性 b. 无记忆性）逻辑电路。

15-2　若在编码器中有 50 个编码对象，则要求输出二进制代码位数为＿＿＿＿＿＿位

A. 5　　B. 6　　C. 10　　D. 50

15-3　$Q=1$，$\overline{Q}=0$，称为触发器的（　　）。

A. 1 态　　B. 0 态　　C. 稳态　　D. 暂稳态

15-4　＿＿＿＿＿电路具有记忆功能。

A. 与门　　B. 或门　　C. 非　　D. 时序

15-5　触发器的外加输入信号终止后，稳态仍能保持下去。＿＿＿＿（√、×）

15-6　基本 RS 触发器的约束条件是$\overline{RS}=1$。＿＿＿＿（√、×）

15-7　优先编码器的编码信号是相互排斥的，不允许多个编码信号同时有效。＿＿＿＿（√、×）

15-8　共阴接法发光二极管数码显示器需选用有效输出为高电平的七段显示译码器来驱动。＿＿＿＿（√、×）

15-9　写出图 15-19a、b 所示逻辑电路的逻辑函数式。

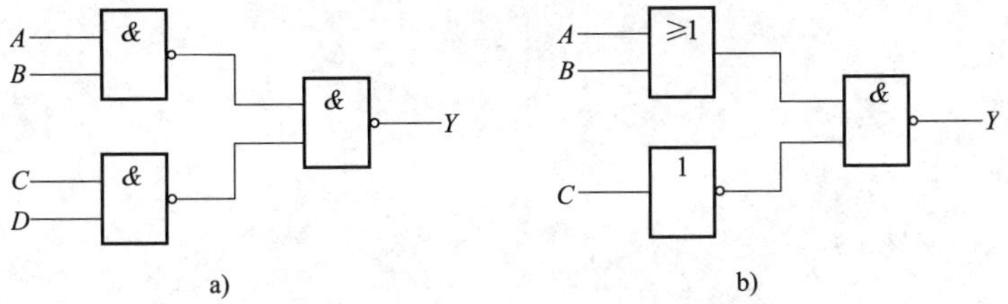

图 15-19　题 15-9 图

15-10　请在电子电路网（http://www. cndzz. com）等网站上查阅常用编码器、译码器、寄存器、计数器的资料及相关信息。

参 考 文 献

[1] 杨翠平. 电工电子技术［M］. 北京：机械工业出版社，2007.
[2] 郑亚红. 电工电子技术［M］. 北京：机械工业出版社，2009.
[3] 李国成 刘振强. 电工电子技术［M］. 北京：机械工业出版社，2009.
[4] 刘华波 李咏莎. 电工基础［M］. 北京：人民邮电出版社，2008.
[5] 劳动和社会保障部教材办公室. 电工基础［M］. 北京：中国劳动社会保障出版社，2007.
[6] 全安. 电工电子技术及应用［M］. 北京：机械工业出版社，2008.
[7] 曾详富，邓朝平. 电工技能与实训［M］. 北京：高等教育出版社，2006.
[8] 张龙兴. 电子技术基础［M］. 北京：高等教育出版社，2000.
[9] 周绍敏. 电工基础［M］. 北京：高等教育出版社，2001.
[10] 石小法. 电子技能与实训［M］. 北京：高等教育出版社，2006.
[11] 杨少光. 电工技术基础与技能［M］. 南宁：广西教育出版社，2009.
[12] 杨少光. 电子技术基础与技能［M］. 南宁：广西教育出版社，2009.
[13] 杜德昌. 电工电子技术基础［M］. 北京：高等教育出版社，2008.

信息反馈表

尊敬的老师：

您好！机工版大类专业基础课中等职业教育课程改革国家规划新教材与您见面了。为了进一步提高我社教材的出版质量，更好地为我国职业教育发展服务，欢迎您对我社的教材多提宝贵意见和建议。如贵校有相关教材的出版意向，请及时与我们联系。感谢您对我社教材出版工作的支持！

<table>
<tr><td colspan="8">您的个人情况</td></tr>
<tr><td>姓　名</td><td></td><td>性　别</td><td></td><td>年　龄</td><td></td><td>职务/职称</td><td></td></tr>
<tr><td>工作单位
及部门</td><td colspan="3"></td><td>从事专业</td><td colspan="3"></td></tr>
<tr><td>E-mail</td><td colspan="2"></td><td>办公电话/手机</td><td colspan="2"></td><td>QQ/MSN</td><td></td></tr>
<tr><td>联系地址</td><td colspan="5"></td><td>邮编</td><td></td></tr>
<tr><td colspan="8">您讲授的课程情况</td></tr>
<tr><td>序号</td><td colspan="3">课程名称</td><td colspan="2">学生层次、人数/年</td><td colspan="2">现使用教材</td></tr>
<tr><td>1</td><td colspan="3"></td><td colspan="2"></td><td colspan="2"></td></tr>
<tr><td>2</td><td colspan="3"></td><td colspan="2"></td><td colspan="2"></td></tr>
<tr><td>3</td><td colspan="3"></td><td colspan="2"></td><td colspan="2"></td></tr>
<tr><td colspan="8">贵校机械大类专业基础课程的相关情况</td></tr>
<tr><td colspan="8">1. 在哪些方面有优势、特色？特色课程有哪些？

2. 您觉得贵校在专业基础课程中是否存在教材短缺或不适用的情况？都有哪些？

3. 贵校老师是否有创新教材希望出版？如何联系？</td></tr>
<tr><td colspan="8">您对《电工电子技术与技能（非电类·少学时）》的意见和建议</td></tr>
<tr><td colspan="8">1. 本教材错漏之处：

2. 本教材内容和体系不足之处：</td></tr>
</table>

请用以下任何一种方式返回此表（此表复印有效）：

联系人：高　倩　编辑

通信地址：100037　北京市西城区百万庄大街22号机械工业出版社中职教育分社

联系电话：010-88379195　E-mail：gaoqianspring@163.com　传真：010-88379181

教学资源网上获取途径

为便于教学，机工版大类专业基础课中等职业教育课程改革国家规划新教材配有电子教案、助教课件、视频等教学资源，选择这些教材教学的教师可登录**机械工业出版社教材服务网**（www. cmpedu. com）网站，注册、免费下载。会员注册流程如下：

教材服务网会员注册流程图

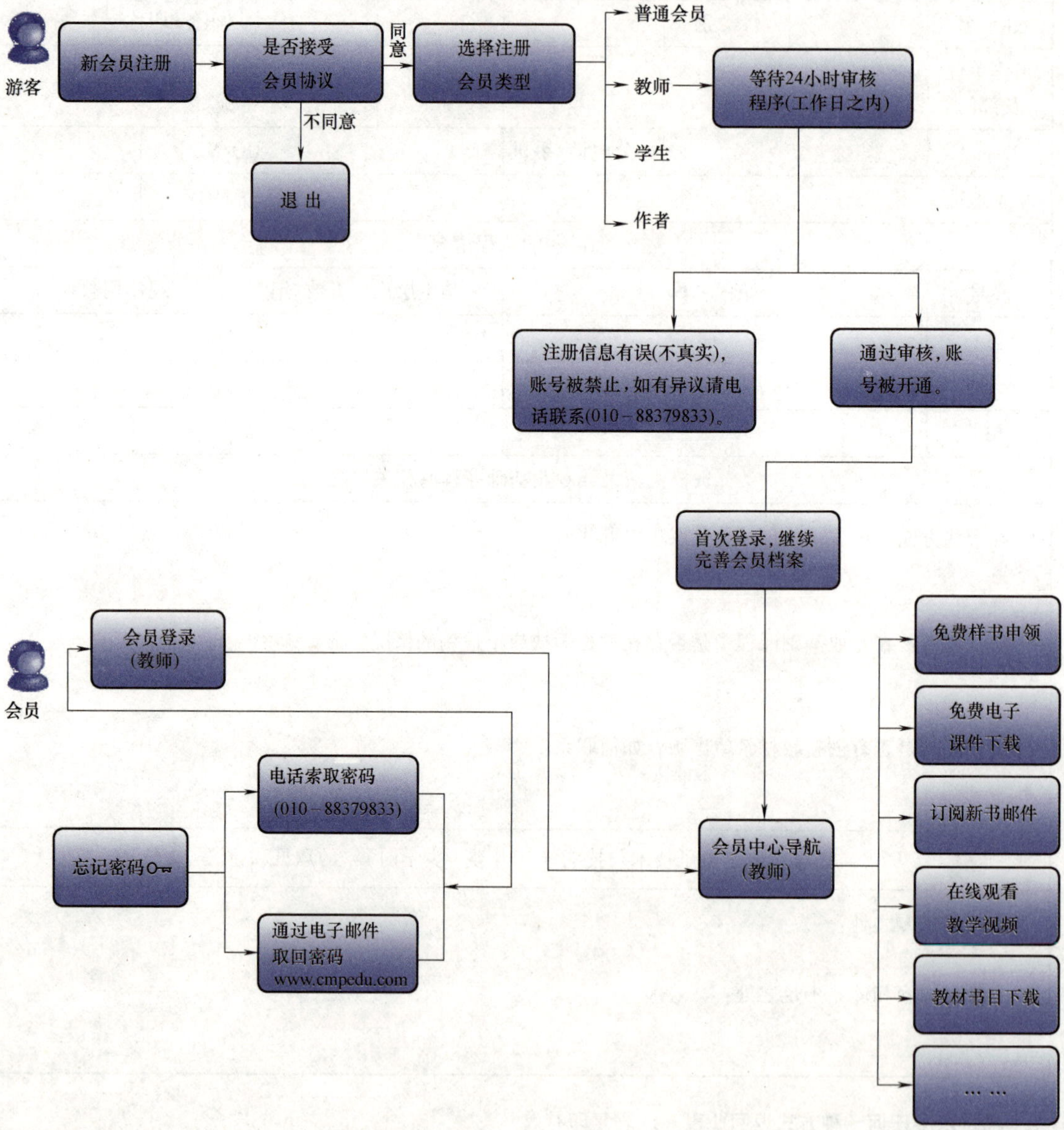